职业教育示范性规划教材

电气控制与PLC技术（三菱机型）——项目教程

赵俊生　主　编
杨兴军　唐　莹　副主编
程　周　主　审

電子工業出版社
Publishing House of Electronics Industry
北京 · BEIJING

内 容 简 介

本书以三菱 FX2N 系列 PLC 为背景机型，以工程项目为教学主线进行编写。本书设计的每个项目任务都包含了不同知识点和技能训练，并由浅入深、循序渐进地进行编排，学生可以通过接触这些项目任务实现零距离上岗，真正体现职业教育“工学结合”的特色。本书突破传统教材的编写模式，将知识点做了精密整合，既有利于教，又有利于学。

本书可作为职业院校相关专业的教材，也可作为电气工程师及爱好者自学和参考用书。

为了方便教师教学，本书还配有电子教学参考资料包（包括教学指南、电子教案、习题答案）。

图书在版编目（CIP）数据

电气控制与 PLC 技术：三菱机型：项目教程 / 赵俊生主编. —北京：电子工业出版社，2012.7
职业教育示范性规划教材
ISBN 978-7-121-17575-6

I. ①电… II. ①赵… III. ①电气控制—中等专业学校—教材②plc 技术—中等专业学校—教材 IV. ①TM571.2 ②TM571.6

中国版本图书馆 CIP 数据核字（2012）第 155038 号

责任编辑：靳　平
印　　刷：北京七彩京通数码快印有限公司
装　　订：北京七彩京通数码快印有限公司
出版发行：电子工业出版社
　　　　　北京市海淀区万寿路 173 信箱　邮编　100036
开　　本：787×1 092　1/16　印张：14.25　字数：360 千字
版　　次：2012 年 7月第1版
印　　次：2026 年 2 月第 11 次印刷
定　　价：28.00 元

凡所购买电子工业出版社图书有缺损问题，请向购买书店调换。若书店售缺，请与本社发行部联系，联系及邮购电话：（010）88254888，88258888。

质量投诉请发邮件至 zlts@phei.com.cn，盗版侵权举报请发邮件至 dbqq@phei.com.cn。

本书咨询联系方式：（010）88254592，bain@phei.com.cn。

职业教育示范性规划教材

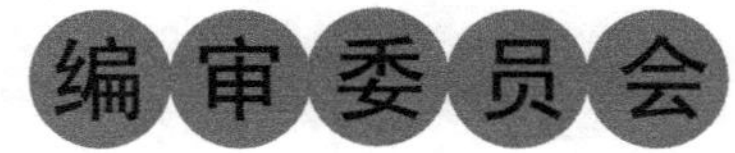

出 版 说 明

为进一步贯彻教育部《国家中长期教育改革和发展规划纲要（2010—2020）》的重要精神，确保职业教育教学改革顺利进行，全面提高教育教学质量，保证精品教材走进课堂，我们遵循职业教育的发展规律，本着“着力推进教育与产业、学校与企业、专业设置与职业岗位、课程教材与职业标准、教学过程与生产过程的深度对接”的出版理念，经过课程改革专家、行业企业专家、教研部门专家和教学一线骨干教师共同努力，开发了这套职业教育示范性规划教材。

本套教材采用项目教学和任务驱动教学法的编写模式，遵循真正项目教学的内涵，将基本知识和技能实训融合为一体，且具有如下鲜明的特色：

（1）面向职业岗位，兼顾技能鉴定

本系列教材以就业为导向，根据行业专家对专业所涵盖职业岗位群的工作任务和职业能力进行分析，以本专业共同具备的岗位职业能力为依据，遵循学生认知规律，紧密结合职业资格证书中技能要求，确定课程的项目模块和教材内容。

（2）注重基础，贴近实际

在项目的选取和编制上充分考虑了技能要求和知识体系，从生活、生产实际引入相关知识，编排学习内容。项目模块下分解设计成若干任务，任务主要以工作岗位群中的典型实例提炼后进行设置，注重在技能训练过程中加深对专业知识、技能的理解和应用，培养学生的综合职业能力。

（3）形式生动，易于接受

充分利用实物照片、示意图、表格等代替枯燥的文字叙述，力求内容表达生动活泼、浅显易懂。丰富的栏目设计可加强理论知识与实际生活生产的联系，提高了学生学习的兴趣。

（4）强大的编写队伍

行业专家、职业教育专家、一线骨干教师，特别是“双师型”教师加入编写队伍，为教材的研发、编写奠定了坚实的基础，使本系列教材符合职业教育的培养目标和特点，具有很高的权威性。

（5）配套丰富的数字化资源

为方便教学过程，根据每门课程的内容特点，对教材配备相应的电子教学课件、习题答案与指导、教学素材资源、教学网站支持等立体化教学资源。

职业教育肩负着服务社会经济和促进学生全面发展的重任。职业教育改革与发展的过程，也是课程不断改革与发展的历程。每一次课程改革都推动着职业教育的进一步发展，从而使职业教育培养的人才规格更适应和贴近社会需求。相信本系列教材的出版对于职业教育教学改革与发展会起到积极的推动作用，也欢迎各位职教专家和老师对我们的教材提出宝贵的建议，联系邮箱：jinping@phei.com.cn。

电子工业出版社

前　　言

为了适应社会经济和科学技术的迅速发展，更好地满足教育教学改革的需要，经过广泛调研，我们组织编写了这本教材。本教材以就业为导向，注重组织教学内容，增强认知结构与能力结构的有机结合，强调培养对象对职业岗位的适应程度。我们力图突破传统教材的编写模式，为相关专业的广大师生提供一本适用的精品教材。

本教材借鉴 CDIO 工程教育理念，以任务为驱动，以项目为导向，以“必需”与“够用”为尺度，在内容的选取方面，将理论和实训合二为一，更加侧重技能的培养。全书共 9 个项目 28 个任务，任务前标“※”的表示可根据专业不同选修的内容。

本教材在教学内容的组织方面打破常规，以工程项目为教学主线，通过设计不同的项目知识点和技能训练，以提高学生的能力水平。项目是按照知识点与技能要求循序渐进编排的，学生可以通过接触这些项目实现零距离上岗，真正体现了职业教育“工学结合”的特色。本书以三菱 FX2N 系列 PLC 为背景机型进行介绍。

本教材集实验、设计、技能训练与技术应用能力培养为一体，将知识点和能力点紧密结合，注重培养学生实际动手能力和解决工程实际问题能力，突出了职业教育的应用特色和能力本位。实训任务相对独立，互为体系，内容覆盖面宽，选择性强，可满足不同层次、专业的需求。

本书由赵俊生、杨兴军、唐莹编写，其中江苏省淮安技师学院杨兴军编写项目一～项目三；江苏省镇江市润州中等专业学校唐莹编写项目四、项目五；其余项目由江苏财经职业技术学院赵俊生编写并负责全书的统稿工作。

本书由程周教授主审，并提出了许多有益的建议。此外，在本书编写的过程中还得到了江苏财经职业技术学院、江苏省淮安技师学院与江苏省镇江市润州中等专业学校领导的大力支持和帮助，同时也先后得到许多单位和个人的大力支持和帮助，在此一并表示诚挚的谢意。

由于编者水平有限，书中错漏在所难免，恳请广大读者批评指正。

为了方便教师教学，本书还配有电子教学参考资料包（包括教学指南、电子教案、习题答案），请有些需要的教师登录华信教育资源网（http://www.hxedu.com.cn）下载。

编者

目　　录

项目一 常用低压电器

项目目标

① 掌握交流接触器的结构、原理、测试方法及拆装。

② 认识刀开关、转换开关、按钮、断路器（自动空气开关）、继电器等低压电器的一般结构。

项目要求

电器按其工作电压等级可分为高压电器和低压电器。在工业应用中，电器是一种能够根据外界信号的要求，自动或手动地接通或断开电路，实现对电气设备的控制。

低压电器是电力拖动与自动控制系统的基本组成元件，控制系统的优劣与所用的低压电器的性能有直接关系。作为电气工程技术及操作人员，必须掌握常用低压电器的结构与工作原理，掌握其使用与维护等方面的知识和技能。

本项目要求了解电磁式低压电器的基础知识，包括电磁机构、触点系统、电弧的产生及灭弧方法。还要了解电气控制系统中常用低压电器的结构、基本工作原理、应用场合、主要技术参数、图形符号和文字符号，以及选择与使用方法、安全用电等方面。

任务一 低压电器的基础知识及测试

低压电器中的接触器是用来频繁接通和切断电动机或其他负载电路的一种自动切换电器，在电气控制线路中使用相当广泛。接触器他是电磁式低压电器的典型产品，了解其结构原理可以类推到其他电磁式低压电器结构原理。本任务要求对常用电磁式低压电器进行初步感性认识（如接触器、断路器、电磁式继电器等），并对交流接触器最低吸合电压进行测试。

一、低压电器的基本知识

1. 低压电器定义及分类

凡是对电能的生产、输送、分配和使用起控制、调节、检测、转换及保护作用的电工器械称为电器。用于交流50Hz（或60Hz）、额定电压1200V以下，直流额定电压1500V以下的电路内起接通、断开、保护、控制或调节作用的电器称为低压电器。常用的低压电器有刀开关、转换开关、自动开关、熔断器、接触器、继电器和主令电器等。

低压电器可分为低压配电电器和低压控制电器两大类。

（1）低压配电电器

主要用于低压配电系统中。对这类电器的要求是系统发生故障时，动作准确、工作可靠，在规定的时间内通过允许的短路电流时，其电动力和热效应不会损坏电器，如刀开关、断路器等。

（2）低压控制电器

主要用于电气传动系统中。对这类电器的要求是有相应的转换能力，操作频率高，电寿命和机械寿命长，工作可靠，如接触器、继电器、主令电器等。

2. 电磁式低压电器

电磁式低压电器在低压电器中占有十分重要的地位，在电气控制系统中应用最为普遍，如接触器、自动空气开关（断路器）、电磁式继电器等。它们的工作原理基本上相同，就结构而言主要由电磁机构和执行机构所组成。电磁机构按其电源种类可分为交流和直流两种，执行机构则可分为触点系统和灭弧装置两部分。

电磁机构由线圈、铁芯（静铁芯）和衔铁（动铁芯）等几部分组成。从常用铁芯的衔铁运动形式上看，其结构形式大致可分为拍合式和直动式两大类，如图1-1所示。图1-1（a）为衔铁沿棱角转动的拍合式铁芯，其铁芯材料由电工软铁制成，它广泛用于直流电器中；图1-1（b）为衔铁沿轴转动的拍合式铁芯，铁芯形状有E形和U形两种，其铁芯材料由电工硅钢片叠成，多用于触点容量较大的交流电器中；图1-1（c）为衔铁直线运动的双E形直动式铁芯，它也是由硅钢片叠压而成，分为交、直流两大类。

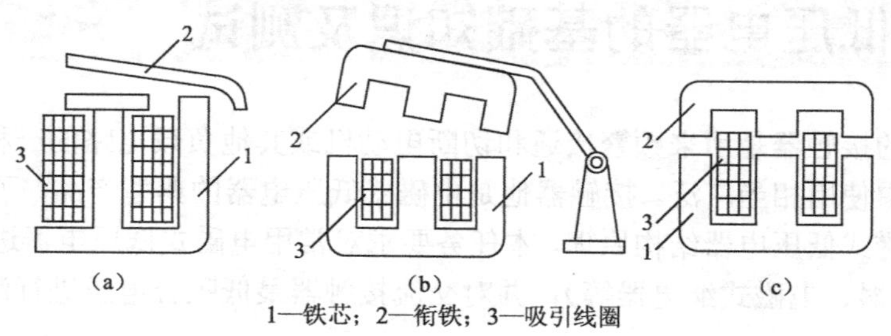

图1-1　电磁机构几种结构形式

电磁机构的工作原理：当线圈中有工作电流通过时，电磁吸力克服弹簧的反作用力，使得衔铁与铁芯闭合，由连接机构带动相应的触点动作。在交流电流产生的交变磁场中，为避免因磁通过零点造成衔铁的抖动，需在交流电器铁芯的端部开槽，嵌入一铜短路环，使环内感应电流产生的磁通与环外磁通不同时过零，使电磁吸力总是大于弹簧的反作用力，因而可以消除交流铁芯的抖动。

需要指出的是，对电磁式低压电器而言，电磁机构的作用是使触点实现自动化操作。但电磁机构实质上就是电磁铁的一种。

3．电器的触点系统

在工作过程中，可以分开与闭合的电接触称为可分合接触，又称为触点，触点是成对的，一为动触点，一为静触点。触点有时也包含主触点、副触点（辅助触点）。

触点的作用是接通或分断电路，因此要求触点要具有良好的接触性能，电流容量较小的电器（如接触器、继电器）常采用银质材料作触点，这是因为银的氧化膜电阻率与纯银相似，可以避免表面氧化膜电阻率增加而造成接触不良。

触点的结构有桥式和指形两类。图 1-2（a）所示是两个点接触的桥式触点，图 1-2（b）是两个面接触的桥式触点。两个触点串于同一电路中，电路的接通与断开由两个触点共同完成。点接触形式适用于电流不大，且触点压力小的场合；面接触形式适用于较大电流的场合。图 1-2（c）所示是为指形触点，其接触区为一直线，触点接通或分断时产生滚动摩擦，以去除氧化膜，减少接触电阻，适用于接通次数多、电流大的场合。

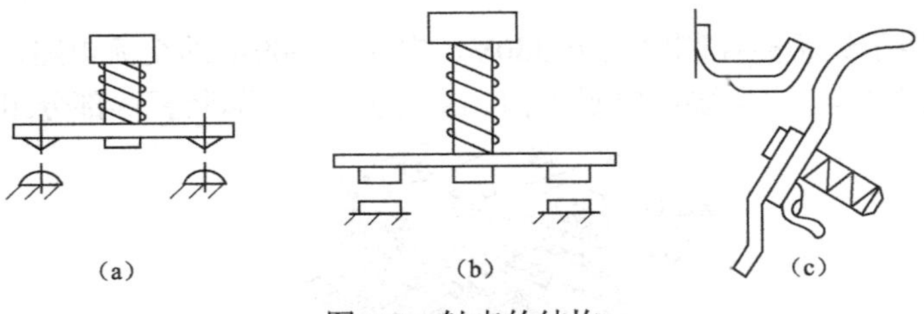

图 1-2　触点的结构

4．低压电器的主要技术参数

电器要可靠地接通和分断被控电路，而被控电路的工作电压或电流等级、通断频繁程度及负载性质各不相同，对电器也就提出了各种技术要求。如触点在分断状态时要有一定的耐压能力，防止漏电或介质击穿，因而电器有额定工作电压这一基本参数；触点闭合时，总有一定的接触电阻，负载电流在接触电阻产生的降压和热量不应过大，因此对电器触点规定了额定电流值。配电电器担负着接通和分断短路电流的任务，相应地规定了极限通、断能力；电器在分断电流时，出现的电弧要烧损触点甚至熔焊，因此电器都有一定的使用寿命。

（1）额定工作电压

额定工作电压是指在规定条件下，能保证电器正常工作的电压值，通常是指触点的额定电压值。有电磁机构的控制电器还规定了电磁线圈的额定工作电压。

（2）额定工作电流

额定工作电流是指根据电器的具体使用条件确定的电流值。它和额定电压、电网频率、额定工作制、使用类别、触点寿命及防护等级等因素有关，同一开关电器可以对应不同使用条件以规定不同的工作电流值。CJX2 系列小容量交流接触器的额定工作电流等技术数据见表 1-1。

表 1-1 CJX2 系列小容量交流接触器技术数据

型号	操作频率（次/h）		通电持续率（%）	AC-3 使用类别						辅助触点		吸引线圈		
				额定工作电流 I_N(A)		可控制三相异步电动机的功率 P(kW)				控制功率		功率 P(W)		额定控制电压 U_N(V)
	AC-3	AC-4		380 (V)	660 (V)	220 (V)	380 (V)	500 (V)	660 (V)	AC (VA)	DC (W)	启动	吸持	
CJX2-9	1200	300	40	9	7	2.2	4	5.5	5.5	300	30	80	8	24、36
CJX2-12	1200	300		12	9	3	5.5	5.5	7.5			80	8	48、110
CJX2-16	600	120		16	12	4	7.5	9	9			100	9	127、220
CJX2-25	600	120		25	18.5	5	11	11	15			100	9	380、660

（3）寿命

控制电器寿命的包括机械寿命和电寿命。机械寿命是电器在无电流情况下能操作的次数；电寿命是指按所定使用条件不需要修理或更换零件的负载操作次数。

二、接触器

接触器是用来频繁接通和切断电动机或其他负载电路的一种自动切换电器。它由触点系统、电磁机构、弹簧、灭弧装置和支架底座等组成。通常分为交流接触器和直流接触器两类。

1．交流接触器

交流接触器是用于远距离控制电压至 380V、电流至 600A 的交流电路，以及频繁启动和控制交流电动机的控制电器。它主要由电磁机构、触点系统、灭弧装置等部分组成，如图 1-3 所示。

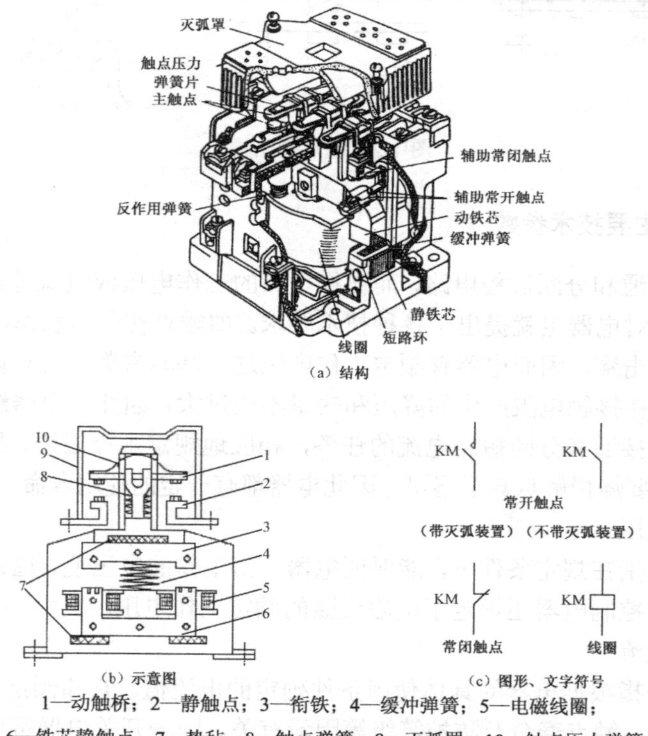

（a）结构

（b）示意图

（c）图形、文字符号

1—动触桥；2—静触点；3—衔铁；4—缓冲弹簧；5—电磁线圈；6—铁芯静触点；7—垫毡；8—触点弹簧；9—灭弧罩；10—触点压力弹簧

图 1-3 CJ20 系列交流接触器

（1）电磁机构

电磁机构由铁芯、线圈、衔铁等组成，其作用是产生电磁力，通过传动机构来通断主、辅触点。当操作线圈断电或电压显著下降时，衔铁在重力和弹簧力作用下跳闸，主触点切断主电路；当其线圈通电时动作，衔铁吸合，主触点及常开辅助触点闭合。交流接触器的电磁铁常采用单 U 形转动式、双 E 形直动式和双 U 形直动式等。

（2）触点系统

触点系统是接触器的执行元件，起分断和闭合电路的作用，有双断点桥式触点和单断点指形触点两类。其优缺点在前面已作分析。从提高接触器的机械寿命和电寿命出发，采用双断点触点比单断点触点有利，对交流接触器更是如此。目前交流接触器的触点形式趋向于双断点触点，但在额定电流大的接触器中，常采用单断点触点。

（3）灭弧装置

触点在分断电流的瞬间，在触点间的气隙中就会产生电弧，电弧的温度很高，能将触点烧损，并可能造成其他事故，因此应采用适当措施迅速熄灭电弧。

熄灭电弧的主要措施有：

① 迅速增加电弧长度（拉长电弧），使得单位长度内维持电弧燃烧的电场强度不够而使电弧熄灭。

② 使电弧与流体介质或固体介质相接触，加强冷却和去游离作用，使电弧加快熄灭。

电弧有直流电弧和交流电弧两类，交流电流有自然过零点，故其电弧较容易熄灭。常用的灭弧方法有以下几种：

① 速拉灭弧法：通过机械装置将电弧迅速拉长，从而加快电弧的熄灭。这种灭弧方法是开关电器中普遍采用的最基本的一种灭弧方法。

② 冷却灭弧法：降低电弧的温度，可使电弧中的热游离减弱，正负离子的复合增加，有助于电弧迅速熄灭。

③ 磁吹灭弧法：利用永久磁铁或电磁铁产生的磁场对电流的作用力来拉长电弧；或者利用气流使电弧拉长和冷却至被熄灭。

④ 窄缝灭弧法　这种灭弧方法是利用灭弧罩的窄缝来实现的。灭弧罩内有一条纵缝，缝的下部宽些上部窄些。当触点断开时，电弧在电动力的作用下进入缝内，窄缝可将电弧弧柱直径压缩，使电弧同缝壁紧密接触，加强冷却和去游离作用，使电弧熄灭加快。

⑤ 金属栅片灭弧法　利用栅片对电弧的吸引作用及磁吹线圈的作用将电弧引入栅片中，栅片将电弧分割成许多串联的短弧。这样每两片灭弧栅片可以看作一对电极，使整个灭弧栅的绝缘强度大大加强。而每个栅片间的电压不足以达到电弧燃烧电压，同时吸收电弧热量，使电弧迅速冷却，所以电弧进入灭弧栅片后就很快地熄灭，如图 1-4 所示。

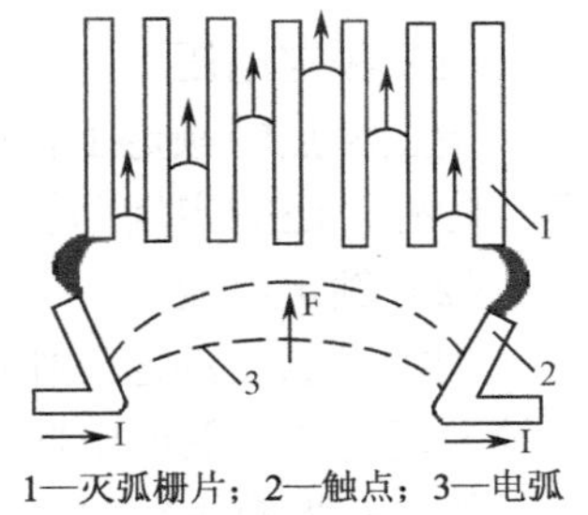

1—灭弧栅片；2—触点；3—电弧

图 1-4　栅片灭弧示意图

灭弧装置因电流等级而异。有绝缘材料灭弧罩、多纵缝灭弧室、栅片灭弧室、串联磁吹和真空灭弧室等。

交流接触器常用的型号有 CJ10、CJ12 系列，其新产品有 CJ20 系列，引进生产的交流接触器有德国西门子的 3TB 系列、法国 TE 公司的 LC1、LC2 系列、德国 BBC 的 B 系列等，这些引进产品大多采用积木式结构，可以根据需要加装附件。

CJ20 系列交流接触器的主要技术参数见表 1-2。

表 1-2　CJ20 系列交流接触器的主要技术参数

型号	频率（Hz）	辅助触点额定电流（A）	吸引线圈电压（V）	主触点额定电流（A）	额定电压（V）	可控制电动机最大功率（kW）
CJ20-10	50	5	36、127 220、380	10	380/220 500	4/2.2
CJ20-16				16		7.5/4.5
CJ20-25				25		11/5.5
CJ20-40				40		22/11
CJ20-63				63		30/18
CJ20-100				100		50/28
CJ20-160				160		85/48
CJ20-250				250		132/80
CJ20-400				400		220/115

交流接触器工作原理：当线圈通电后，线圈流过电流产生磁场，使静铁芯产生足够的吸力，克服反作用弹簧与动触点压力弹簧片的反作用力，将动铁芯吸合，同时带动传动杠杆使动、静触点的状态发生改变，其中 3 对常开主触点闭合。主触点两侧的 2 对常闭的辅助触点断开，2 对常开的辅助触点闭合。当电磁线圈断电后，由于铁芯电磁吸力消失，动铁芯在反作用弹簧力的作用下释放，各触点也随之恢复原始状态。交流接触器的线圈电压在 85%～110%额定电压时，能保证可靠工作。电压过高，磁路趋于饱和，线圈电流将显著增大；电压过低，电磁吸力不足，动铁芯吸合不上，线圈电流往往达到额定电流的十几倍。因此，电压过高或过低都会造成线圈过热而烧毁。

接触器除了电磁机构、触点系统、灭弧装置外，还有一些辅助零件和部件，如传动结构、外壳、接线端子等。

2．直流接触器

直流接触器用于控制直流供电负载和各种直流电动机，额定电压直流 400V 及以下，额定电流 40～600A，分为 6 个电流等级。直流接触器其结构主要由电磁机构、触点与灭弧系统组成。电磁系统的电磁铁采用拍合式电磁铁，电磁线圈为电压线圈，用细漆包线绕制成长而薄的圆筒状。直流接触器的主触点一般为单极或双极，有常开触点也有常闭触点，其触点下方均装有串联的磁吹灭弧线圈。在使用时要注意，磁吹线圈在轻载时不能保证可靠的灭弧，只有在电流大于额定电流的 20%时磁吹线圈才起作用。

3．接触器的主要参数

（1）额定电压

指主触点的额定工作电压，交流有 220V、380V、500V 等。直流有 110V、220V、440V 等。此外，还规定辅助触点和线圈的额定电压。

（2）额定电流

指主触点的额定工作电流，它在一定条件下（额定电压、使用类别、额定工作制、操作频率等）规定的，保证电器正常工作的电流值，若改变使用条件，额定电流也要随之改变。目前生产的接触器有 5A、10A、40A、60A、100A、150A、250A、400A 和 600A。

（3）动作值

指接触器的吸合电压和释放电压。按照规定，作为一般用途的电磁式接触器，在一定温度下，加在线圈上的电压为额定值的 85%～110%之间的任何电压下可靠地吸合；反之，如果工作中电压过低或失压，衔铁应能可靠地释放。

（4）接通与分断能力

指接触器的主触点在规定条件下，能可靠地接通或分断的电流值。在此电流下接通或分断时，不应发生触点熔焊、飞弧和过分磨损。

（5）电器寿命和电寿命

接触器是频繁操作电器，应具有较高的机械寿命和电寿命。目前接触器的机械寿命为 100 万次，小容量接触器的机械寿命可达 300 万次。

（6）操作频率

指每小时允许的操作次数。目前一般为 150～1200 次/h。

（7）工作制

接触器的工作制有长期工作制、间断工作制、短时工作制、反复工作制。

4．接触器的选择

① 接触器的类型：根据接触器所控制的负载性质来选择接触器的类型。

② 接触器的额定电压：应等于或大于主电路的额定电压。

③ 接触器线圈的额定电压及频率：应与所控制的电路电压、频率相一致。

④ 接触器的额定电流：应大于或等于负载的工作电流。

⑤ 接触器的触点数量、种类：其触点数量和种类应满足主电路和控制线路的要求。

5．接触器常见故障分析

（1）吸不上或吸力不足

造成故障的主要原因有：电源电压过低和波动大；电源容量不足、断线、接触不良；接触器线圈断线，可动部分被卡住等；触点弹簧压力与超程过大；动、静铁芯间距太大。

（2）不释放或释放缓慢

有以下原因：触点弹簧压力过小；触点熔焊；可动部分被卡住；铁芯极面被油污；反力弹簧损失；铁芯截面之间的气隙消失。

（3）线圈过热或烧损

线圈中流过的电流过大时，就会使线圈过热甚至烧毁。发生线圈电流过大的原因有以下几个方面：电源电压过高或过低；操作频率过高；线圈已损坏；衔铁与铁芯闭合有间隙等。

（4）噪声较大

产生的噪声过大的主要原因有：电源电压过低；触点弹簧压力过大；铁芯截面生锈或粘有油污、灰尘；分磁环断裂；铁芯截面磨损过度而不平。

（5）触点熔焊

造成触点熔焊的主要原因有：操作频率过高或过负荷使用；负荷侧短路；触点弹簧压力过小；触点表面有突起的金属颗粒或异物；操作回路电压过低或机械卡住触点停顿在刚接触的位置上。

（6）触点过热和灼伤

造成触点发热的主要原因有：触点弹簧压力过小；触点表面接触不良；操作频率过高或工

作电流过大。

（7）触点磨损

触点磨损有两种：一种是电气磨损，由触点间电弧或电火花的高温使触点金属气化或蒸发所造成；另一种是机械磨损，由于触点闭合时的撞击，触点表面的相对滑动摩擦等造成。

三、安全用电

1．触电的原因和危害

电流流过人体就会导致触电。一般地，对于50Hz的工频交流电而言，当流过人体电流大于0.05A时，就可能导致触电死亡，这与电流流过人体的途径、部位有关。通过人体电流的大小决定于人体电阻以及所触及的电压高低。人体的电阻不是固定的，是可以改变的，一般从600～100000Ω。使人体电阻变化的因素很多，如健康状况、神经系统、心理状态、衣服、鞋子、皮肤的干燥程度等。但是由于最小电阻在600Ω左右，那么如果接触到的电压为60V时，通过人体的电流就可能达到0.1A。这就说明只要碰到60V电压的线路上，就可能发生触电死亡事故。所以，一般规定36V以下为安全电压。

2．触电的种类和形式

（1）触电的种类

触电事故是因电流流过人体所造成的。人体被电流伤害的情况，按其性质的不同可分为电伤和电击两类。

① 电伤是指电流通过人体外部表皮造成局部伤害。例如，电弧的灼伤，与带电体接触后皮肤的红肿，金属在大电流下熔化、飞溅而使皮肤遭受伤害等。

② 电击是指电流流过人体内部器官，对人体心脏及神经系统造成破坏直至死亡。它是最危险的触电事故。因触电而造成死亡事故，多数是由电击所致。但在触电事故中，电击和电伤常会同时发生。

电击伤人的程度，要根据流过人体电流的大小、通电时间的长短、电流的途径和频率以及触电者本身的情况而决定。

（2）触电的形式

人体触及带电体有三种不同情况，分别为单线和两线触电及跨步电压触电。

① 单线触电：人站在地上或其他接地体上，而人的某一部位触及带电体，称为单线触电。在我国低压三相四线制中性点接地系统中，单线触电的电压为220V。

② 两线触电：人体两处同时触及三相380/220V系统的两相带电体，加于人体的电压达380V。

③ 跨步电压触电：带电体着地时，电流流过周围土壤，产生电压降，人接近着地点时，两脚之间形成跨步电压，其大小决定于离着地点的远近及两脚正对着地点的跨步距离，跨步电压在一定程度上也会引起触电事故。

3．安全措施

为防止人体偶然触电，在一切电气设备中都应该加有保护装置，工作人员要严格遵守安全规则，此外还应该注意带好一切保护用具。电气设备的安全保护装置主要有接地和接零两种。

（1）保护接地

把电动机、变压器等电气设备的金属外壳用电阻很小的导线与埋在地中的接地装置可靠地连接起来，称为保护接地。

将电气设备不带电金属部分接地的目的，是防止工作人员发生间接触电事故。

（2）保护接零

把电气设备的金属外壳接到电线路系统的中性点上称为保护接零（或称保护接中线）。接中线（即接零）时，应满足以下要求：

① 在同一电网中，不得把一部分电气设备接零，而另一部分电气设备接地。这是因为如果某一接地保护设备的绝缘损坏，并与外壳相连时，会使中性线上出现对地电压，于是所有接零的设备上都会出现危险电压。

② 中线上不得装有熔断器和断路设备，仅允许采用在切断中线时，必须同时切断相线的开关。

③ 接零的干线（中线）不得小于相线截面的 1/2，支线应不小于相线截面的 1/3。电气设备接中线应以并联方式连接。

④ 在变电室线路的起点和架空线路的分支处及支线的末端应将零线重复接地，重复接地的接地电阻不大于 10Ω。

（3）注意事项

① 无论何时何地，不能用手来判断接线端或裸导体是否带电。

② 换接熔丝时，首先要切断电源，切勿带电操作。

③ 常用的电气设备的金属外壳必须接有专用的接零导线。

④ 处理好导线的带电接头的绝缘。

⑤ 操作电气开关、按钮等，手应保持干燥。

⑥ 若遇有人触电时，应立即切断电源。不可用手直接拉触电者使之脱离电源。

任务实施

一、实操器材

任务实施所需设备和元器件见表 1-3。

表 1-3　任务实施所需设备和元器件明细

名称	型号或规格	数量	名称	型号或规格	数量
单向调压器	1kV・A	1 台	接触器	CJ10-20	1 只
电压表		1 只	一般电工工具	扳手、测电笔、剥线钳	1 套
刀开关	HK2	1 只	低压断路器	DZ15	若干个
熔断器	RL1	2 只			

二、实操过程

复杂的电器控制线路大多数都是由许多低压电器组成的。在设计和安装控制线路时，必须熟悉低压电器的外形结构及型号意义，并掌握其简单检查与测试方法。例如，交流接触器的测试电路如图 1-5 所示。

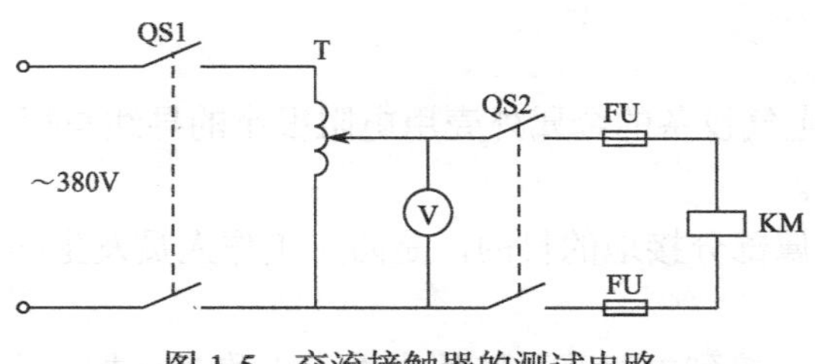

图 1-5　交流接触器的测试电路

1．认识常用低压电器

根据低压电器的实物，写出各电器的名称。例如，HK2、HR5、DZ15、LA18、CJ10-20、RT0 等系列的低压电器。

2．测试交流接触器的释放电压

① 按照图 1-5 接线。

② 闭合刀开关 QS1，调节调压器为 380V；闭合 QS2，交流接触器吸合。

③ 转动调压器手柄，使电压均匀下降，同时注意接触器的变化，并在表 1-4 中记录数据。

表 1-4　交流接触器测试记录

电源电压	开始出现噪声电压	接触器释放电压	释放电压/额定电压	最低吸合电压	吸合电压/电源电压

3．对交流接触器的最低吸合电压进行测试

从释放电压开始，每次将电压上调 10V，然后闭合刀开关，观察接触器是否闭合。如此重复，直到交流接触器能可靠地闭合工作为止，记录数据填入表 1-4。

三、实操注意事项

① 接线要求牢靠、整齐、清楚、安全可靠。

② 操作时要胆大、心细、谨慎，不允许用手触及电器元件的导电部分以免触电及意外损伤。

③ 通电观察接触器动作情况时，要注意安全，防止碰触带电部位。

任务二　低压电器的认识和拆装

本任务研究在低压电力拖动系统中，对电动机的运行进行控制、调节和保护的电器。常用低压控制电器有刀开关、组合开关、按钮、断路器（自动空气开关）等，要了解和掌握它们的结构、工作原理和电气符号。

本任务要求对各种常用型号的接触器、继电器、按钮等进行认识和拆装。

① 拆卸灭弧罩、底盖、铁芯、线圈、弹簧等。

② 组装弹簧、线圈、铁芯、底盖、灭弧罩等。

③ 更换辅助触点和主触点。

一、常用的低压控制电器

1. 刀开关

刀开关是一种手动配电电器，主要用来手动接通与断开交、直流电路，通常只作电源隔离开关使用，也可用于不频繁地接通与分断额定电流以下的负载，如小型电动机、电阻炉等。

根据刀极数和操作方式，刀开关可分为单极、双极与三极。常用的三极开关额定电流有100A、200A、400A、600A、1000A 等。其结构由操作手柄、刀片（动触点）、触点座（静触点）和底板等组成。一般都采用手动操作方式（特殊除外）。

刀开关常用的产品有 HD11～HD14 和 HS11～HS13 系列刀开关；HK1、HK2 系列开启式负荷开关；HH3、HH4 系列封闭式负荷开关；HR3 系列熔断器刀开关等。刀开关的图形符号及文字符号如图 1-6 所示。

刀开关在安装时，手柄要向上，不得倒装或平装。只有安装正确，作用在电弧上的电动力和热空气的上升方向一致，才能促使电弧迅速拉长而熄灭。反之，两者方向相反电弧就不易熄灭，严重时会使触点及刀片烧灼，甚至造成极间短路。此外，如果倒装，手柄可能因自动下落而误动作合闸，将可能造成人身和设备的安全事故。

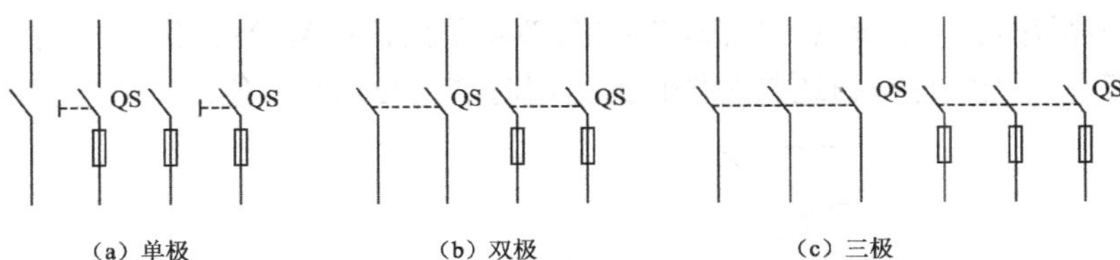

图 1-6 刀开关的图形、文字符号

在安装使用铁壳开关时应注意安全，既不允许随意放在地上操作，也不允许面对着开关操作，以免万一发生故障，而开关又分断不下时铁壳爆炸飞出伤人。应按规定把开关垂直安装在一定高度处。开关的外壳应妥善地接地，并严格禁止在开关上方搁置金属零件，以防它们掉入开关内部酿成相间短路事故。

2. 转换开关

转换开关又称组合开关，一般用于电气设备中不频繁通断电路、换接电源和负载，以及小功率电动机不频繁地启停控制。转换开关实际上是由多极触点组合而成的刀开关，由动触片（动触点）、静触片（静触点）、转轴、手柄、定位机构及外壳等部分组成。其动、静触片分别叠装于数层绝缘壳内，内部结构示意图及图形符号和文字符号如图 1-7（a）、（b）所示。当转动手柄时，每层的动触片随方形转轴一起转动，并使动触片插入或转出相应的静触片，使电路接通或断开。

3. 按钮

按钮是用人力操作，具有储能（弹簧）复位的主令电器。它的结构虽然简单，却是应用很广泛的一种电器，主要用于远距离操作接触器、继电器等电磁装置，以切换自动控制电路。

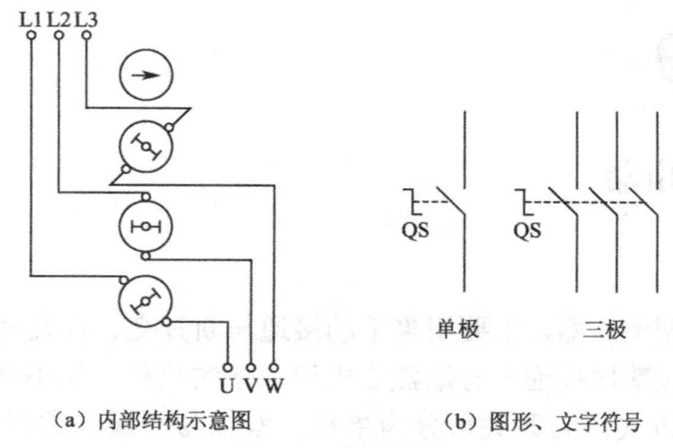

（a）内部结构示意图　　（b）图形、文字符号

图 1-7　转换开关

按钮的一般结构示意图及图形、文字符号如图 1-8 所示。操作时，当按钮帽的动触点向下运动时，先与常闭静触点分开，再与常开静触点闭合；当操作人员将手指放开后，在复位弹簧的作用下，动触点向上运动，恢复初始位置。在复位的过程中，先是常开触点分断，然后是常闭触点闭合。

为了标明各种按钮的作用，避免误动作，通常将按钮帽做成不同的颜色，以示区别。按钮的颜色有红、绿、黑、黄、蓝以及白、灰等多种，供不同场合选用。国标 GB 5226—1985 对按钮的颜色作如下规定："停止"和"急停"按钮必须是红色。当按下红色按钮时，必须使设备停止工作或断电；"启动"按钮的颜色是绿色；"启动"与"停止"交替动作的按钮必须是黑白、白色或灰色，不得用红色和绿色；"点动"按钮必须是黑色；复位按钮（如保护继电器的复位按钮）必须是蓝色，当复位按钮还具有停止的作用时，则必须是红色。

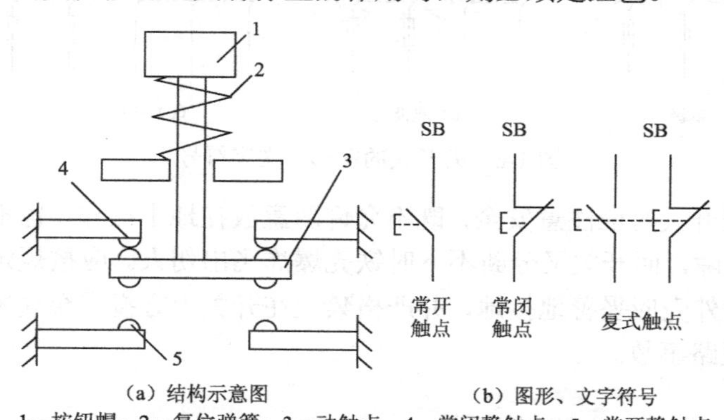

（a）结构示意图　　（b）图形、文字符号

1—按钮帽；2—复位弹簧；3—动触点；4—常闭静触点；5—常开静触点

图 1-8　按钮结构示意图及图形、文字符号

LA25 系列产品除符合国内有关标准外，还符合国际电工委员会的有关标准，其技术参数见表 1-5。

表 1-5　LA25 系列控制按钮技术数据

额定绝缘电压 U_i(V)	AC 380				DC 220	
额定工作电压 U_N(V)	220	380	220	380	110	220
约定发热电流 I_{th}(A)	5		10		5、10	
额定工作电流 I_N(A)	1.4	0.8	4.5	2.6	0.6	0.3
通断能力	8.7A(418V，$\cos\varphi$=0.7)50 次		46A(418V，$\cos\varphi$=0.7)50 次		0.8A(242V,$T_{0.95}$=300ms) 20 次	

续表

按钮形式	平钮	蘑菇钮	带灯钮	旋钮	钥匙钮
操作频率(次/h)	120			12	
电寿命(万次)	AC：50，DC：25			AC：10；DC：10	
机械寿命(万次)	100			10	
工作制	断续周期工作制，TD=40%				
额定极限短路电流	1.1U_N、cosφ=0.5～0.7、1000A、3 次				
触点对数	1～6（根据需要可以加接）				

4．熔断器

熔断器广泛用于低压配电线路和电气设备中，主要起短路保护和严重过载保护的作用。它具有结构简单、使用维护方便、价格低廉、可靠性高等特点，是低压配电线路中的重要保护元件之一。熔断器的种类较多，常用的熔断器有瓷插式、螺旋式。其结构和文字符号如图 1-9 所示。熔断器接入电路时，熔体与保护电路串联连接。当该电路中发生短路或严重过载故障时，通过熔体的电流达到或超过其允许的正常发热电流，熔体上产生的热量使熔体温度急剧上升，当达到熔体金属的熔点时自行熔断，分断电路切断故障电流，从而保护了电气设备。

瓷插式熔断器 RC1A 系列结构简单，而且更换方便、价格低廉。一般用在交流 50Hz、额定电压在 380V、额定电流在 200A 以下的低压线路末端或分支电路中，作为电气设备的短路保护及一定程度上的过载保护之用。

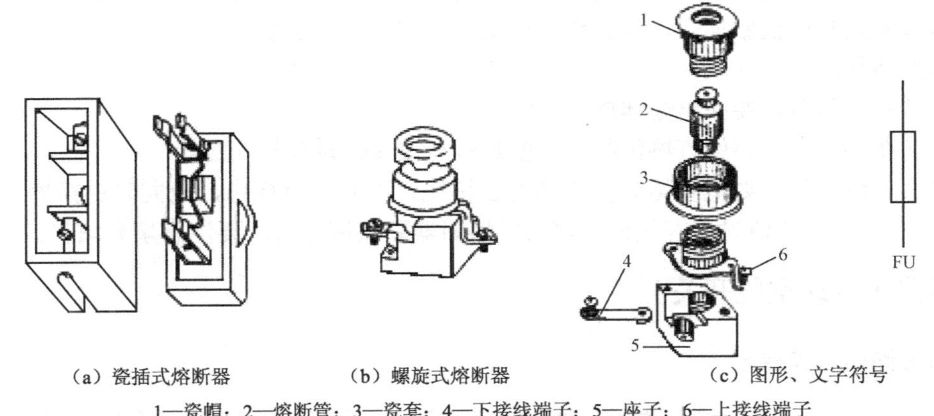

（a）瓷插式熔断器　（b）螺旋式熔断器　（c）图形、文字符号

1—瓷帽；2—熔断管；3—瓷套；4—下接线端子；5—座子；6—上接线端子

图 1-9　熔断器结构及文字符号

螺旋式熔断器 RL1 系列分断能力高，结构紧凑，体积小，安装面积小，更换熔体方便，安全可靠，熔丝熔断后有明显信号指示，广泛应用于控制箱、配电屏、机床设备及振动较大的场所，作为短路及过载保护元件。螺旋式熔断器电源线应当接在瓷底座的下接线端，负载线接到金属螺纹壳的上接线端。

（1）熔断器的结构

熔断器主要由熔体、安装熔体的熔管和熔座三部分组成。熔体是熔断器的主要组成部分，一般由熔点低、易于熔断、导电性能良好的合金材料制成。在小电流的电路中，常采用铅合金或锌做成的熔体（熔丝）。对大电流的电路，常用铜或银做成片状的熔体。

（2）熔断器的主要技术参数

① 额定电压。熔断器熔断时，可使电弧及时熄灭，所在电路工作电压的最高限制。

② 额定电流。熔断器长期通过的、不超过允许温升的最大工作电流。

③ 熔体的额定电流。长期通过熔体而不会使熔体熔断的电流。

④ 极限分断能力。熔断器所能分断的最大短路电流值。

⑤ 熔断器的保护特性。熔断器的保护特性曲线表示流过熔体的电流与熔体的熔断时间的关系，如图 1-10 所示，可以看出电流大小与熔断的时间成反比，即熔断器的保护特性是反时限的。

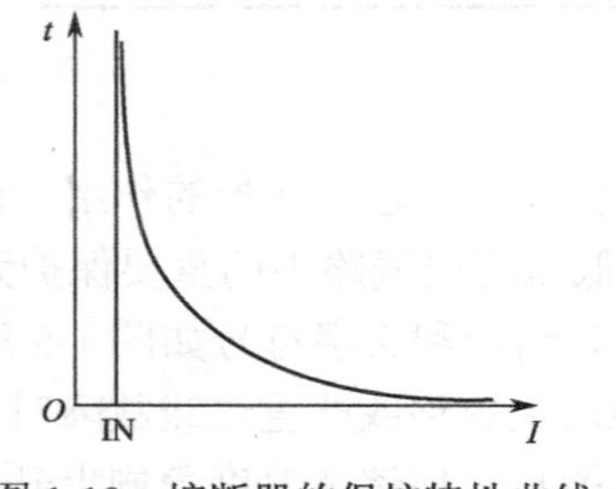

图 1-10　熔断器的保护特性曲线

（3）熔断器的使用及维修

1）巡视检查

① 检查熔断器和熔体的额定值与被保护设备是否配合。

② 检查熔断器外观有无损伤、变形、瓷绝缘部分有无闪烁放电痕迹。

③ 检查熔断器各接触点是否完好，接触紧密，有无过热现象。

④ 熔断器的熔断信号指示器是否正常。

2）熔体熔断的原因

① 短路故障或过载运行而正常熔断。

② 熔体使用时间地过久，熔体因受氧化或运行中温度高，使熔体特性变化而误断。

③ 熔体安装时有机械损伤，使其截面积变小而在运行中引起误断。

3）拆换熔体注意事项

① 安装新熔体前，要找出熔体熔断原因。

② 更换新熔体时，要检查熔体的额定值是否与被保护设备相匹配。

③ 更换新熔体时，要检查熔断管内部烧伤情况，如有严重烧伤，应同时更换熔管。瓷熔管损坏时，不允许用其他材质管代替。填料式熔断器更换熔体时，要注意填充填料。

二、断路器（自动空气开关）

1．断路器的工作原理

断路器是一种既有手动开关作用又能自动进行欠压、失压、过流、过载和短路保护的电器。断路器是低压配电系统中的一种重要的保护电器，同时也可用于不频繁地接通和分断电路以及控制电动机。断路器由触点装置、灭弧装置、脱扣装置、传动装置和保护装置 5 部分组成，它的工作原理如图 1-11 所示。在正常情况下断路器的主触点是通过操作机构手动或电常开闸的。主触点闭合后，自由脱扣器机构将锁在合闸位置上，电路接通、正常工作。若要正常切断电路时，应操作分励脱扣器，使自由脱扣机构动作，并自动脱扣，主触点断开，分断电路。

断路器的工作原理：断路器的过电流脱扣器的线圈和热脱扣器的热元件与主电路串联，失压脱扣器的线圈与电路并联。当电路发生短路和严重过载时，过电流脱扣器的衔铁被吸合，使自由脱扣机构动作。当电路发生过载时，热脱扣器的热元件产生的热量增加，温度上升，使双金属片向上弯曲变形，从而推动自由脱扣机构动作。当电路出现失压时，失压脱扣器的衔铁释放，也使自由脱扣机构动作。自由脱扣机构动作时，断路器自由脱扣，使开关自动跳闸，主触点断开，分断电路，达到非正常工作情况下保护电路和电气设备的目的。

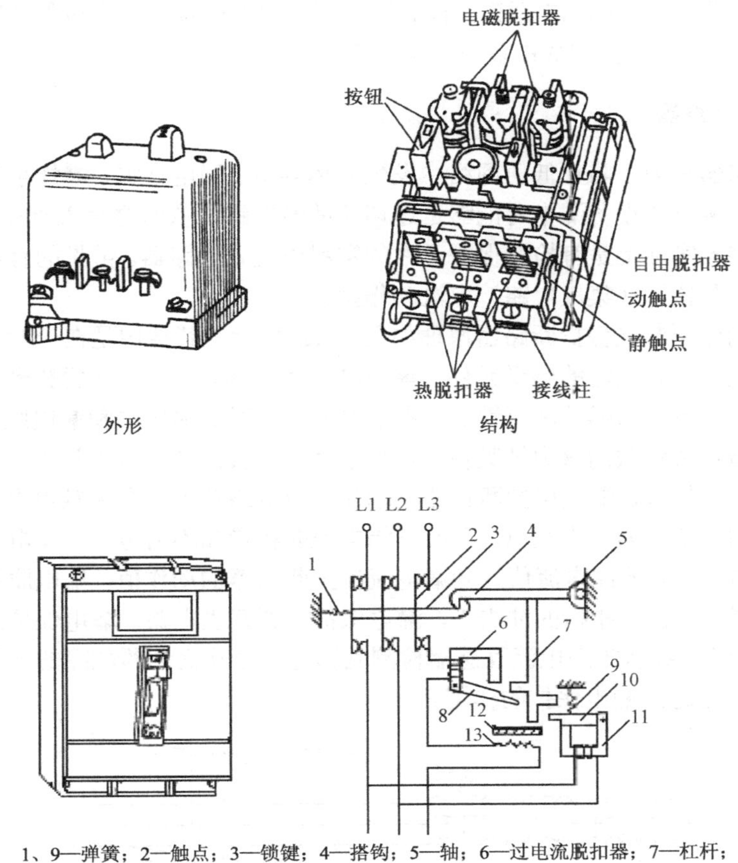

1、9—弹簧；2—触点；3—锁键；4—搭钩；5—轴；6—过电流脱扣器；7—杠杆；

8、10—衔铁；11—欠电压脱扣器；12—双金属片；13—热元件

图 1-11　断路器的外形结构与工作原理示意图

2．塑壳式断路器

塑料外壳式低压断路器，原称装置式自动开关，其全部结构和导电部分都装在一个塑料外壳内，仅在壳盖中央露出操作手柄，供手动操作之用。它具有结构紧凑、体积小、维修不方便等特点。

这种开关内配有不同的脱扣器：

① 复式脱扣器装有过载保护及短路保护。

② 电磁式脱扣器装有短路保护。

③ 双金属片式热扣器装有过载保护。

低压断路器的操作手柄有三个位置：

① 合闸位置，手柄扳向上边，跳钩被锁扣扣住，触点闭合。

② 自由脱扣位置，跳钩被释放，手柄移至中间位置，触点断开。

③ 分闸和再扣位置，手柄向下扳，跳钩被锁扣扣住，从而完成“再扣”的动作。

注意：如果断路器跳闸后，想再合闸，必须经过再扣动作，否则断路器不会合上。

目前我国生产的断路器有 DW10、DW15、DW16 系列万能式断路器和 DZ5、DZ10、DZ12、

DZ15、DZ20 等系列塑壳式断路器，以及近年来从联邦德国 AEG 公司引进的 ME 系列万能式断路器，日本三菱公司引进的 AE 系列万能式断路器，日本寺崎公司引进的 AH 系列万能式断路器和德国西门子公司引进的 3WE 系列万能式断路器。

3．漏电保护断路器

漏电保护断路器是为了防止低压网络中发生人体触电、漏电火灾、爆炸事故而研制的一种开关电器。当人身触电或设备漏电时能够迅速切断故障电路，从而避免人身和设备受到危害。这种漏电保护断路器实际上是有检漏保护元件的塑料外壳式断路器。常见的有电磁式电流动作型、电压动作型和晶体管（集成电路）电流动作型。

电磁式电流动作型漏电保护断路器原理如图 1-12 所示。其结构是在一般的塑料外壳式断路器中增加一个能检测漏电流的感受元件（零序电流互感器）和漏电流脱扣器。主电路的三相导线一起穿过零序电流互感器的环行铁芯，零序电流互感器的输出端和漏电脱扣线圈相接，漏电脱扣器的衔铁借永久磁铁的磁力被吸住，拉紧了释放弹簧。当电路正常工作时，零序电流互感器二次绕组无输出信号，漏电保护断路器不动作。当电路发生漏电和触电事故时，漏电或触电电流通过大地回到变压器的中性点，因而三相电流的相量和不为零，零序电流互感器的二次绕组中产生感应电流，只要此电流值达到漏电流保护断路器的动作值，漏电脱扣器释放弹簧的反力就会使衔铁释放，在脱扣指的冲击下，漏电保护器断开主电路。漏电保护断路器额定漏电动作电流为 30～100mA，从零序电流互感器检测到漏电信号从而切断故障的全部动作时间一般在 0.1s 内，能有效地起到漏电保护的作用。

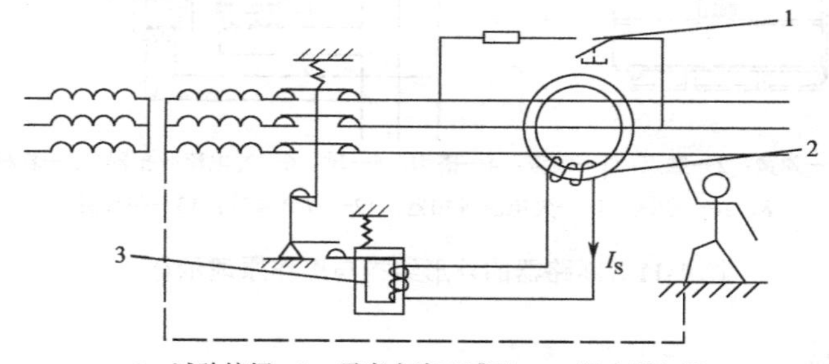

1—试验按钮；2—零序电流互感器；3—漏电脱扣器

图 1-12　电磁式电流动作型漏电保护断路器

漏电保护断路器在接入电路时，应接在电能表（曾称电度表）和熔断器后面，安装应按规定的标志接线。接线完毕后应按实验按钮，检查漏电保护断路器是否可靠动作。漏电保护断路器投入正常运行后，应定期校验，一般每月需在合闸通电状态下按动实验按钮一次，检查漏电保护断路器是否正常工作，以确保其动作可靠性。

任务实施

一、实操器材

任务训练实施所需设备和元器件明细见表 1-6。

表 1-6 任务训练实施所需设备和元器件明细

名称	型号或规格	数量	名称	型号或规格	数量
单向调压器	1kV·A	1 台	一般电工工具	扳手、螺丝刀、测电笔、剥线钳等	1 套
组合开关	Hz10-25/3	1 个	低压断路器	DZ15	若干
刀开关	HK1-30/3	1 个	三相异步电动机 M	Y-100L2-4	1 台
熔断器	RC1A-15	1 个	熔断器	RL1-15	3 个
导线	$2.5mm^2$	若干			

二、实操过程

（1）常用低压配电电器

各种常用型号负荷开关（刀开关）、组合开关、熔断器等的认识和拆装。

（2）常用低压控制电器

各种常用型号的接触器、继电器、按钮等的认识和拆装。

（3）拆装交流接触器

① 拆卸：拆下灭弧罩；拆底盖螺钉；打开底盖，取出铁芯，注意衬垫纸片不要丢失；取出缓冲弹簧和电磁线圈；取出反作用弹簧。拆卸完毕将零部件放好，不要丢失。

② 观察：仔细观察交流接触器结构，零部件是否完好无损；观察铁芯上的短路环、位置及大小；记录交流接触器的有关数据。

③ 组装：安装反作用弹簧；安装电磁线圈和缓冲弹簧；安装铁芯；最后安装底盖，拧紧螺钉。安装时，不要碰损零部件。

④ 更换辅助触点：松开压紧螺钉，拆除静触点；再用镊子夹住动触点向外拆，即可拆除动触点；将触点插在应安装的位置，拧紧螺钉就可以更换静触点；用镊子或尖嘴钳子夹住触点插入动触点的位置，更换动触点。

⑤ 更换主触点：交流接触器主触点一般是桥式结构。将主触点的动、静触点一一拆除，依次更换。应注意组装时，零件必须装到位，无卡阻现象。

项目二　三相异步电动机启动控制电路

项目目标

① 通过对三相异步电动机启动控制电路的实际接线，掌握由电气原理图绘制电气安装接线图的知识。

② 能够合理布置电气元件，正确安装连接电器与电动机控制电路。

③ 初步掌握电气图的分类（电气原理图、电气元件布置图、电气安装接线图）与分析方法，熟悉安装连接控制电路的步骤。

项目要求

继电器-接触器控制系统是应用最早的控制系统。它具有结构简单、易于掌握、维护调整简便、价格低廉等优点，因此获得了广泛应用。由于各种生产机械的工艺过程不同，其控制电路也千差万别，但任何简单的、复杂的电气控制电路，都遵循一定的原则和规律，都是由一些比较简单的基本控制环节组合而成。掌握这些基本控制线路的分析、研究、安装接线，对整个电气控制系统工作原理分析以及系统维修都有着重要意义。

任务一　三相异步电动机的单向全压启动控制电路

本任务研究的是三相笼型异步电动机单向直接启动、自由停车的电气控制电路。

一、电气控制系统图基本知识

电气控制系统图是由许多电气元件按一定要求连接而成的。为了表达生产机械电气控制系统的结构、原理等设计的示意图，同时也为了便于电气系统的安装、调整、使用和维修，需要将电气控制系统中各电气元件的连接用一定的图形表达出来，这种图就是电气控制系统图。

电气控制系统图一般有三种。电路图（又称电气原理图）、电气元件布置图、电气安装接线图。我们将在图上用不同的图形符号表示各种元器件，用不同的文字符号表示设备及线路功能、状况和特征，各种图纸有其不同的用途和规定的画法。国家标准局参照国际电工委员会（IEC）颁布的有关文件，制定了我国电气设备的有关国家标准，如：

GB/T 4728—1999～2005《电气简图用图形符号》

GB/T 5226—1985《机床电气设备通用技术条件》

GB/T 7159—1987《电气技术中文字符号制定通则》

GB/T 6988—1986《电气制图》

GB 5094—1985《电气技术中的项目代号》

电气图示符号有图形符号、文字符号及回路标记等。

1. 电气图中的图形符号

图形符号通常用于图样或其他文件，以表示一个设备或概念的图形、标记或字符。

电气控制系统图中的图形符号必须按国家标准绘制。附录绘出了电气控制系统的部分图形符号。

2. 电气图中的文字符号

文字符号分为基本文字符号和辅助文字符号。

（1）基本文字符号

基本文字符号有单字母符号与双字母符号两种。单字母符号按拉丁字母顺序将各种电气设备、装置和元器件划分为 23 大类，每一类用一个专用单字母符号表示，如“C”表示电容，“R”表示电阻器等。双字母符号由一个表示种类的单字母符号与另一个字母组成，且以单字母符号在前，另一个字母在后的次序列出，如“F”表示保护器件类，“FU”则表示为熔断器，“FR”表示为热继电器。

（2）辅助文字符号

辅助文字符号是用来表示电气设备、装置和元器件以及电路的功能、状态和特征的。如“RD”表示红色，“SP”表示压力传感器，“YB”表示电磁制动器等。辅助文字符号还可以单独使用，如“ON”表示接通，“N”表示中间线等。

（3）补充文字符号的原则

当规定的基本文字符号和辅助文字符号如不够使用，可按国家标准中文字符号组成规律和下述原则予以补充。

① 在不违背国家标准文字符号编制原则的条件下，可采用国家标准中规定的电气技术文字符号。

② 在优先采用基本和辅助文字符号的前提下，可补充国家标准中未列出的双字母文字符号和辅助文字符号。

③ 使用文字符号时，应按电气名词术语国家标准或专业技术标准中规定的英文术语缩写而成。

④ 基本文字符号不得超过 2 位字母，辅助文字符号一般不超过 3 位字母。文字符号采用拉丁字母大写正体字，且拉丁字母中“I”和“O”不允许单独作为文字符号使用。

3．主电路各接点标记

三相交流电源引入线采用 L1、L2、L3 标记。

电源开关之后的三相交流电源主电路分别按 U、V、W 顺序标记。

分级三相交流电源主电路采用三相文字代号 U、V、W 的前边加上阿拉伯数字 1、2、3 等来标记，如 1U、1V、1W；2U、2V、2W 等。

各电动机分支电路各接点标记采用三相文字代号后面加数字来表示，数字中的个数表示电动机的代号，十位数字表示该支路各接点的代号，从上到下按数值大小顺序标记。如 U11 表示 M1 电动机的第一相的第一个接点代号，U21 表示为第一相的第二个接点代号，以此类推。

电动机绕组首端分别用 U、V、W 标记，尾端分别用 U'、V'、W' 标记，双绕组的中点则用 U″、V″、W″标记。

控制电路采用阿拉伯数字编号，一般由 3 位或 3 位以下的数字组成。标注方法按“等电位”原则进行，在垂直绘制的电路图中，标号顺序一般由上而下编号，凡是被线圈、绕组、触点或电阻、电容等元件所间隔的线段，都应标以不同的电路标号。

二、电气图的分类与作用

电气图包括电气原理图、电气元件布置图、电气安装接线图等。

1．电气原理图

电气原理图也称为电路图，用于表达电路、设备电气控制系统的组成部分和连接关系。通过电路图，可详细地了解电路、设备电气控制系统的组成和工作原理，并可在测试和故障寻找时提供足够的信息，同时电路图也是编制接线图的重要依据。

CW6132 型车床电气原理图如图 2-1 所示，在绘制电气原理图时，应遵循下列规则：

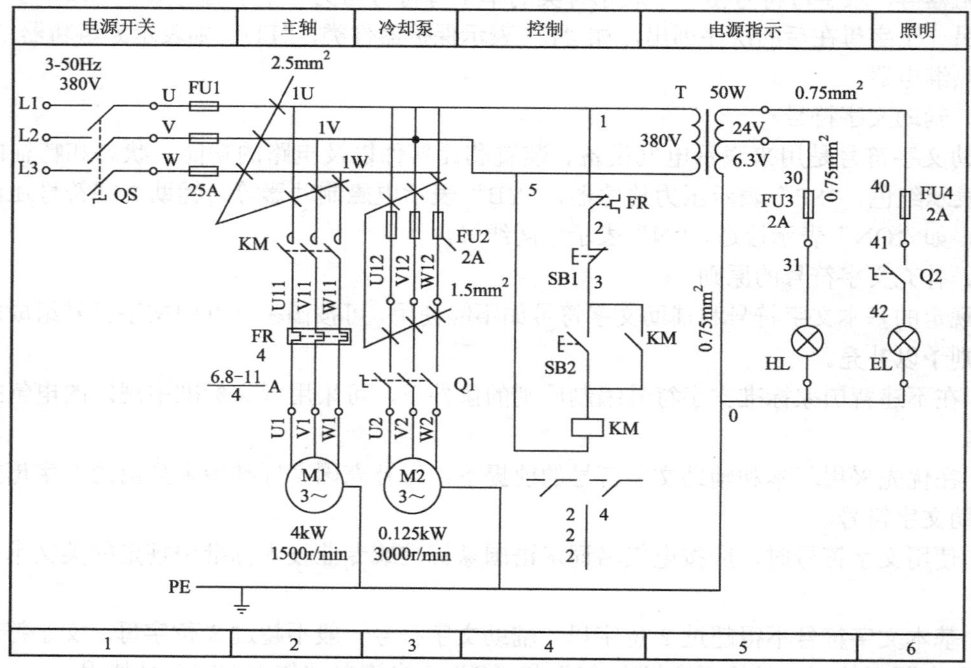

图 2-1　CW6132 型车床电气原理图

① 要按国家标准规定的图形符号、文字符号和回路标号进行绘制。

② 动力电路的电源电路一般绘制成水平线；受电的动力装置电动机主电路用垂直线绘制在图面的左侧，控制电路用垂直线绘制在图面的右侧，主电路与控制电路应分开绘制。各电路元件采用平行展开画法，但同一电器的各元件采用同一文字符号标明。

③ 所有电路元件的图形符号，均按电器未接通电源和没有受外力作用时的状态绘制。促使触点动作的外力方向必须是：当图形垂直放置时为从左向右，即在垂线左侧的触点为常开触点，在垂线右侧的触点为常闭触点；当图形水平放置时为从上向下，即水平线下方的触点为常开触点，在水平线上方的触点为常闭触点。

④ 在原理图中的导线连接点均用小圆圈或黑圆点表示。

⑤ 在原理图上方将图分成若干图区，并标明该区电路的用途与作用；在继电器、接触器线圈下方列有触点表以说明线圈和触点的从属关系。

⑥ 电气控制电路原理图的全部电机、电器元件的型号、文字符号、用途、数量、额定技术数据，均应填写在元器件明细表内。

2. 电气元件布置图

电气元件布置图表示各种电气设备在机械设备和电气控制柜中的实际安装位置。CW6132 型车床电气元件布置图如图 2-2 所示，在绘制电气元件布置图时，应遵循下列规则：

① 图中各电器代号应与有关电路图和电器清单上所有元器件代号相同。

② 在图中往往留有 10%以上的备用面积及导线管（槽）的位置，以供改进设计时用。

③ 图中不需标注尺寸。

④ 图中 FU1～FU4 为熔断器、KM 为接触器、FR 为热继电器、T 为控制变压器、XT 为接线端子板。

3. 电气安装接线图

电气安装接线图是用来表明电气设备各单元之间的接线关系的，一般不包括单元内部的连接，着重表明电气设备外部元件的相对位置及它们之间的电气连接。CW6132 型车床电气安装接线图如图 2-3 所示，在绘制电气安装接线图时，应遵循下列规则：

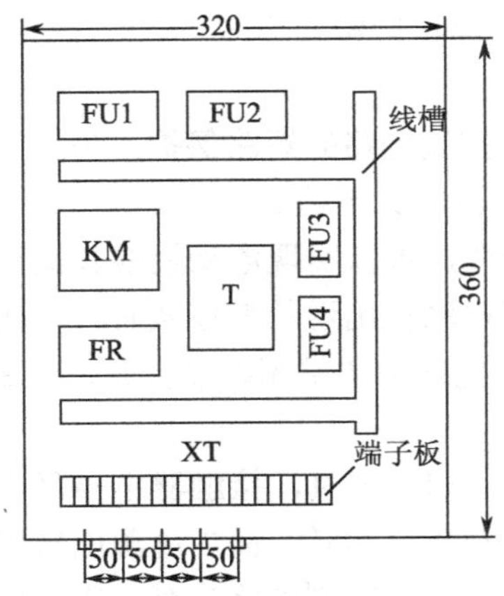

图 2-2　CW6132 型车床电气元件布置图

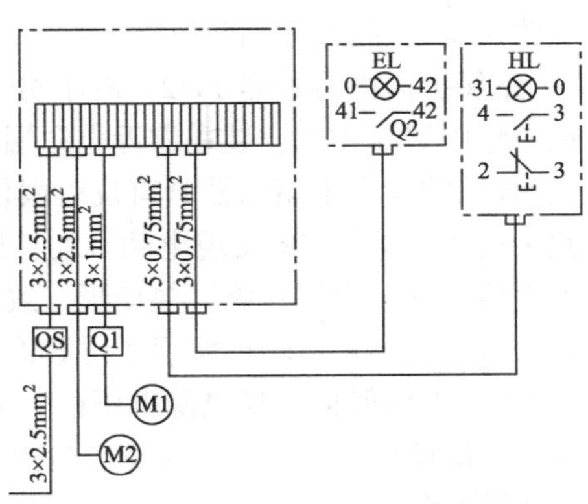

图 2-3　CW6132 型车床电气安装接线图

① 电气安装接线图不仅要把同一个元器件的各个部件画在一起，而且各个部件的布置要

尽可能符合这个元器件的实际情况，但对尺寸和比例没有严格要求。

② 各元器件的图形符号、文字符号和回路标记均应以电气原理图为准，并保持一致，以便查对。

③ 不是在同一控制箱内和不是同一块配电屏上的各元器件之间的导线连接，必须通过接线端子进行；同一控制箱内各元器件之间的接线可以直接相连。

④ 分支导线应在各元器件接线端上引出，而不允许在导线两端以外的地方连接，且接线端上只允许引出 2 根导线。

⑤ 电气安装接线图上所表示的电气连接，一般并不表示实际走线途径，施工时由操作者根据经验选择最佳走线方式。

⑥ 电气安装接线图上应该详细地标明导线及所穿管子的型号、规格等。

⑦ 电气安装接线图要求准确、清晰，以便于施工和维护。

三、三相笼型异步电动机单向全压启动控制电路

图 2-4 所示为三相笼型异步电动机单向全压启动控制电路，它是一个常用的最简单的控制电路，由刀开关 QS、熔断器 FU1、接触器 KM 的主触点、热继电器 FR 的热元件与电动机 M 构成主电路。

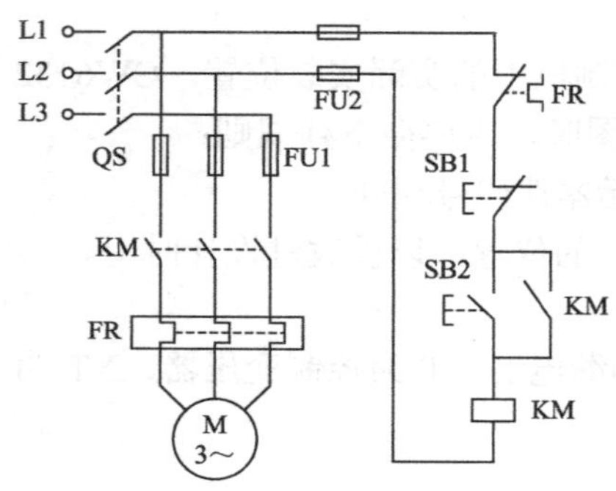

图 2-4 三相笼型异步电动机单向全压启动控制电路

启动按钮 SB2、停止按钮 SB1、接触器 KM 的线圈及其常开辅助触点、热继电器 FR 的常闭触点和熔断器 FU2 构成控制回路。

启动时，合上 QS，引入三相电源。按下 SB2，交流接触器 KM 的吸引线圈通电，接触器主触点闭合，电动机接通电源直接启动运转。同时与启动按钮并联的接触器常开辅助触点闭合，当松开 SB2 时，KM 线圈通过本身辅助触点继续保持通电，从而保证了电动机连续运转。这种依靠接触器自身辅助触点保持线圈通电的电路，称为自锁或自保电路。辅助常开触点称为自锁触点。

当需要电动机停止运转时，可按下停止按钮 SB1，切断 KM 线圈电路，KM 常开主触点与辅助触点均断开，切断电动机电源电路和控制电路，电动机停止运转。

该电路可实现保护环节有：

① 短路保护：由熔断器 FU2、FU1 分别实现主电路和控制电路的短路保护。为扩大保护范围，在电路中熔断器应安装在靠近电源端，通常安装在电源开关下边。

② 过载保护：由于熔断器具有反时限保护特性和分散性，难以实现电动机的长期过载保护，为此采用热继电器 FR 实现电动机的长期过载保护。当电动机出现长期过载时，串接在电动机定子电路中的双金属片因过热变形，致使其串接在控制电路中的常闭触点打开，切断 KM 线圈电路，电动机停止运转，实现了过载保护。

③ 欠压和失压保护：当电源电压由于某种原因严重欠压和失压时，接触器电磁吸力急剧下降或消失，衔铁释放，常开主触点与自锁触点断开，电动机停止运转。而当电源电压恢复正常时，电动机不会自行启动运转，避免事故发生。因此具有自锁的控制电路具有欠压与失压保护功能。

任务实施

一、实操器材

任务实施所需实训设备和元器件明细见表 2-1。

表 2-1　任务实施所需实训设备和元器件明细

代号	名称	型号	规格	数量
M	电动机	Y-112M-4	4kW、380V、8.8A、1440r/min	1 台
QS	组合开关	HZ10-25/3	三极额定电流 25A	若干
FU1	熔断器	RL1-60/25	500V、60A、配熔体额定电流 25A	3 个
FU2	熔断器	RL1-15/2	500V、15A、配熔体额定电流 2A	2 个
KM	交流接触器	CJ10-20	20A 线圈电压 380V	1 个
SB	按钮	LA4-3H	保护式按钮 3（代用）	2 个
FR	热继电器	JR16-20/3	三极、20A、整定电流 8.8A	1 个
XT	端子板	JX2-1015	10A、15 节	1 个

二、实操过程

1．分析三相异步电动机单向全质启动控制电路

如图 2-4 所示，主电路由电源开关 QS、熔断器 FU1、交流接触器 KM 的常开主触点、热继电器 FR 发热元件和电动机构成；控制电路由熔断器 FU2、启动按钮 SB2、停止按钮 SB1、交流接触器 KM 常开辅助触点、热继电器 FR 的常闭触点和交流接触器线圈 KM 组成。

启动控制：合上电源开关 QS，按下按钮 SB2→KM 线圈得电→KM 主触点闭合（KM 辅助触点闭合）→电动机 M 启动运转，实现了三相笼型异步电动机单向全压启动控制。

停止控制：按下停止按钮 SB1→KM 线圈失电→KM 主触点断开→电动机 M 停止运转。

2．电气元件布置图和电气安装接线图

根据图 2-4 绘制电气元件布置图和电气安装接线图。三相异步电动机的单向启动控制电气元件布置图如图 2-5 所示，电气安装接线图如图 2-6 所示。

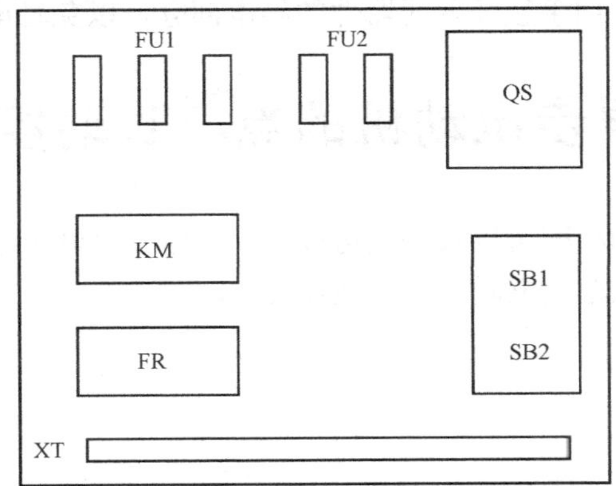

图 2-5　三相异步电动机的单向启动控制电气元件布置图

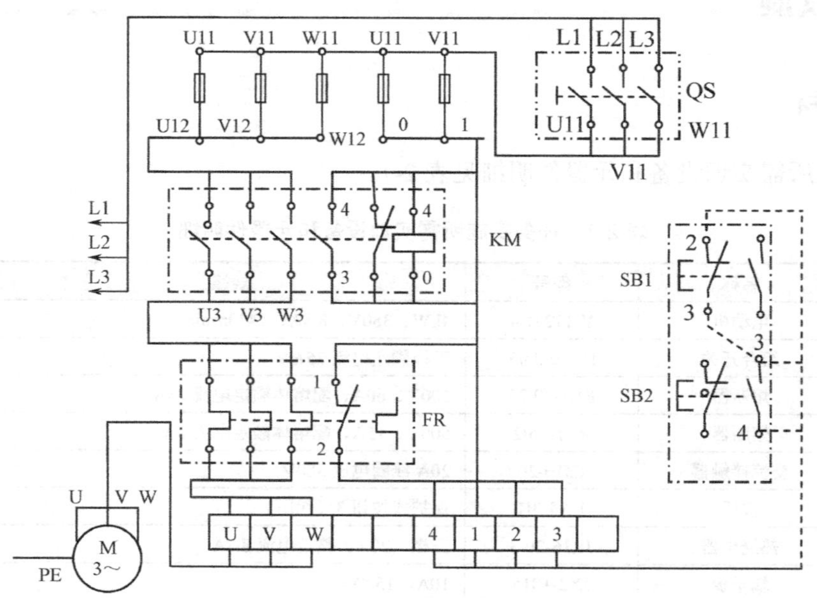

图 2-6　三相异步电动机的单向启动控制电气安装接线图

3．检查与调试

① 检查元器件，并固定元件。

② 按电气安装接线图接线，注意接线要牢固，接触要良好，工艺力求美观。

③ 检查控制线路的接线是否正确，是否牢固，检查无误，经指导教师检查允许后方可通电调试。

确认接线正确后，接通交流电源 L1、L2、L3 并合上开关 QS，此时电动机不转。按下按钮 SB2，电动机 M 应自动连续转动，按下按钮 SB1 电动机应停转。若按下按钮 SB2 启动运转一段时间后，电源电压降到 320V 以下或电源断电，则接触器 KM 主触点会断开，电动机停转。再次恢复电压 380V（允许±10%波动），电动机应不会自行启动——具有欠压或失压保护。

如果电动机转轴被卡住而接通交流电源，则在几秒内热继电器应动作，自常闭开加在电动机上的交流电源（注意不能超过 10s，否则电动机过热会冒烟导致损坏）。

接线要求牢靠，不允许用手触及各元器件的导电部分，以免触电及伤害。

任务二　三相异步电动机的点、长动控制电路

有些生产机械要求电动机既可以长动又可以点动，如一般机床在正常加工时，电动机是连续转动的，即长动，而在试车调整时，则往往需要点动。

一、电磁式继电器

1. 电磁式电流继电器

根据输入（线圈）电流大小而动作的继电器称为电流继电器。电流继电器的线圈串接于被测电路中，反映电路电流的变化，对电路实现过电流与欠电流保护。为了使串入电流继电器后不影响电路工作情况，因此，电流继电器的线圈应阻抗小、导线要粗、其匝数应尽量少，只有这样线圈的功率损耗才小。根据实际应用的要求，电流继电器又有过电流继电器和欠电流继电器之分。

过电流继电器在正常工作时，线圈通过的电流在额定值范围内，它所产生的电磁吸力不足以克服反力弹簧的反作用力，故衔铁不动作；当通过线圈的电流超过某一整定值时，电磁吸力大于反力弹簧拉力，吸引衔铁动作，于是常开触点闭合，常闭触点断开。有的过电流继电器带有手动复位结构，它的作用是：当过电流时，继电器动作，衔铁被吸合，但当电流再减小甚至到零时，衔铁也不会自动返回，只有当故障得到处理后，采用手动复位结构，松开锁扣装置后，衔铁才会在复位弹簧作用下返回原始状态，从而避免重复过电流事故的发生。

过电流继电器主要用于频繁启动的场合，作为电动机或主电路的过载和短路保护。一般的交流过电流继电器调整在（110%～350%）I_N动作，直流过电流继电器调整在（70%～300%）I_N动作。

欠电流继电器是当通过线圈的电流降低到某一整定值时，继电器衔铁被释放，所以，欠电流继电器在电路电流正常时，衔铁吸合。欠电流继电器的吸引电流为线圈额定电流的 30%～65%，释放电流为额定电流的 10%～20%。因此，当继电器线圈电流降低到额定电流 10%～20%时，继电器即动作，给出信号，使控制电路做出应有的反应。

电流继电器的动作值与释放值可用调整反力弹簧的方法来整定。旋紧弹簧，反作用力增大，吸合电流和释放电流都被提高；反之，旋松弹簧，反作用力减小，吸合电流和释放电流都降低。另外，调整夹在铁芯柱与衔铁吸合端面之间的非磁性垫片的厚度也能改变继电器的释放电流，垫片越厚，磁路的气隙和磁阻就越大，与此相应，产生同样吸力所需的磁动势也越大，当然，释放电流也要大些。

JL14 系列交直流电流继电器的磁系统为棱角转动拍合式，由铁芯、衔铁、磁轭和线圈组成，触点为桥式双断点，触点数量有多种，并带有透明外罩。

2. 电磁式电压继电器

电压继电器是根据输入电压大小而动作的继电器。电压继电器线圈与被测电路并联，反映电路电压的变化，可作为电路的过电压和欠电压保护。为了不影响电路的工作状态，要求其线圈的匝数要多、导线截面要小、线圈阻抗要大。根据电压继电器动作电压值的不同分为过电压、欠电压、零电压继电器，一般欠电压继电器用得较多。过电压继电器在电路电压为 105%～120%U_N时吸合动作，欠电压继电器在电路电压为 40%～70%U_N时释放，零电压继电器在电路电压降至 5%～25% U_N时释放。对于交流励磁的过电压继电器在电路正常时不动作，只有在电路电压超过额定电压，达到整定值时才动作，且一动作就将电路切断。为此，铁芯和衔铁上也可以不安放短路环。

常用的过电压继电器为JT4-A型，欠电压及零电压继电器为JT4-P型。

3. 电磁式中间继电器

电磁式中间继电器的用途很广。若主继电器的触点容量不足，或为了同时接通和断开几个回路需要多对触点时，或一套装置有几套保护需要用共同的出口继电器等，都要采用中间继电器。中间继电器实质上为电压继电器。当线圈加上70%以上的额定电压时，衔铁被吸合，并使衔铁上的动触点与静触点闭合；当失电后，衔铁受反作用弹簧的拉力而返回原位。

电磁式中间继电器的基本结构及工作原理与接触器完全相同，故称为接触器式继电器，所不同的是中间继电器的触点对数较多，并且没有主、辅之分，各对触点允许通过的电流大小是相同的，其额定电流约为5A。

常用的中间继电器如JZ7型和JZ14型等中间继电器。

JZ7型继电器采用立体布置，铁芯和衔铁用E形硅钢片叠装而成，线圈置于铁芯中柱，组成双E直动式电磁系统。触点采用桥式双断点结构，上、下两层各有4对触点，下层触点只能是常开的，故触点系统可按8常开、6常开、2常闭及4常开、4常闭的组合。

JZ14型中间继电器采用螺管式电磁系统及双断点桥式触点。其基本结构为交、直流通用，交流铁芯为平顶形，直流铁芯与衔铁为圆锥形接触面。触点采用直列式布置，触点对数可达8对，按6常开、2常闭，4常开、4常闭及2常开、6常闭任意组合。继电器还有手动操作钮，便于点动操作和作为动作指示，同时还带有透明外罩，以防尘埃进入内部，影响工作的可靠性。

电磁式中间继电器与电压继电器在电路中的接法和结构特征基本上也相同，在电路中起到中间放大与转换作用。即：一是当电压或电流继电器触点容量不够时，可借助中间继电器来控制，用中间继电器作为执行元件，这时中间继电器可被看成是一级放大器；二是当其他继电器或接触器触点数量不够时，可用中间继电器来切换多条电路。JZ7-44型中间继电器结构和图形、文字符号如图2-7所示。

电磁式继电器一般图形文字符号是相同的，电流继电器、电压继电器、中间继电器文字符号都为KA等。

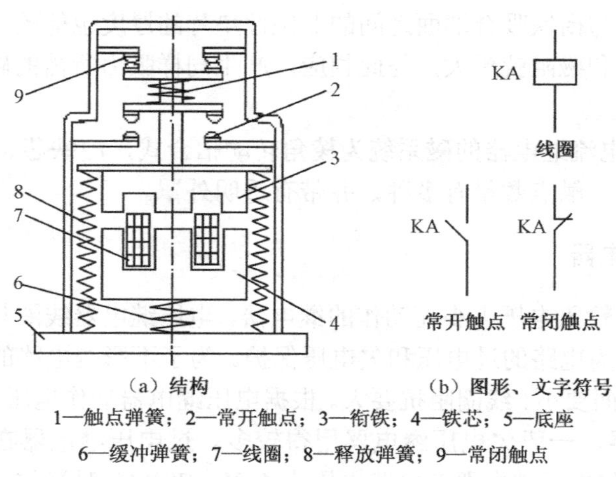

（a）结构　　（b）图形、文字符号

1—触点弹簧；2—常开触点；3—衔铁；4—铁芯；5—底座

6—缓冲弹簧；7—线圈；8—释放弹簧；9—常闭触点

图2-7　JZ7-44型中间继电器结构和图形、文字符号

二、热继电器

热继电器是利用电流的热效应来切断电路的保护电器，主要对电动机或其他负载进行过载保护以及三相电动机的断相保护。电动机在实际运行中，由于过载时间过长，绕组温升超过了允许值时，将会加剧绕组绝缘的老化，缩短电动机的使用寿命，严重时会使电动机绕组烧毁。因此，在电动机的电路中应设置有过载保护。

双金属片式热继电器的基本结构由加热元件、主双金属片、触点系统、动作机构、复位按钮、电流整定装置和温升补偿装置等部分组成。

热继电器的双金属片加热方式有三种，即直接加热式、间接加热式和复合加热式。其中，间接加热式应用最普遍。

双金属片间接加热式热继电器有两个主双金属片与两个发热元件，两个热元件分别串接在主电路的两相中。双金属片作为测量组件，由两种不同线膨胀系数的金属压焊而成。动触点与静触点接于控制电路的接触器线圈回路中。在电动机正常运行时，热组件产生的热量虽能使双金属片产生弯曲变形，但还不足以使热继电器的触点系统动作；当负载电流超过整定电流值并经过一定时间后，工作电流增大，热组件产生的热量也增多，温度升高，发热元件所产生的热量足以使双金属片受热向右弯曲，并推动导板向右移动一定距离，导板又推动温度补偿片与推杆，使动触点与静触点分断，从而使接触器线圈断电释放，将电源切除起到保护作用。电源切断后电流消失，双金属片逐渐冷却，经过一段时间后恢复原状，于是动触点在失去作用力的情况下，靠自身弹簧的弹性自动复位与静触点闭合。

1. 两相结构的热继电器

为两相结构的热继电器工作原理示意图和图形、文字符号如图 2-8 所示。这种热继电器也可以采用手动复位，将螺钉向外调节到一定位置，使动触点弹簧的转动超过一定角度失去反弹性，在此情况下，即使主双金属片冷却复原，动触点也不能自动复位，必须采用手动复位，按下复位按钮使动触点弹簧恢复到具有弹性的角度，使之静触点恢复闭合。这在某些故障未被消除，为防止带故障投入运行的场合是必要的。

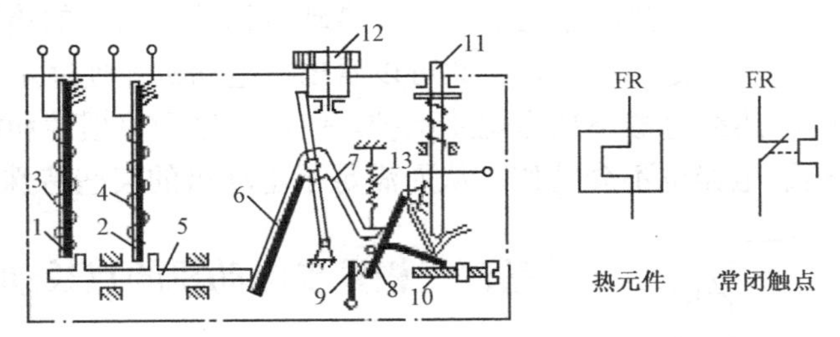

（a）结构示意图　　（b）图形、文字符号

1、2—主双金属片；3、4—热元件；5—导板；6—温度补偿双金属片；7—推杆；8—动触点；9—静触点；10—螺钉；11—复位按钮；12—调节凸轮；13—弹簧

图 2-8　两相结构的热继电器工作原理示意图和图形、文字符号

热继电器的动作电流还与周围环境有关。当环境温度变化时，主双金属片会发生所谓零点漂移（即发热元件未通过电流时主双金属片所产生的变形），因而在一定动作电流下的动作时间会产生误差。为了补偿周围环境温度所带来的影响，设置了温度补偿双金属片，当主双金属

片因环境温度升高向右弯曲时，补偿双金属片也同样向右弯曲，这就使热继电器在同一整定电流下，保证动作行程基本一致。

热继电器的整定电流是指热继电器连续工作而不动作的最大电流。整定电流的调节可以借助于旋转凸轮在不同位置来实现，旋钮上刻有整定电流值标尺，转动旋钮改变凸轮位置便改变了支撑杆的起始位置，即改变了推杆与动触点连杆的距离，调节范围可达 1:1.6。

2. 三相结构的热继电器

一般情况下，应用两相结构的热继电器已能对电动机的过载进行保护。这因为电源的三相电压均衡，电动机的绝缘良好，三相线电流也是对称的。但是，当三相电源因供电线路故障而产生不平衡情况，或因电动机绕组内部发生短路或接地故障时，就可能使电动机某一相线电流比另外两相电流要高，若该相线电路中恰巧没有热元件，就不能对电动机进行可靠的保护。为此，就必须选用三相结构的热继电器。

三相结构的热继电器外形、结构及工作原理与两相结构的热继电器基本相同。仅是在两相结构的基础上，增加了一个加热元件和一个主双金属片而已。三相结构的热继电器又分为带断相保护装置和不带断相保护装置两种。

三相电源的断相是引起电动机过载的常见故障之一。热继电器能否对电动机进行断相保护，这还要看电动机绕组的连接方式。

对于绕组是星形接法的电动机来说，当运行中发生断相，则另外两相就会发生过载现象，因流过继电器热元件的电流就是电动机绕组的电流，所以普通的两相结构或三相结构的继电器都可以起到断相保护作用。

对于绕组是三角形接法的电动机来说，若继电器的热元件串接在电源的进线中，并且按电动机的额定电流来整定。当运行中发生断相，流过热继电器的电流与流过电动机绕组的电流增加比例是不同的。在电动机三相绕组内部，故障相电流将超过其额定电流。但此时的故障相电流并未超过继电器的整定电流值，所以热继电器不动作，但对电动机来说某相绕组就有过载危险。

为了对三角形接法的电动机进行断相保护，必须采用三相结构带断相保护装置的热继电器。由于热继电器主双金属片受热膨胀的热惯性及带动机构传递信号的惰性原因，从过载开始到控制电路分断为止，需要一定的时间，由此可以看出，电动机即使严重过载或短路，热继电器也不会瞬时动作，所以热继电器不能作短路保护。但正是这个热惯性和机械惰性，在电动机启动或短时过载时，热继电器也不会动作，从而满足了电动机的某些特殊要求。

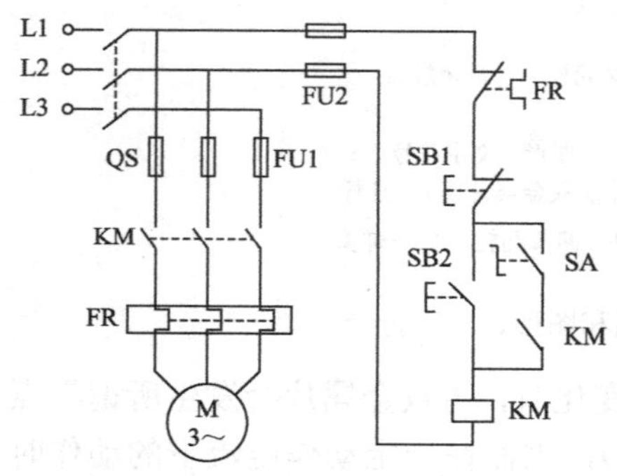

图 2-9 利用开关控制的点长动控制电路

三、三相异步电动机的点长动控制电路

机械设备长时间运转，即要求电动机连续工作，称为长动。既有点动又有长动的控制电路为点、长动运转混合控制电路。

1. 利用开关控制的点长动控制线路

利用开关控制的点长动控制电路如图 2-9 所示，SA 为选择开关，当 SA 打开，自锁回路断开，按下 SB2

实现点动；若需长期运行，合上开关 SA，将自锁触点接入，按下 SB2 实现连续运行控制。

2. 利用复合按钮控制的点长动控制线路

利用复合按钮控制的点长动控制电路如图 2-10 所示，SB3 为点动按钮，但需注意它是一个复合按钮，使用了一对常开触点和一对常闭触点。动作过程情况：闭合电源开关 QS，按下启动按钮 SB2，接触器 KM 线圈通电吸合并自锁，电动机启动运转；如按下启动按钮 SB3，它的常闭触点（常闭触点）断开接触器 KM 的自锁回路，可实现电动机点动控制。

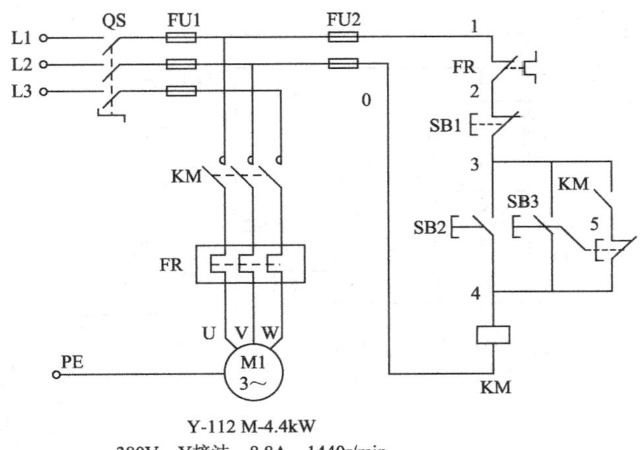

图 2-10　利用复合按钮控制的点长动控制电路

四、笼型异步电动机的顺序控制

实际生产中，有些设备常要求电动机按一定的顺序启动，如铣床工作台的进给电动机必须在主轴电动机已启动工作的条件下才能启动工作。还有一些设备要求液压泵电动机首先启动正常供液后，其他动力部件的驱动电动机方可启动工作。控制设备完成按顺序启动电动机的电路，称为顺序启动控制或称条件控制电路。

（1）主电路实现顺序控制

图 2-11 是两台电动机主电路实现顺序控制电路。电动机 M1 和 M2 分别通过接触器 KM1 和 KM2 来控制。接触器 KM2 的主触点接在接触器 KM1 主触点的下面，这样就保证了当 KM1 主触点闭合，电动机 M1 启动运转后，M2 才可能通电运转。

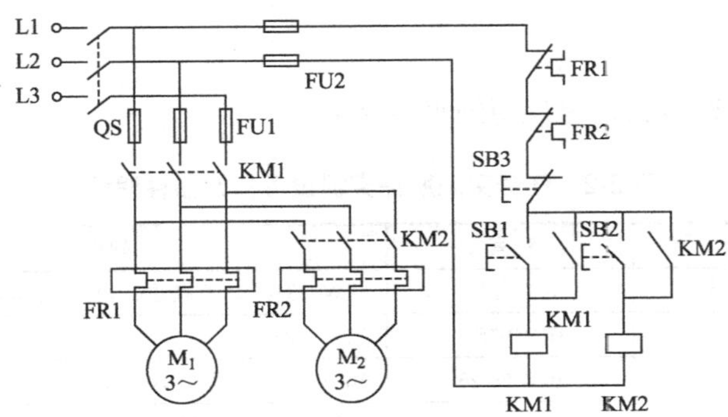

图 2-11　主电路实现电动机顺序控制电路

线路工作过程：合上电源开关 QS，按下启动按钮 SB1，接触器 KM1 线圈得电，接触器 KM1 主触点闭合，电动机 M1 启动连续运转。按下按钮 SB2，接触器 KM2 线圈得电，接触器 KM2 主触点闭合，电动机 M2 启动连续运转。

按下按钮 SB3，控制电路失电，接触器 KM1 和 KM2 线圈失电，主触点分断，电动机 M1 和 M2 失电停转。

（2）控制电路实现顺序控制

图 2-12 所示为控制电路实现电动机顺序控制电路。

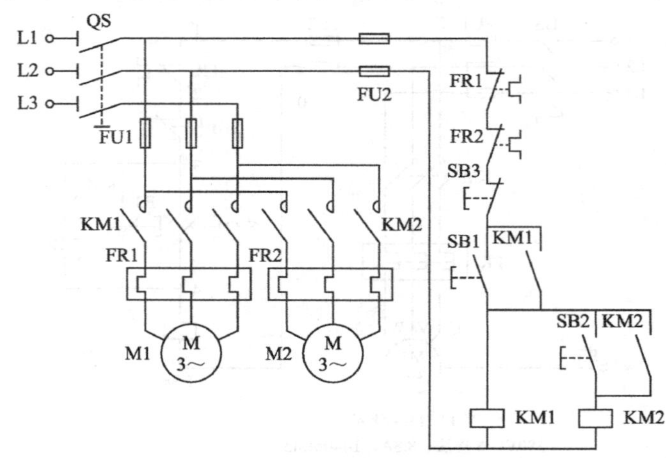

图 2-12　控制电路实现电动机顺序控制电路

线路特点：电动机 M2 的控制电路先与接触器 KM1 的线圈并接后再与接触器 KM1 自锁触点串联，这样就保证了 M1 启动后，M2 才能启动的顺序控制要求。

线路工作过程：合上电源开关 QS，按下启动按钮 SB1，接触器 KM1 线圈得电，接触器 KM1 主触点闭合，电动机 M1 启动连续运转。再按下按钮 SB2，接触器 KM2 线圈得电，接触器 KM2 主触点闭合，电动机 M2 启动连续运转。

按下按钮 SB3，控制电路失电，接触器 KM1 和 KM2 线圈失电，主触点分断，电动机 M1 和 M2 失电同时停转。

任务实施

一、实操器材

任务实施所需实训设备和元器件明细见表 2-2。

表 2-2　任务实施所需实训设备和元器件明细

代号	名称	型号	规格	数量
M	三相异步电动机	Y-112M-4	4kW、380V、△接法、8.8A、1440r/min	1 台
QS	组合开关	HZ10-25/3	三极、25A	1 个
FU1	熔断器	RL1-60/25	500V、60A、配熔体 25A	3 个
FU2	熔断器	RL1-15/2	500V、15A、配熔体 2A	2 个
KM	交流接触器	CJ10-20	20A、线圈电压 380V	1 个

续表

代号	名称	型号	规格	数量
FR	热继电器	JR16-20/3	三极、20A、整定电流 8.8A	1 个
SB	按钮	LA4-3H	保护式、500V、5A、按钮数 3	3 个
XT	端子板	JX2-1015	10A、15 节	1 个

二、实操过程

1．分析三相异步电动机点长动控制电路

如图 2-10 所示，主电路由电源开关 QS、熔断器 FU1、交流接触器 KM 的常开主触点、热继电器 FR 发热元件和电动机构成；控制电路由熔断器 FU2、启动按钮 SB2、复合按钮 SB3、停止按钮 SB1、交流接触器 KM 常开辅助触点、热继电器 FR 的常闭触点和交流接触器线圈 KM 组成。

点动控制：按下按钮 SB3→SB3 常闭触点先分断（切断 KM 辅助触点电路）。SB3 常开触点后闭合→KM 线圈得电→KM 主触点闭合（KM 辅助触点闭合）→电动机 M 启动运转。松开按钮 SB3→SB3 常开触点先恢复分断→KM 线圈失电→KM 主触点断开（KM 辅助触点断开）后 SB3 常闭触点恢复闭合→电动机 M 停止运转，实现了点动控制。

长动控制：按下按钮 SB2→KM 线圈得电→KM 主触点闭合（KM 辅助触点闭合）→电动机 M 启动运转，实现了长动控制。

停止控制：按停止按钮 SB1→KM 线圈失电→KM 主触点断开→电动机 M 停止。

2．电气元件布置图和电气安装接线图

根据图 2-10 绘制电气元件布置图和电气安装接线图。三相异步电动机的点长动控制电气元件布置图，如图 2-13 所示，电气安装接线图如图 2-14 所示。

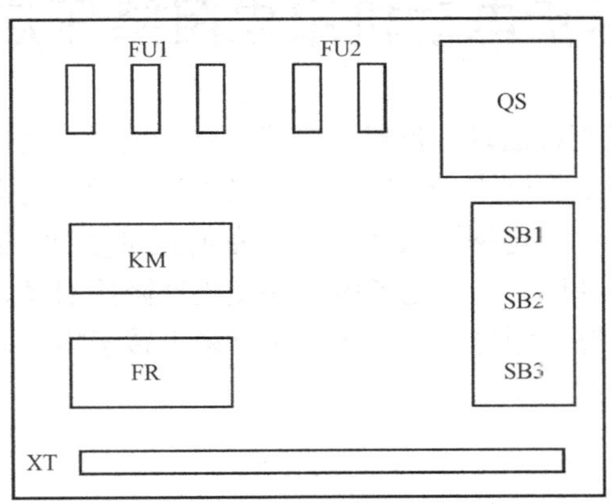

图 2-13　点长动控制电气元件布置图

3．检查与调试

① 检查控制电路，用万用表表笔分别搭在 U11、V11 线端上（也可搭在 0 与 1 两点处），这时万用表读数应在无穷大；按下 SB2、SB3 时表读数应为接触器线圈的直流电阻阻值。

② 检查主电路时，可以手动来代替受电线圈励磁吸合时的情况进行检查。

③ 合上 QS，按下按钮 SB3 和 SB2，观察点动控制与长动控制电动机动作情况。

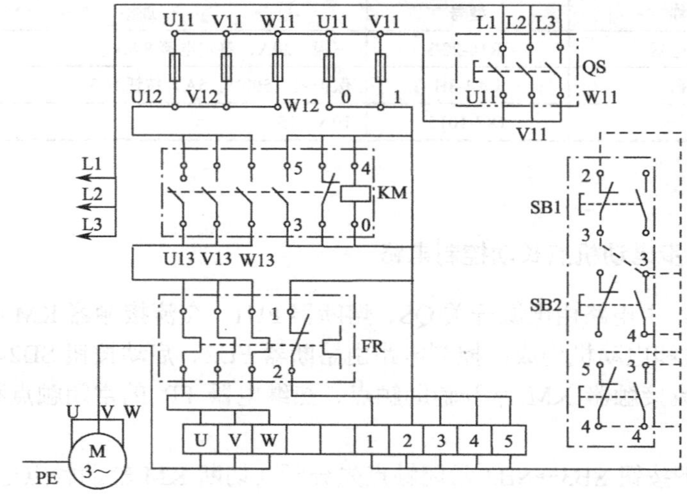

图 2-14 电动机的点长动控制电气安装接线图

三、实操注意事项

① 电动机及按钮的金属外壳应可靠接地。

② 控制板外部走线，必须穿在导线的保护通道内，或采用四芯橡皮线进行临时通电校验。

③ 热继电器的整定电流应按图 2-10 中的电动机规格进行调整。

④ 点动采用复合按钮，其常闭触点必须串联在电动机的自锁控制电路中。

⑤ 通电试验车时，应先合上 QS，再按下按钮 SB2 或 SB3，并确保用电安全。

任务三 三相异步电动机串电阻降压启动控制电路

对三相交流异步电动机直接启动，虽然控制线路结构简单，使用维护方便，但异步电动机的启动电流很大（约为正常工作电流 4～7 倍），如果电源容量与电动机容量相比不足够大，则启动电流可能会明显地影响同一电网中其他电气设备的正常运行。因此，对于笼型异步电动机可采用定子串电阻（电抗）降压启动、定子串自耦变压器降压启动、Y-△降压启动、延边三角形降压启动等方式；而对于绕线型异步电动机，还可采用转子串电阻启动或串频敏变阻器启动等方式以限制启动电流。

一、时间继电器

时间继电器是在电路中起着控制动作时间的继电器，当它的感测系统接受输入信号以后，需经过一定时间，它的执行系统才会动作并输出信号，进而操作控制电路。它被广泛用来控制生产过程中按时间原则制定的工艺程序，如笼型电动机自动Y-△降压换接启动控制等。

时间继电器的种类很多，常用的时间继电器主要有电磁式时间继电器、空气阻尼式时间继电器、晶体管式时间继电器、电动式时间继电器等几种。

1. 空气阻尼式时间继电器

空气阻尼式时间继电器又称气囊式时间继电器。它是利用气囊中的空气通过小孔节流的原理来获得延时动作的。时间继电器的结构由电磁系统、延时机构和触点系统三部分组成，如图 2-15 所示，电磁机构为双 E 直动式电磁铁，触点系统是借用 LX5 微动开关，延时机构采用气囊式阻尼器。常用的为 JS7-A 系列，该时间继电器可以做成通电延时型，也可做成断电延时型。电磁机构可以是直流的，也可以是交流的。

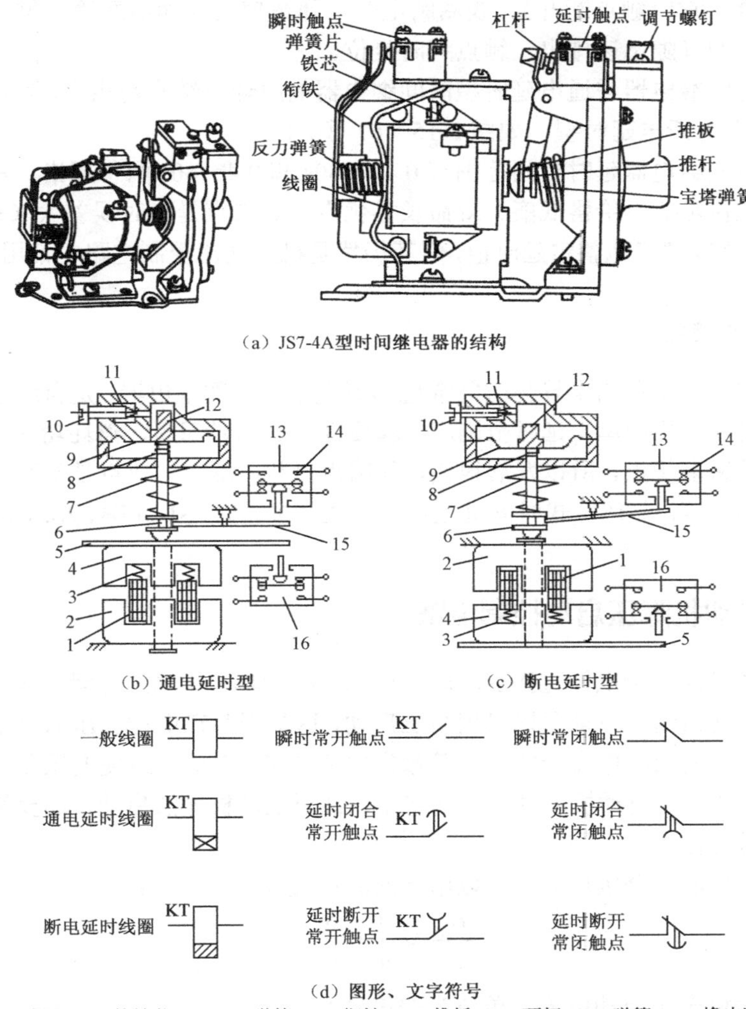

（a）JS7-4A型时间继电器的结构

（b）通电延时型　　（c）断电延时型

（d）图形、文字符号

1—线圈；2—静铁芯；3、7—弹簧；4—衔铁；5—推板；6—顶杆；8—弹簧；9—橡皮膜；10—螺钉；11—进气孔；12—活塞；13、16—微动开关；14—延时触点；15—杠杆

图 2-15　空气阻尼式 JS7-A 型时间继电器的结构与动作原理

JS7-A 系列时间继电器主要由以下几个部分组成：

① 电磁机构：电磁机构由线圈、铁芯和衔铁组成。

② 触点系统：触点系统由 2 对瞬动触点（一常开、一常闭）和 2 对延时触点（一常开、

一常闭）组成。瞬动触点和延时触点分别是 2 个微动开关。

③ 气室：气室为一空腔，内装一成型橡皮薄膜，随空气的增减而移动，气室顶部的调节螺钉可调节延时时间。

④ 传动机构：传动机构由推板、活塞杆、杠杆及各种类型的弹簧组成。

⑤ 基座：基座由金属钢板制成，用于固定电磁机构和气室。

现在以通电延时型时间继电器为例介绍其工作原理，如图 2-15（b）所示。

当通电延时型时间继电器电磁铁线圈 1 通电后，将衔铁吸下，于是顶杆 6 与衔铁间出现一个空隙，当与顶杆相连的活塞在弹簧 7 作用下由上向下移动时，在橡皮膜上方气室的空气逐渐稀薄，形成负压，因此活塞杆只能缓慢地向下移动，在降到一定位置时，杠杆 15 使触点 14 动作（常开触点闭合，常闭触点断开）。线圈断电时，弹簧使衔铁和活塞等复位，空气经橡皮膜与顶杆 6 之间推开的气隙迅速排出，触点瞬时复位。

断电延时型时间继电器与通电延时型时间继电器的原理与结构均相同，只是将其电磁机构翻转 180° 安装，即为断电延时型，如图 2-15（c）所示。

空气阻尼式时间继电器延时时间范围有 0.4～180s 和 0.4～60s 两种规格，具有延时范围较宽、结构简单、工作可靠、价格低廉、寿命长等优点，其缺点是延时误差大（±10%～±20%）、无调整刻度指示、难以精确地整定延时值，但其仍然是机床交流控制电路中常用的时间继电器。

2. 晶体管时间继电器

晶体管时间继电器也称为半导体时间继电器或电子式时间继电器，是自动控制系统中的重要元件。它具有机械结构简单，延时范围广、精度高，返回时间短，消耗功率小，耐冲击，调节方便和寿命长等诸多优点，所以发展很快，使用也日益广泛。但缺点是延时会受环境温度变化及电源波动的影响等。晶体管式时间继电器的种类较多，如 JSJ、JSB、JS5、JS8、JS14、JS15 和 JS20 等系列。

二、笼型异步电动机降压启动控制电路

笼型异步电动机采用全电压直接启动时，控制电路简单，维修工作量较少。但是，并不是所有异步电动机在任何情况下都可以采用全压启动，这是因为在电源变压器容量不足够大的情况下，由于异步电动机启动电流一般可达其额定电流的 4～7 倍，致使变压器二次侧电压大幅度下降，这样不但会减小电动机本身的启动转矩，甚至电动机无法启动，还要影响同一供电网中其他设备的正常工作。

判断一台电动机能否全压启动，可以用下面的经验公式来确定：

$$\frac{I_{\mathrm{ST}}}{I_{\mathrm{N}}} \leqslant \frac{3}{4} + \frac{S}{4P} \tag{2-1}$$

式中 I_{ST}——电动机全压启动电流，单位为安培（A）；

I_{N}——电动机额定电流，单位为安培（A）；

S——电源变压器容量，单位为千伏安（kV·A）；

P——电动机容量，单位为千瓦（kW）。

一般容量小的电动机常用直接启动，或满足上式时，可以用全压启动，若不满足上式，则必须采用降压启动。有时为了减小和限制启动时对机械设备的冲击，即使允许直接启动的电动

机，也往往采用降压启动。三相笼型异步电动机降压启动的方法有：定子绕组串电阻（或电抗器）、Y-△换接、延边三角形、使用自耦变压器启动等。这些启动方法的实质，都是在电源电压不变的情况下，启动时减小加在电动机定子绕组上的电压，以限制启动电流，而在启动以后再将电压恢复至额定值，电动机进入正常运行。这里主要介绍定子绕组串电阻（或电抗器）和Y-△换接降压启动方法。

1．定子串电阻降压启动控制电路

定子串电阻降压启动控制电路如图 2-16 所示。电动机启动时在三相定子电路中串接电阻，使电动机定子绕组电压降低，启动结束后再将电阻短接，电动机在额定电压下正常运行。这种启动方式由于不受电动机接线形式的限制，设备简单，因而在中小型机床中也有应用。图 2-16 中 KM1 为接通电源接触器，KM2 为短接电阻接触器，KT 为启动时间继电器，R 为降压启动电阻。

图 2-16（a）控制电路工作情况如下：合上电源开关 QS，按启动按钮 SB2，KM1 通电并自锁，同时 KT 通电，电动机定子串入电阻 R 进行降压启动，经时间继电器 KT 延时，其常开延时闭合触点闭合，KM2 通电，将启动电阻短接，电动机进入全电压正常运行。

电动机进入正常运行后，KM1、KT 始终通电工作，不但消耗了电能，而且增加了出现故障的概率。若发生时间继电器触点不动作故障，将使电动机长期在降压下运行，造成电动机无法正常工作，甚至烧毁电动机。

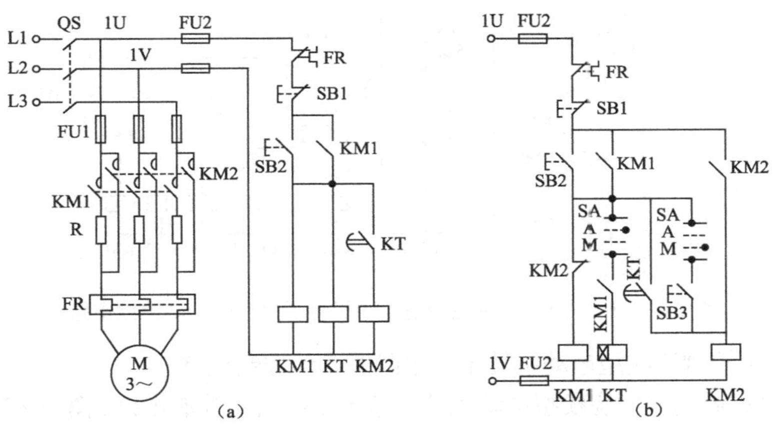

图 2-16 定子串电阻降压启动控制电路

图 2-16（b）为具有手动和自动控制串电阻降压启动电路。它是在图 2-16（a）电路基础上增设了一个选择开关 SA，其手柄有 2 个位置，当手柄置于 M 位时为手动控制；当手柄置于 A 位时为自动控制。一旦发生 KT 触点闭合不上，可将 SA 扳至 M 位置，按下升压按钮 SB3，KM2 通电，电动机便可进入全压下工作，使电路更加安全可靠。

2．绕线转子异步电动机启动控制电路

异步电动机的转子绕组，除了笼形以外还有绕线转子式，故称绕线转子异步电动机。三相绕线转子异步电动机的优点是可以通过滑环在转子绕组中串接外加电阻和频敏变阻器，来达到减小启动电流、提高转子电路的功率因素和增加启动转矩的目的。在一般要求启动转矩较高的场合，绕线式异步电动机得到了广泛的应用。

串接在三相转子绕组中的启动电阻，一般都接成星形接线。在启动前，启动电阻全部接入电路，在启动过程中，启动电阻被逐步地短接。短接的方式有三相电阻平衡短接法和三相电阻不平衡短接法两种。本节仅分析接触器控制的平衡短接法启动控制电路。

（1）时间原则控制绕线型电动机转子串电阻启动控制电路

图 2-17 为按时间原则控制绕线型电动机转子串电阻启动控制电路。图中 KM1～KM3 为短接转子电阻接触器，KM4 为电源接触器，KT1～KT3 为时间继电器。

电路工作情况：合上电源开关 QS，按下启动按钮 SB2，接触器 KM4 线圈通电并自锁，KT1 同时通电，KT1 常开触点延时闭合，接触器 KM1 通电动作，使转子回路中 KM1 常开触点闭合，切除第一级启动电阻 R1，同时使 KT2 通电，KT2 常开触点延时闭合，KM2 通电动作，切除第二级启动电阻 R2，同时使 KT3 通电，KT3 常开触点延时闭合，KM3 通电并自锁，切除第三级启动电阻 R3，KM3 的另一副常闭触点断开，使 KT1 线圈失电，进而 KT1 的常开触点瞬时断开，使 KM1、KT2、KM2、KT3 依次断电释放，恢复原位。只有接触器 KM3 保持工作状态，电动机的启动过程结束，进行正常运转。

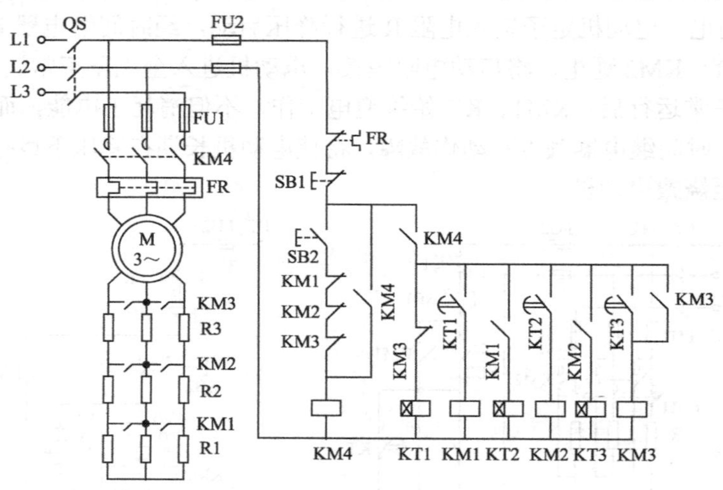

图 2-17 时间原则控制绕线型电动机转子串电阻启动控制电路

（2）电流原则控制绕线型电动机转子串电阻的启动控制电路

图 2-18 为电流原则控制绕线型电动机转子串电阻的启动控制电路。图中 KM1～KM3 为短接转子电阻接触器，R1～R3 为转子电阻，KA1～KA3 为电流继电器，KM4 为电源接触器，KA4 为中间继电器。

电路工作情况：合上电源开关 QS，按下启动按钮 SB2，KM4 线圈通电并自锁，电动机定子绕组接通三相电源，转子串入全部电阻启动，同时 KA4 通电，为 KM1～KM3 通电做好准备。由于刚启动时电流很大，KA1～KA3 吸合电流相同，故同时吸合动作，其常闭触点都断开，使 KM1～KM3 处于断电状态，转子电阻全部串入，达到限流和提高的目的。在启动过程中，随着电动机转速升高，启动电流逐渐减小。而 KA1～KA3 释放电流是不同的，其中 KA1 释放电流最大，KA2 次之，KA3 为最小，所以当启动电流减小到 KA1 释放电流整定值时，KA1 首先释放，其常闭触点返回闭合，KM1 通电，短接一段转子电阻 R1，由于电阻短接，转子电流增加，启动转矩增大，致使转速又加快上升，这又使电流下降，当降低到 KA2 释放电流时，KA2 常闭触点返回，使 KM2 通电，切断第二段转子电阻 R2，如此继续，直至转子电阻全部短接，电动机启动过程结束。

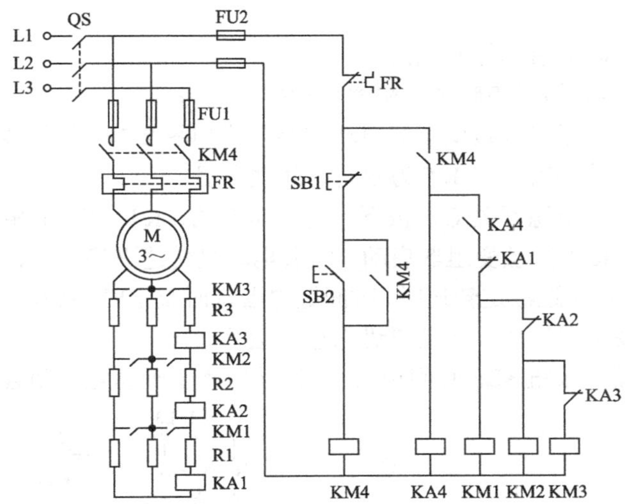

图 2-18　电流原则控制绕线型电动机转子串电阻的启动控制电路

为了保证电动机转子串入全部电阻启动，设置了中间继电器 KA4。若无 KA4，当启动电流由零上升至尚未到达吸合值时，KA1～KA3 未吸合，将使 KM1～KM3 同时通电，将转子电阻全部短接，电动机进行直接启动。而设置了 KA4 后，在 KM4 通电后才使 KA4 通电，再使 KA4 常开触点闭合，在这之前启动电流已到达电流继电器吸合值并已动作，其常闭触点已将 KM1～KM3 电路断开，确保转子电阻串入，避免电动机的直接启动。

3．转子绕组串频敏变阻器启动控制电路

绕线式异步电动机转子绕组串接电阻的启动方法，在电动机启动过程中，由于逐段减小电阻，电流和转矩突然增大，产生一定的机械冲击力。同时由于串接电阻启动，控制线路复杂、工作很不可靠，而且电阻本身比较粗笨，所以控制箱的箱体较大。

从 20 世纪 60 年代开始，我国电气工程技术人员就开始应用和推广自己独创的频敏变阻器。频敏变阻器的阻抗能够随着转子电流频率的下降而自动减小，所以它是绕线式异步电动机较为理想的一种启动装置。常用于较大容量的绕线式异步电动机中。

（1）频敏变阻器

频敏变阻器是一种静止的、无触点的电磁元件，其阻值随电流频率变化而改变。它是由几块 30～50mm 厚的铸铁板或钢板叠成的三柱式铁芯，在铁芯上分别装线圈，3 个线圈连接成星形连接，并与电动机转子绕组相接。

电动机启动时，频敏变阻器通过转子电路获得交变电动势，绕组中的交变电流在铁芯中产生交变磁通，呈现出电抗 X。由于变阻器铁芯是用厚钢板叠成，交变磁通在铁芯中产生很大的涡流损耗和少量的磁滞损耗。涡流损耗在变阻器电路中相当于一个等值电阻 R。由于电抗 X 与电阻 R 都是由交变磁通产生的，其大小又都随转子电流频率的变化而变化。因此，在电动机启动过程中，随着转子频率的改变，涡流集肤效应的强弱也在改变。转速低时频率高，涡流截面积小，电阻就大。随着电动机转速升高频率降低，涡流截面积自动增大，电阻减小。同时频率变化又引起电抗变化。理论分析和实践证明频敏变阻器铁芯等值电阻与电抗均近似与转差率的平方根成正比。所以，绕线式异步电动机串频敏变阻器启动时，随着启动过程转子频率的降低，

其阻抗值自动减小，实现了平滑无极的启动。频敏变阻器等效电路及其与电动机的连接如图 2-19 所示。

（2）转子串频敏变阻器启动控制电路

1）电动机单方向旋转转子串频敏变阻器启动控制电路

电动机单方向旋转转子串频敏变阻器启动控制电路如图 2-20 所示，KM1 为电源接触器，KM2 为短接频敏变阻器的接触器，KT 为启动时间继电器。

电路工作情况：合上电源开关 Q，按下启动按钮 SB2，KT、KM1 相继通电并自锁，电动机定子接通电源，转子接入频敏变阻器启动。随着电动机转速平稳上升，频敏变阻器阻抗逐渐自动下降，当转速上升到接近额定转速时，时间继电器延时整定时间到，其延时触点动作，KM2 通电并自锁，将频敏变阻器短接，电动机进入正常运行。

该电路操作时，按下按钮 SB2 时间稍长一点，待 KM1 辅助触点闭合后才可松开。

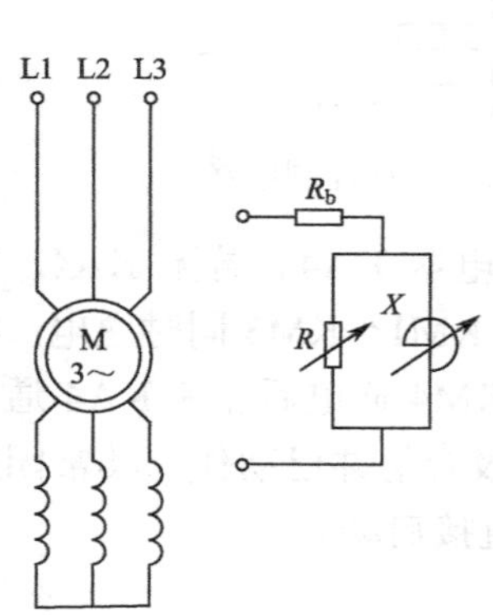

图 2-19　频敏变阻器等效电路及其与电动机的连接

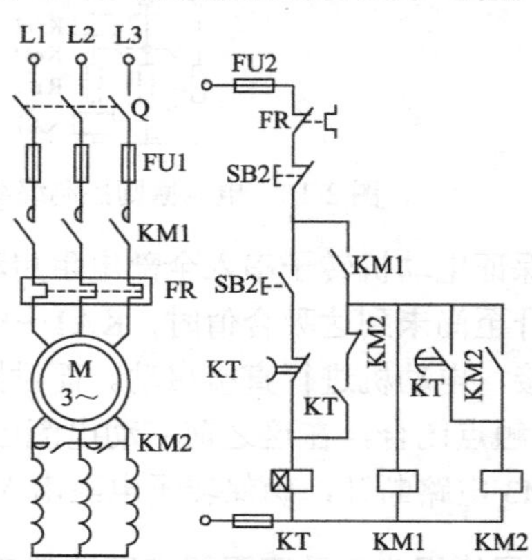

图 2-20　电动机单方向旋转转子串频敏变阻器启动控制电路

2）电动机正反转转子串频敏变阻器启动控制电路

图 2-21 为电动机正反转，转子串频敏变阻器手动、自动短接的启动控制电路。图中 SA 为手动与自动选择开关，KM1、KM2 分别为正反转接触器，KM3 为短接频敏变阻器的接触器，KA 为中间继电器，KT 为启动时间继电器，HL1 为电源指示灯，HL2、HL3 为电动机正反转指示灯，HL4 为正常运行指示灯，TA 为电流互感器。该电路是为大容量电动机配套设计的，关于电路的工作情况请读者自行分析。

（3）频敏变阻器的调整

频敏变阻器上备有 4 个抽头。1 个抽头在认证的背面，标号为 N，另外 3 个抽头在绕组的正确面。抽头 1～N 之间为 100%匝数，2～N 之间为 85%匝数，3～N 之间为 71%匝数。出厂时线接在 2～N 抽头上，即 85%匝数。

频敏变阻器上、下铁芯由两面 4 个拉紧螺栓固定，拧紧拉紧螺栓上的螺母，可以在上、下铁芯之间增减非磁性垫片，即可调整空气隙。出厂时上、下铁芯间气隙为零。

如在使用中遇到下列情况，应调整频敏变阻器的匝数和气隙：

① 当启动电流过大，启动过快时应增加匝数，换接抽头。匝数增加使电流减小，但启动转矩也同时减小。

② 当启动电流过小，启动转矩过小，启动太慢时应减少匝数，匝数减少使启动电流增大，启动转矩也同时增大。

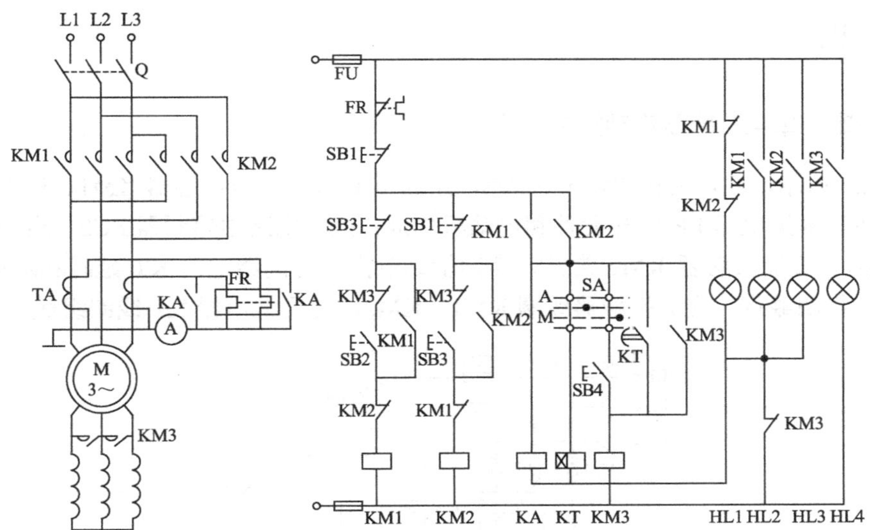

图 2-21　电动机正反转转子串频敏变阻器启动控制电路

③ 如果在刚启动时，启动转矩过大，有冲击现象；启动完毕后，稳定转速又偏低，这时可上下铁芯间增加气隙，使启动电流有所增加，启动转矩稍有减小，但启动完毕时，转矩有所增加，可以提高稳定转速。

任务实施

一、实操器材

任务实施所需实训设备和元器件明细见表 2-3。

表 2-3　任务实施所需实训设备和元器件明细

代号	名称	型号	规格	数量
M	三相异步电动机	Y-132S-4	5.5kW、380V、△接法、11.6A、I_N/I_{ST}=7、1440r/min	1 台
QS	组合开关	HZ10-25/3	三极、25A	1 个
FU1	熔断器	RL1-60/25	500V、60A、配熔体 25A	3 个
FU2	熔断器	RL1-15/2	500V、15A、配熔体 2A	2 个
KM	交流接触器	CJ10-20	20A、线圈电压 380V	2 个
KT	时间继电器	JS7-2A	线圈电压 380V	1 个
FR	热继电器	JR16-20/3	三极、20A、整定电流 8.8A	1 个
SB	按钮	LA4-3H	保护式、500V、5A、按钮数 3	3 个
XT	端子板	JX2-1015	500V、10A、20 节	1 个
	主电路导线	BVR-1.5	1.5mm^2(7×0.25mm)	若干
	控制电路导线	BVR-1.0	1 mm^2 (7×0.43mm)	若干

二、实操过程

1. 分析定子串电阻降压启动控制电路

如图 2-22 所示，主电路由电源开关 QS、熔断器 FU1、交流接触器 KM1、KM2 的常开主触点、电阻 R、热继电器 FR 发热元件和电动机构成；控制电路由熔断器 FU2、启动按钮 SB2、停止按钮 SB1、交流接触器 KM2 常开、常闭辅助触点、时间继电器 KT 延时和瞬动触点、热继电器 FR 的常闭触点，交流接触器线圈 KM1、KM2，时间继电器 KT 线圈组成。

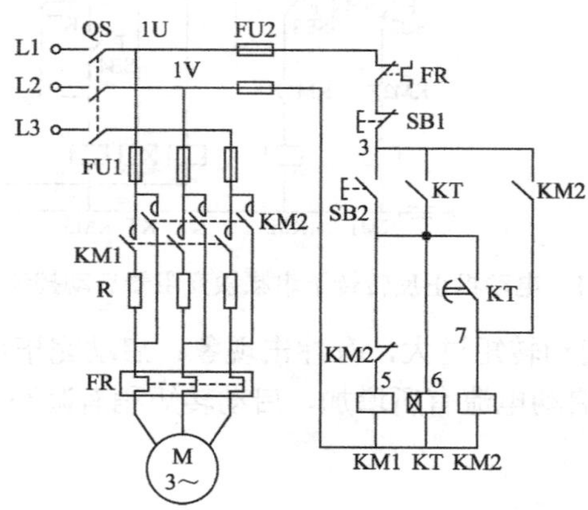

图 2-22　定子串电阻降压启动控制电路

控制电路工作情况如下：先合上电源开关 QS，按下启动按钮 SB2→KM1 线圈通电→KM1 主、辅常开触点闭合→KT 线圈通电→KT 触点自锁→电动机定子串入电阻 R 进行降压启动，经过时间继电器 KT 延时，其常开延时触点闭合，KM2 线圈通电→KM2 主、辅常开触点闭合自锁→KM2 常闭辅助触点断开→切断 KM1 和 KT 电路，将切断电阻短接，电动机进入全电压正常运行。

2. 电气安装接线图

根据图 2-22 绘制定子串电阻降压启动控制电路电气安装接线图，如图 2-23 所示。

3. 检查与调试

① 找到对应的交流接触器、时间继电器、电阻器等元器件，并检查元器件是否完好。

② 固定元器件。

③ 按电气安装接线图接线。注意接线要牢固，接触要良好，文明操作。

④ 在接线完成后，若检查无误，经指导老师检查允许后方可通电调试。

三、实操注意事项

① 电动机、电阻器及时间继电器的不带电金属外壳必须可靠接地，必须将接地线接在指定的接地螺钉上。

② 电阻器要装在箱体内，并且要考虑它产生的热量对其他电器的影响，如置在箱外时，必须采取隔离和遮护措施，以防止产生误触电事故。

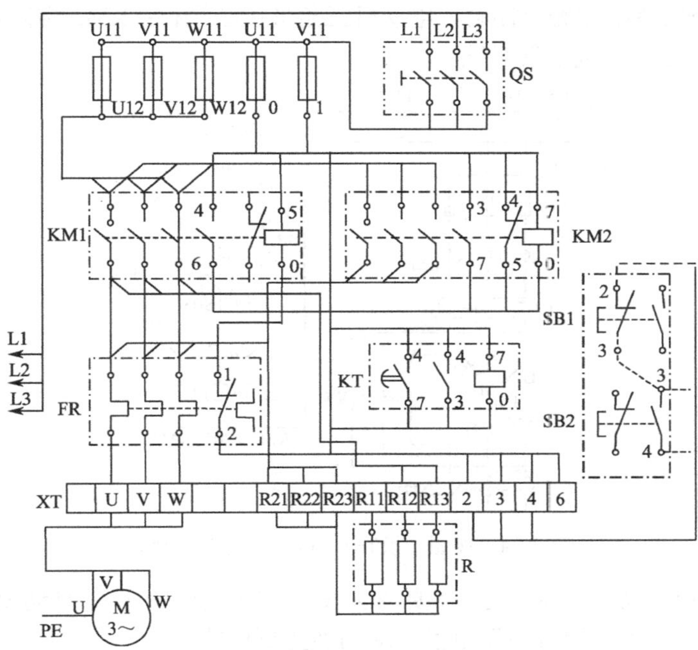

图 2-23　串电阻降压启动控制电气安装接线图

③ 布线时，要注意短接电阻器的接触器 KM2 在主电路中的接线不能接错，否则，会由于相序接反造成工作时反转，将产生很大的制动电流。

④ 如果学校没有电阻器可用灯箱的方法来进行模拟试验。

任务四　三相异步电动机Y-△降压启动控制电路

正常运行时定子绕组接成三角形的笼型异步电动机，可采用Y-△的降压换接启动方法来达到限制启动电流的目的。Y系列的笼型异步电动机 4.0kW 以上者均可为三角形连接，都可以采用Y-△启动的方法。本任务研究的是时间继电器自动切换Y-△降压启动控制电路。

一、Y-△降压启动控制电路

1．按钮切换Y-△降压启动控制电路（见图 2-24）

电路工作情况如下：

① 电动机星形接法启动：先合上电源开关 QS，按下 SB2，接触器 KM1 线圈通电，KM1 自锁触点闭合，同时 KM3 线圈通电，KM3 主触点闭合，电动机 Y 接法启动。此时，KM3 常闭互锁触点断开，使得 KM2 线圈不能得电，实现电气互锁。

② 电动机三角形接法运行：当电动机转速升高到一定值时，按下 SB2，KM3 线圈断电，KM3 主触点断开，电动机暂时失电，KM3 常闭互锁触点恢复闭合，使得 KM2 线圈通电，KM2

自锁触点闭合，同时 KM2 主触点闭合，电动机三角形接法运行；KM2 常闭互锁触点断开，使得 KM3 线圈不能得电，实现电气互锁。

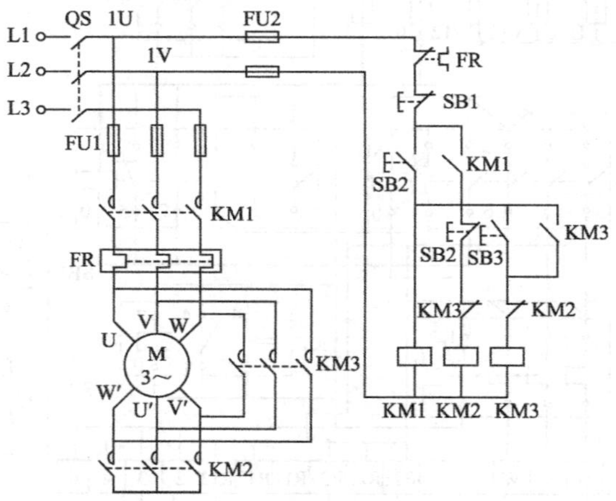

图 2-24　按钮切换Y-△降压启动控制电路

这种启动电路由启动到全压运行，需要两次按动按钮不太方便，并且切换时间也不易掌握。为了克服上述缺点，也可采用时间继电器自动切换控制电路。

2．时间继电器自动切换Y-△降压启动控制电路

如图 2-25 所示，是采用时间控制环节，合上 QS，按下 SB2，接触器 KM1 线圈通电，KM1 常开主触点闭合，KM1 辅助触点闭合并自锁。同时星形控制接触器 KM2 和时间继电器 KT 的线圈通电，KM2 主触点闭合，电动机星形连接启动。KM2 常闭互锁触点断开，使三角形控制接触器 KM3 线圈不能得电，实现电气互锁。

经过一定时间后，时间继电器的常闭延时触点打开，常开延时触点闭合，使 KM2 线圈断电，其常开主触点断开，常闭互锁触点闭合，使 KM3 线圈通电，KM3 常开触点闭合并自锁，电动机恢复三角形连接全压运行。KM3 的常闭互锁触点分断，切断 KT 线圈电路，并使 KM2 不能得电，实现电气互锁。SB1 为停止按钮。

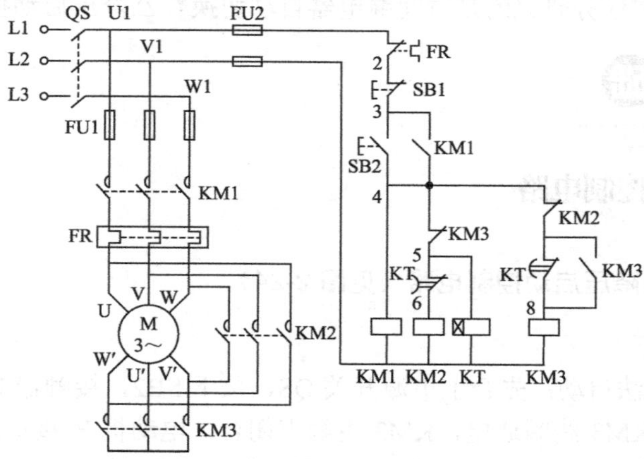

图 2-25　时间继电器自动切换Y-△降压启动控制电路

必须指出，KM2 和 KM3 实行电气互锁的目的，是为了避免 KM2 和 KM3 同时通电吸合而造成的严重的短路事故。

三相笼型异步电动机采用Y-△降压启动时，定子绕组星形连接状态下启动电压为三角形连接直接启动的电压的 $\frac{1}{\sqrt{3}}$ 。启动转矩为三角形连接直接启动的 1/3，启动电流也为三角形连接直接启动电流的 1/3。与其他降压启动相比，Y-△降压启动投资少，线路简单，但启动转矩小。这种启动方法，适用于空载或轻载状态下启动，同时，这种降压启动方法只能用于正常运转时定子绕组接成三角形的异步电动机。

二、延边三角形降压启动控制电路

采用Y-△降压启动时，可以在不增加专用启动设备的条件下实现降压启动，但是其启动转矩较低，仅适用于空载或轻载状态下的启动。而延边三角形降压启动是既不增加专用启动设备，还可适当提高启动转矩的一种降压启动方法。

延边三角形启动，是在电动机启动过程中将绕组接成延边三角形，待启动完毕后，将其绕组接成三角形进入正常运行。为此，电动机每相绕组有 3 个接线头，其连接情况如图 2-26 所示。

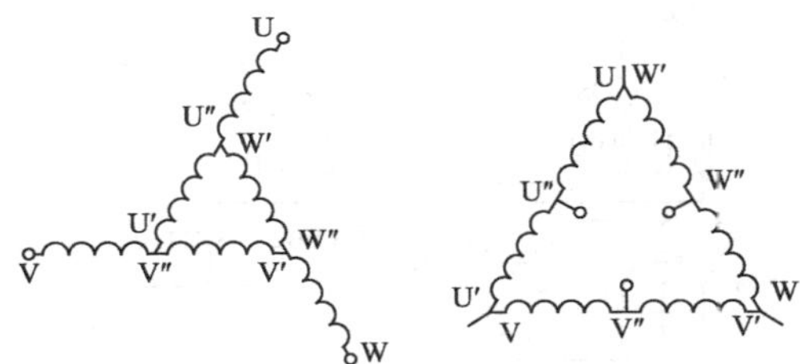

图 2-26 延边三角形启动电动机绕组接线

电动机定子绕组接线作延边三角形连接时，每相绕组承受的电压比三角形连接时低，又比星形连接时高，这样既可实现降压启动，又可提高启动转矩。接成延边三角形时每相绕组的相电压、启动电流和启动转矩的大小是根据每相绕组的两部分阻抗的比例（称为抽头比）的改变而变化的。在实际应用中，可根据不同的使用要求，选用不同的抽头比进行降压启动，待电动机启动旋转以后，再将绕组接成三角形，使电动机在额定电压下正常运行。

延边三角形降压启动控制电路如图 2-27 所示。图中 KM1 为延边三角形连接接触器，KM2 为线路接触器，KM3 为三角形连接接触器，KT 为启动时间继电器。启动时 KM1、KM2 通电并自锁，电动机接成延边三角形启动，经过一定延时后，KT 动作使 KM1 断电，KM3 通电，电动机接成三角形连接正常运转。

三、自耦变压器降压启动控制电路

在自耦变压器降压启动控制电路中，电动机启动电流的限制是依靠自耦变压器的降压作用来实现的。电动机启动的时候，定子绕组得到的电压是自耦变压器的二次电压，一旦启动完毕，自耦变压器便被短接，额定电压即自耦变压器的一次电压直接加于定子绕组，电动机进入全电压正常工作。

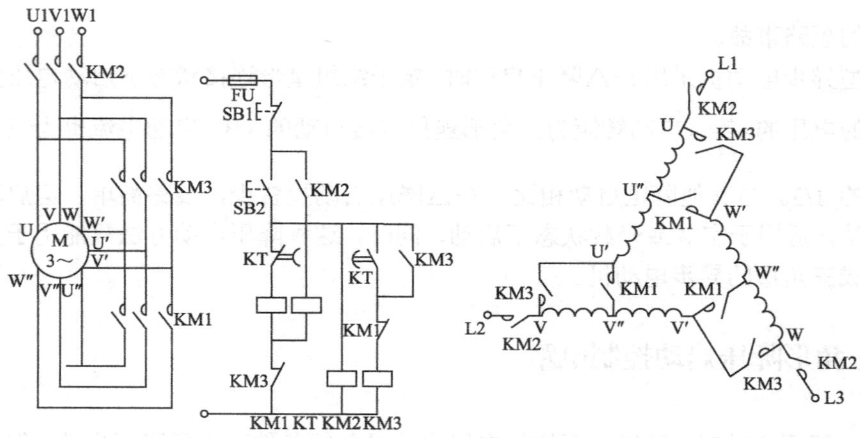

图 2-27　延边三角形降压启动控制电路

1. 两个接触器控制的自耦变压器降压启动控制电路

图2-28为两个接触器控制的自耦变压器降压启动控制电路。图中KM1为降压接触器，KM2为正常运行接触器，KT为启动时间继电器，KA为启动中间继电器。

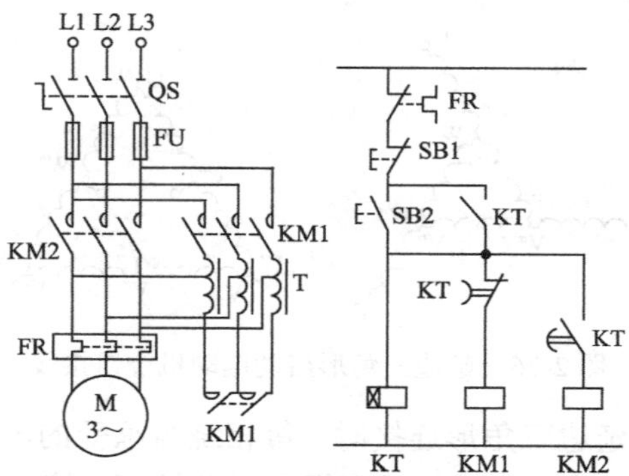

图 2-28　自耦变压器降压启动控制电路之一

电路工作情况：合上电源开关QS，按下启动按钮SB2，KM1通电并自锁，将自耦变压器T接入，电动机定子经自耦变压器供电作降压启动，同时KT通电，经延时KA通电使KM1断电KM2通电，自耦变压器切除，电动机在全压下正常运行。该电路在电动机启动过程中会出现两次涌流冲击，仅适用于不频繁启动，电动机容量在30kW以下的设备中。

2. 三个接触器控制的自耦变压器降压启动控制电路

图2-29为三个接触器控制的自耦变压器降压启动控制电路。图中选择开关SA有自动与手动位置，KM1、KM2为降压启动接触器，KM3为正常运行接触器，KA为启动中间继电器，KT为时间继电器，HL1为电源指示灯，HL2为降压启动指示灯，HL3为正常运行指示灯。

电路工作情况：当SA置于自动控制位置A时，HL1亮，表明电源正常。按下启动按钮SB2，KM1、KM2相继通电并自锁，HL1暗，KM1触点先将自耦变压器作星形连接，再由KM2触点接通电源，电动机定子绕组经自耦变压器实现降压启动。同时KA通电并自锁，KT也通电，此时HL2亮，表示正在进行降压启动。在启动过程中由KA触点将电动机主电路电流互感器二次侧的热继电器 FR 发热元件短接。当时间继电器 KT 延时已到，相应延时触点动作，使 KM1、KM2、KA、KT 相继断电，而 KM3 通电并自锁，指示灯 HL3 亮进入正常运行，降压启动过程结束。

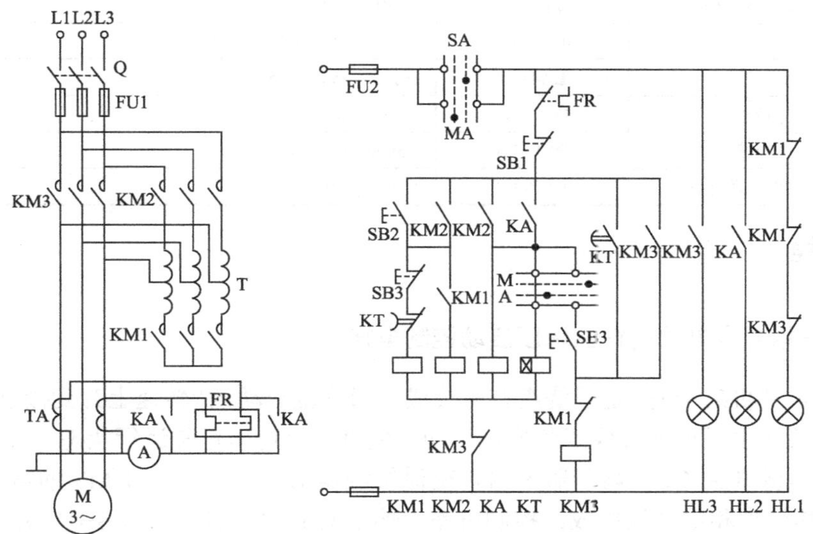

图 2-29　自耦变压器降压启动控制电路之二

若将选择开关 SA 扳在手动控制 M 位置，当按下启动按钮 SB2，电动机降压启动过程的电路工作情况与自动控制时工作过程相同。只是在转接全压运行时，尚需再按下 SB3，使 KM1 断电，KM3 通电并自锁，实现全压下正常运行。

电路的联锁环节：电动机启动完毕投入正常运行时，KM3 常闭触点断开，使 KM1、KM2、KA、KT 电路切断，确保正常运行时自耦变压器切除，只在启动时短时接入。

中间继电器 KA 断电后，将热继电器 FR 发热元件接入定子电路，实现长期过载保护。

在操作按钮 SB2 时，要求按下时间稍长一点，待 KM2 通电并自锁后才可松开，不然自耦变压器无法接入，不能实现正常启动。

自耦变压器降压启动常用于电动机容量较大的场合，因无大容量的热继电器，故采用电流互感器后使用小容量的热继电器来实现过载保护。

任务实施

一、实操器材

任务实施所需实训设备和元器件明细见表 2-4。

表 2-4　任务实施所需实训设备和元器件明细

代号	名称	型号	规格	数量
M	三相异步电动机	Y-132S-4	7.5kW、380V、△接法、15.4A、1440r/min	1 台
QS	组合开关	HZ10-25/3	三极、35A	1 个
FU1	熔断器	RL1-60/25	500V、60A、配熔体 35A	3 个
FU2	熔断器	RL1-15/2	500V、15A、配熔体 2A	2 个

续表

代号	名称	型号	规格	数量
KM	交流接触器	CJ10-20	20A、线圈电压 380V	2 个
KT	时间继电器	JS7-2A	线圈电压 380V	1 个
FR	热继电器	JR16-20/3	三极、20A、整定电流 8.8A	1 个
SB	按钮	LA4-3H	保护式、500V、5A、按钮数 3	3 个
XT	端子板	JX2-1015	500V、10A、20 节	1 个
	主电路导线	BVR-1.5	$1.5mm^2$(7×0.25mm)	若干
	控制电路导线	BVR-1.0	1 mm^2 (7×0.43mm)	若干

二、实操过程

1. 分析三相异步电动机Y-△降压启动控制电路

三相异步电动机启动时，定子绕组首先接成星形降压启动，待转速上升到接近额定转速时，将定子绕组的接线由星形换接成三角形，电动机便进入全电压正常运行状态。

主电路由电源开关 QS、熔断器 FU1，交流接触器 KM1、KM2、KM3 的常开主触点，热继电器 FR 发热元件和电动机构成；控制电路由熔断器 FU2、启动按钮 SB2、停止按钮 SB1，交流接触器 KM1 常开、KM2、KM3 常闭辅助触点，时间继电器 KT 延时常开、常闭触点，热继电器 FR 的常闭触点，交流接触器线圈 KM1、KM2，KM3，时间继电器 KT 线圈等组成。

控制过程：按下按钮 SB2→KM1 线圈得电→KM1 触点闭合自锁→KM3 线圈得电→KM1 主触点、KM3 主触点闭合→电动机 M 接成星形降压启动→同时 KT 线圈得电、KM3 联锁分断→当 M 转速上升到一定值时，KT 延时结束→KT 常闭触点分断→KM3 线圈失电→KM3 主触点分断→解除星形连接→KM3 联锁闭合→KM2 线圈得电→KM2 主触点闭合→电动机 M 接成三角形全压运转→KM2 联锁分断，使 KT 线圈失电。停止时按下 SB1 即可。

2. 电气安装接线图

绘制电气安装接线图如图 2-30 所示，正确标注线号。

将主电路中 QS、FU1、KM1、FR、KM3 排成直线，KM2 与 KM3 并列放置，将 KT 与 KM1 并列放置，并且与 KM2 在纵方向对齐，使各电器元件排列整齐，走线美观，检查维护方便。注意主电路中各接触器主触点的端子号不能标错；辅助电路的并列支路较多，应对照电气原理图看清楚连线方位和顺序。尤其注意连接端子较多 4 号线，应认真核对，防止漏标编号。

3. 检查与调试

① 检查各元器件。特别是时间继电器的检查，对其延时类型、延时器的动作是否灵活，将延时时间调整的 5s（调节延时器上端的针阀）左右。

② 固定元器件，安装接线。要注意 JS7-1A 时间继电器的安装方位。如果设备安装底板垂直于地面，则时间继电器的衔铁释放方向必须指向下方，否则违反安装规程。

③ 按电气安装接线图连接导线。注意接线要牢固，接触要良好，文明操作。

④ 在接线完成后，用万用表检查线路的通断。分别检查主电路、辅助电路的启动控制、联锁线路、KT 的控制作用等，若检查无误，经指导老师检查允许后，方可通电调试。

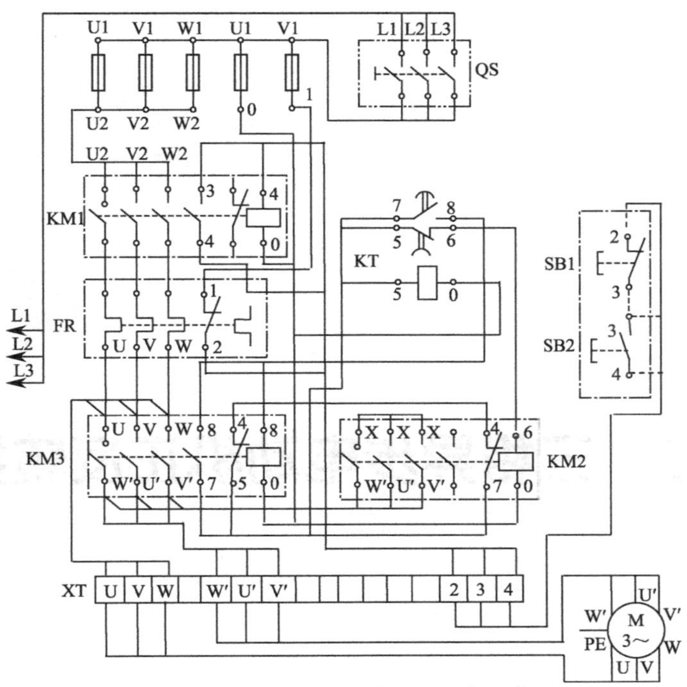

图 2-30　Y-△降压启动控制电气安装接线图

三、实操注意事项

① 进行Y-△启动控制的电动机，接法必须是三角形连接。额定电压必须等于三相电源线电压。其最小容量为 2、4、8 极的 4kW。

② 接线时要注意电动机的三角形接法不能接错，同时应该分清电动机的首端和尾端的连接。

③ 电动机、时间继电器、接线端板的不带电的金属外壳或底板应可靠接地。

项目三　三相异步电动机正反转控制电路

项目目标

① 熟悉三相异步电动机接触器联锁的正、反转控制线路的工作原理；掌握电动机正、反转控制线路的安装工艺，了解倒顺开关控制线路的工作过程。

② 熟悉电气和按钮双重联锁的正、反转控制方法，掌握双重联锁的正、反转控制使用和正确接线。

③ 熟悉行程开关的使用方法，掌握自动往返电气线路分析和安装操作能力。

④ 培养电气控制线路的故障分析和排除能力。

项目要求

在生产实践中，许多生产机械要求电动机能正反向运转，从而实现可逆运行。如机床中主轴的正向和反向运动，工作台的前、后运动，起重机的吊钩的上升和下降等。从电动机原理得知，改变电动机定子绕组的电源相序，就可以实现电动机的方向改变。在实际应用中，常用倒顺开关和两个接触器改变电源相序来实现电动机正、反转控制。

实际上，可逆运行控制线路实质上是两个方向相反的单向运行线路的组合。但为了避免误操作引起电源相间短路，必须在这两个相反方向的单向运行线路中加装联锁机构。

本项目要求对接触器联锁、电气和按钮双重联锁、利用行程开关实现自动往返的电气电路进行分析，同时掌握上述三种方法对电路进行安装连接调试。

任务一　三相异步电动机接触器联锁的正反转控制电路

为了避免误操作引起电源短路事故，要求保证两个接触器不能同时工作。这种在同一时间里两个接触器只允许一个工作的控制作用称为联锁或互锁。本任务研究的是三相笼型异步电动机接触器联锁的正反转控制电路。

一、笼型异步电动机倒顺开关控制的可逆旋转控制电路

由电动机原理可知，改变电动机三相电源的相序，就能改变电动机的转向。

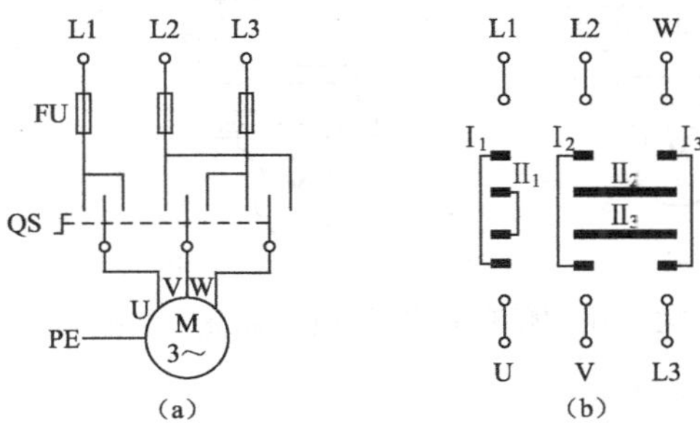

图 3-1　倒顺开关正反转控制电路

倒顺开关是一种组合开关，也称为可逆旋转开关。图 3-1（a）所示为 HZ3-132 型倒顺开关控制电示意图。倒顺开关有 6 个固定触点，其中 L1、L2、W 为一组，而 U、V、L3 为另一组。当开关手柄置于“顺转”位置时，动触片 I1、I2、I3 分别将 U-L1、V-L2、L3-W 相连接，使电动机实现正转；当开关手柄置于“逆转”位置时，经动触片Ⅱ1、Ⅱ2、Ⅱ3 分别将 U-L1、V-W、L3-L2 接通，使电动机实现反转；当开关手柄置于中间位置时，两组动触片均不与固定触点连接，电动机停止旋转。

用倒顺开关控制的电动机正反转控制电路如图 3-2 所示。图 3-2（a）为直接操作倒顺开关实现电动机正反转的电路，因转换开关无灭弧装置，所以就仅适用于电动机容量为 5.5kW 以下的控制电路中。在操作中，使电动机由正转到反转，或由反转到正转时，应将手柄扳至“停止”位置，并稍加停留，这样就可避免电动机由于突然反接造成很大的冲击电流，防止电动机过热而烧坏。对于容量大于 5.5kW 的电动机，可用图 3-2（b）控制电路进行控制。它是利用倒顺开关来改变电动机相序，预选电动机旋转方向，而由接触器 KM 来接通与断开电源，控制电动机启动与停止。由于采用接触器通断负载电路，则可实现过载保护和失压与欠压保护。

二、三相异步电动机接触器联锁的正、反转控制电路

1．接触器控制正、反转控制电路

为三相笼型异步电动机实现正、反转控制电路如图 3-3 所示，KM1、KM2 分别为正、反转接触器，它们的主触点接线的相序不同，KM1 按 U-V-W 相序接线，KM2 按 W-V-U 相序接线，即将 U、W 两相对调。所以两个接触器分别工作时，电动机的旋转方向不一样，可实现电动机的可逆运行。

电路的动作原理为：先合上电源开关 QS。

电动机正转：按下启动按钮 SB2→KM1 线圈得电→KM1 主触点和常开辅助触点闭合→电动机 M 正转运行。

停止：按下停止按钮 SB1→KM1 线圈失电→KM1 主触点和常开辅助触点断开→电动机 M 断电停止正转。

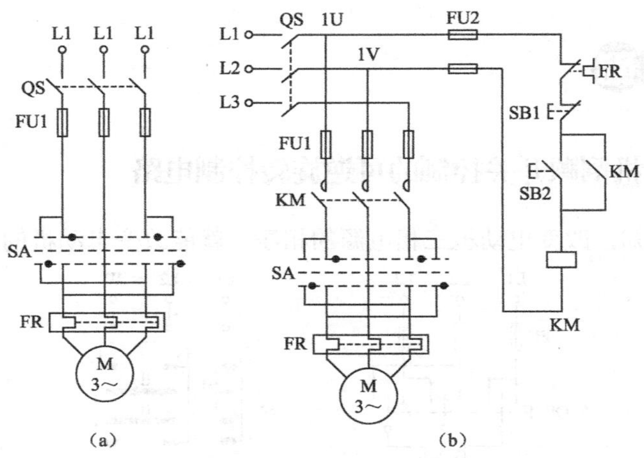

图 3-2　用倒顺开关控制的电动机正反转控制电路

反转时原理可以按照正转类推。

图 3-3 所示控制电路虽然可以完成正、反转控制任务，但这个线路是有缺点的。在按下正转按钮 SB2 时，KM1 线圈通电并自锁，接通正序电源，电动机正转。若发生误操作，在按下 SB2 后又按下反转按钮 SB3，KM2 线圈通电并自锁，此时在主电路中将发生 W、U 两相电源短路事故。

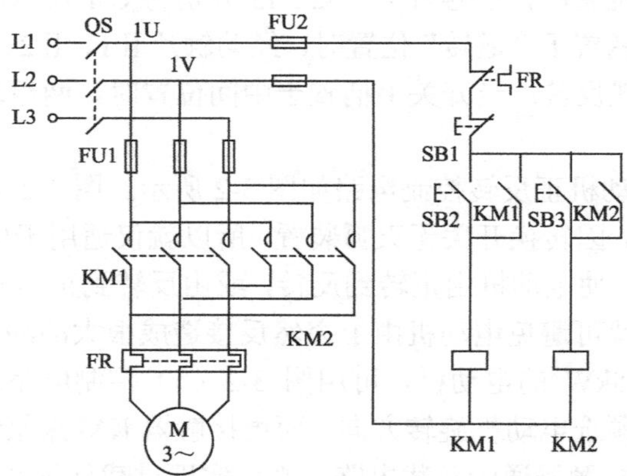

图 3-3　接触器控制正、反转控制电路

2．接触器互锁正、反转控制电路

接触器联锁的正、反转控制电路如图 3-4 所示，利用两个接触器的常闭触点 KM1、KM2 起相互控制作用，即利用一个接触器通电时，其常闭辅助触点的断开来锁住对方线圈的电路。这种利用两个接触器的常闭辅助触点互相控制的方法称为互锁，而两对起互锁作用的触点称为互锁触点。

主电路中接触器 KM1 和 KM2 构成正反转相序接线。图 3-4 按下正向启动按钮 SB2，正向控制接触器 KM1 线圈得电动作，其主触点闭合，电动机正向转动，按下停止按钮 SB1，电动机停转。按下反向启动按钮 SB3，反向接触器 KM2 线圈得电动作，其主触点闭合，主电路定子绕组变正转相序为反转相序，电动机反转。

图 3-4 控制电路作正反向操作控制时，必须首先按下停止按钮 SB1，然后再反向启动，因

此它是“正—停—反”控制电路。

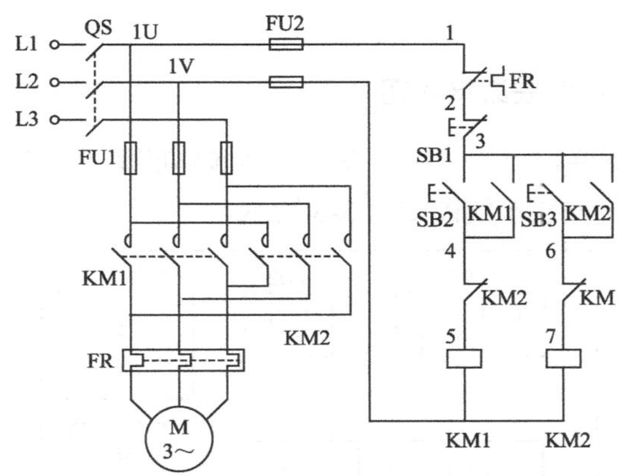

图 3-4　接触器联锁的正、反转控制电路

任务实施

一、实操器材

任务实施所需实训设备和元器件明细见表 3-1。

表 3-1　任务实施所需实训设备和元器件明细

代号	名称	型号	规格	数量
M	三相异步电动机	Y-112M-4	4kW、380V、△接法、8.8A、1440r/min	1 台
QS	组合开关	HZ10-25/3	三极、25A	1 个
FU1	熔断器	RL1-60/25	500V、60A、配熔体 25A	3 个
FU2	熔断器	RL1-15/2	500V、15A、配熔体 2A	2 个
KM	交流接触器	CJ10-20	20A、线圈电压 380V	2 个
FR	热继电器	JR16-20/3	三极、20A、整定电流 8.8A	1 个
SB	按钮	LA4-3H	保护式、500V、5A、按钮数 3	3 个
XT	端子板	JX2-1015	500V、10A、15 节	1 个

二、实操过程

1. 分析三相异步电动机接触器联锁正反转控制电路

如图 3-4 所示，主电路由电源开关 QS、熔断器 FU1、交流接触器 KM1、KM2 的常开主触点、热继电器 FR 发热元件和电动机构成；控制电路由熔断器 FU2、正转启动按钮 SB2、反转启动按钮 SB3、停止按钮 SB1、交流接触器 KM1、KM2 常开辅助触点用做自锁，KM1、KM2 常闭辅助触点用做互锁，热继电器 FR 的常闭触点，交流接触器线圈 KM1、KM2 线圈等组成。

正转控制。按下按钮 SB2→KM1 线圈得电→KM1 主触点闭合→电动机 M 启动连续正转。

反转控制。先按下按钮 SB1→KM1 线圈失电→KM1 主触点分断→电动机 M 失电停转；再按下按钮 SB3→KM2 线圈得电→KM2 主触点闭合→电动机 M 启动连续反转。

停止控制。按停止按钮 SB1→控制电路失电→KM1（或 KM2）主触点分断→电动机 M 失电停转。

2. 电气元件布置图和电气安装接线图

根据图 3-4 绘制接触器联锁“正—停—反”实训线路的电气元件布置图，如图 3-5 所示，接触器联锁控制正反转电气安装接线图如图 3-6 所示。

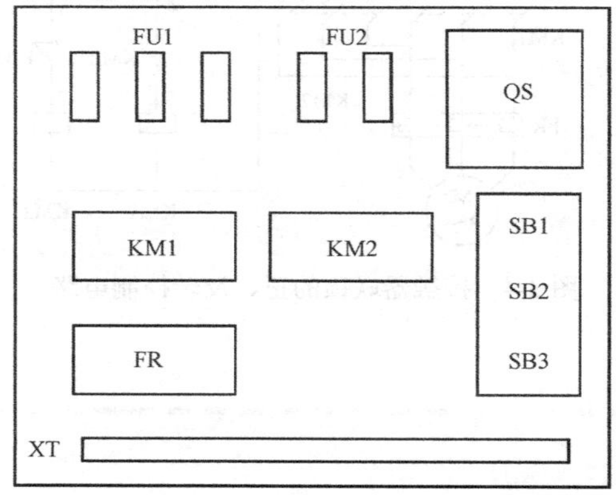

图 3-5 接触器联锁“正—停—反”实训线路的电气元件布置图

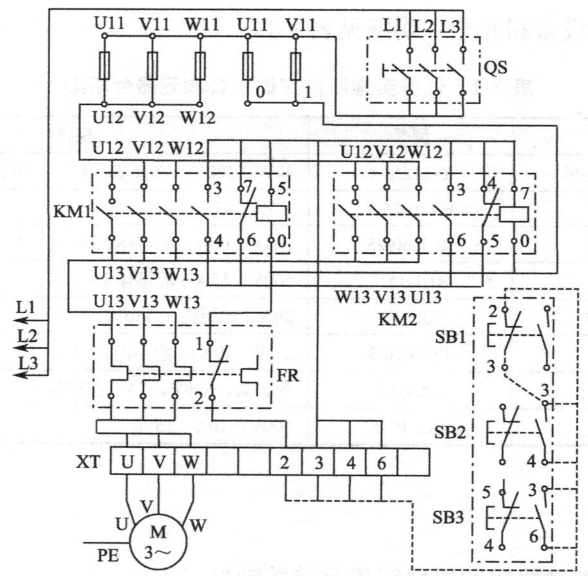

图 3-6 接触器联锁控制正反转电气安装接线图

3. 检查与调试

① 检查各元器件。

② 固定各元器件，安装接线。

③ 用万用表检查控制线路是否正确，工艺是否美观。

④ 经教师检查后，通电调试。

仔细检查确认接线无误后，接通交流电源，按下 SB2，电动机应正转，（若不符合转向要求，可停机，换接电动机定子绕组任意两个接线即可)。按下 SB3，电动机仍正转（因 KM1 联锁断开）。如果要电动机反转，应按下 SB1，使电动机停转，然后再按下 SB3，则电动机反转。若电动机不能正常工作，则应分析并排除故障，使线路正常工作。

三、实操注意事项

① 接线后要认真逐线检查核对接线，重点检查主电路 KM1 和 KM2 之间的换相线及辅助电路中接触器辅助触点之间的连接线。

② 电动机必须安放平稳，以防止在可逆运转时，滚动而引起事故，并将电动机外壳可靠接地。

③ 要特别注意接触器的联锁触点不能接错，否则将会造成主电路中两相电源短路事故。

任务二　三相异步电动机双重联锁的正反转控制电路

在生产实际中为了提高劳动生产率，减少辅助工时，要求直接实现正反转变换控制。由于电动机正转的时候，按下反转按钮时首先应断开正转接触器线圈线路，待正转接触器释放后再接通反转接触器。本任务研究的是三相笼型异步电动机双重联锁的正、反转控制电路。

一、按钮联锁正、反转控制电路

按钮联锁正、反转控制电路如图 3-7 所示，SB2、SB3 为复合按钮，各有一对常闭触点和常开触点，其中常闭触点分别串联在对方接触器线圈支路中，这样只要按下按钮，就自然切断了对方接触器线圈支路，实现互锁。这种利用按钮的常开、常闭触点的机械连接，在电路中互相制约的接法，称为机械互锁。

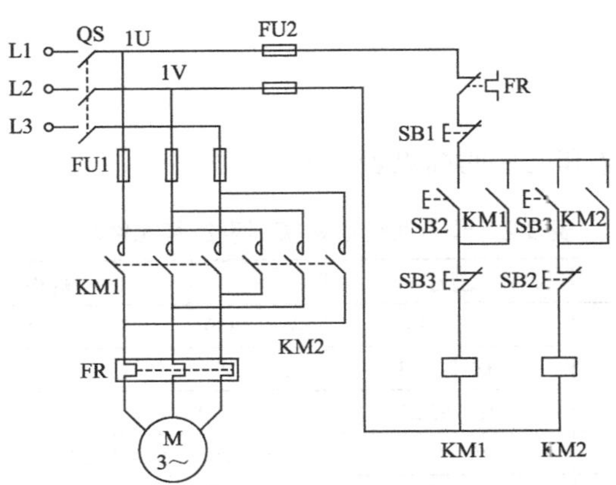

图 3-7　按钮联锁正、反转控制电路

电路工作过程：首先合上电源开关 QS。

正转控制：按下正转按钮 SB2→KM1 线圈通电并自锁→电动机 M 正转运行。

反转控制：按下反转按钮 SB3→KM1 线圈失电→KM1 常开辅助触点断开→当 SB3 按到

底→KM2 线圈得电并自锁→电动机 M 反转运行。

由此可见，按钮互锁正、反转控制电路可以从正转直接过渡到反转，即可实现“正—反—停”控制。

该电路它也存在一个主要问题，是容易产生短路事故。例如，电动机正转接触器 KM1 主触点因弹簧老化或剩磁的原因而延迟释放，或者被卡住而不能释放时，如按下 SB3 反转按钮，KM2 接触器又使其主触点闭合，会造成电源在主电路短路。

二、双重联锁的正、反转控制电路

在图 3-7 电路的基础上，将 KM1 与 KM2 的常闭触点串接到对方常开触点电路中，以实现在电路中互相制约的接法，称为电气互锁。这种具有电气、机械双重互锁的控制电路是常用的、可靠的电动机可逆旋转控制电路。它既可实现正转—停止—反转—停止的控制，又可实现正转—反转—停止的控制。

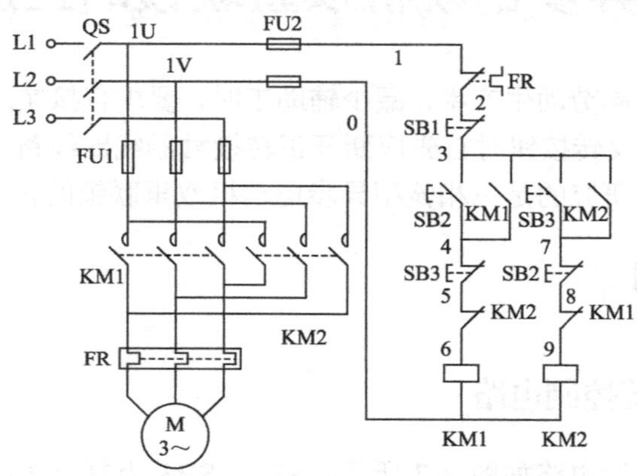

图 3-8　三相异步电动机双重联锁的正、反转控制电路

任务实施

一、实操器材

任务实施所需实训设备和元件明细见表 3-2。

表 3-2　任务实施所需实训设备和元件明细

代号	名称	型号	规格	数量
M	三相异步电动机	Y-112M-4	4kW、380V、△接法、8.8A、1440r/min	1 台
QS	组合开关	HZ10-25/3	三极、25A	1 个
FU1	熔断器	RL1-60/25	500V、60A、配熔体 25A	3 个
FU2	熔断器	RL1-15/2	500V、15A、配熔体 2A	2 个
KM	交流接触器	CJ10-20	20A、线圈电压 380V	2 个
FR	热继电器	JR16-20/3	三极、20A、整定电流 8.8A	1 个
SB	按钮	LA4-3H	保护式、500V、5A、按钮数 3	3 个
XT	端子板	JX2-1015	500V、10A、15 节	1 个

二、实操过程

1. 分析三相异步电动机双重联锁正、反转控制电路

如图 3-8 所示，主电路由电源开关 QS、熔断器 FU1、交流接触器 KM1、KM2 的常开主触点、热继电器 FR 发热元件和电动机构成；控制电路由熔断器 FU2、正转复合启动按钮 SB2、反转复合启动按钮 SB3、停止按钮 SB1、交流接触器 KM1、KM2 常开辅助触点用做自锁，KM1、KM2 常闭辅助触点用做互锁，热继电器 FR 的常闭触点，交流接触器线圈 KM1、KM2 线圈等组成。

正转控制：按下按钮 SB1→SB1 常闭触点分断对 KM2 联锁（切断反转控制电路）。SB1 常开触点后闭合→KM1 线圈得电→KM1 主触点闭合→电动机 M 启动连续正转。KM1 联锁触点分断对 KM2 联锁（切断反转控制电路）。

反转控制：按下按钮 SB2→SB2 常闭触点先分断→KM1 线圈失电→KM1 主触点分断→电动机 M 失电；SB2 常开触点后闭合→KM2 线圈得电→KM2 主触点闭合→电动机 M 启动连续反转。KM2 联锁触点分断对 KM1 联锁（切断正转控制电路）。

停止控制：按停止按钮 SB3→整个控制电路失电→KM1（或 KM2）主触点分断→电动机 M 失电停转。

2. 电气元件布置图和电气安装接线图

根据图 3-8 绘制“正—反—停”实训线路的电气元件布置图如图 3-9 所示，电气安装接线图如图 3-10 所示。

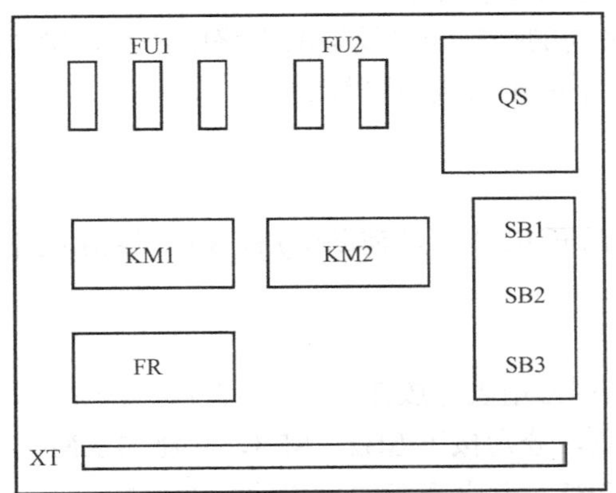

图 3-9　“正—反—停”实训线路的电气元件布置图

3. 检查与调试

① 检查各元器件。

② 固定各元器件，安装接线。

③ 用万用表检查控制线路是否正确，工艺是否美观。

④ 经教师检查后，通电调试。

仔细检查确认接线无误后，接通交流电源，按下 SB2，电动机应正转，（若不符合转向要求，可停机，换接电动机定子绕组任意两个接线即可）。按下 SB3 电动机反转，然后再按下 SB3，

则电动机由反转状态变为正转状态，若控制线路不能正常工作，则应分析并排除故障，使线路正常工作。按下 SB1，电动机应停转。

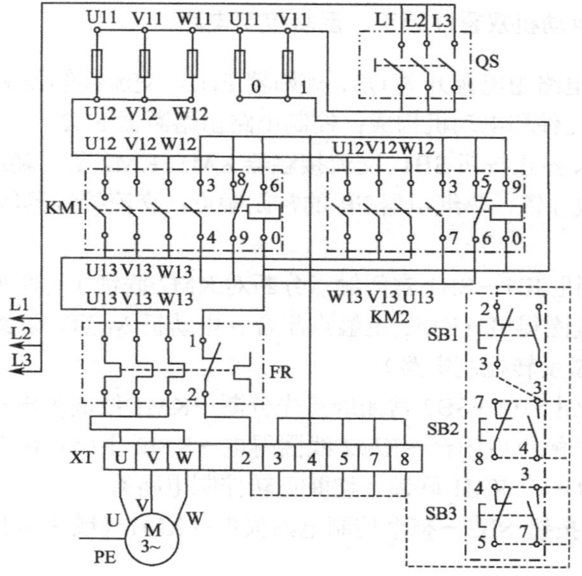

图 3-10　双重联锁控制正、反转电气安装接线图

三、实操注意事项

双重联锁正、反转控制电路比较复杂，接线后要对照电气原理图认真逐线核对接线，重点检查主电路 KM1 和 KM2 之间的换向线以及辅助电路中按钮、接触器辅助触点之间的连接线。特别要注意每一对触点的上下端子接线不可颠倒。

1．检查主要电路

用万用表 R×100Ω挡，断开 FU2 切除辅助电路，检查各相通路和换向通路。

2．检查辅助电路

断开 FU1 切除主电路，用万用表笔放在 0、1 端子上，做以下几项检查：

① 检查启动和停机控制。分别按下 SB2、SB3，应测得 KM1、KM2 线圈的电阻值；在操作 SB2 和 SB3 的同时按下 SB1，万用表应显示电路由通而断。

② 检查自锁电路。分别按下 KM1、KM2 的触点架，应测得 KM1、KM2 线圈的电阻值；如果同时按下 SB1，万用表应显示电路由通而断。如果发现异常，则重点检查接触器自锁触点上、下端子连线。这里容易将 KM1 自锁线错接到 KM2 的自锁触点上；将常闭触点用做自锁触点等，应根据异常现象进行分析、检查。

③ 检查按钮联锁。SB2 测得 KM1 线圈的电阻值后，再同时按下 SB3，万用表应显示电路由通而断；同样先按下 SB3 再同时按下 SB2，也应测得电路由通而断。发现异常时，应重点检查按钮盒内 SB1、SB2 和 SB3 之间的连线；检查按钮盒引出护套线与接线端子板 XT 的连接是否正确，发现错误应及时更正。

④ 检查辅助触点联锁电路。按下 KM1 触点架测得 KM1 电阻值后，同时按下 KM2 触点

架，万用表应显示电路由通而断；同样先按下 KM2 触点架再同时按下 KM1 触点架，也应测得电路由通而断。如果发现异常，应重点检查接触器常闭触点与相反转向接触器线圈之间的连线。

常见的错误接线是：将常开触点错当联锁触点；将接触器的联锁线错接到同一接触器的线圈端子上等，应对照电气原理图、电气安装接线图认真核查并排除错接故障。

任务三　工作台自动往返控制电路

生产机械的运动部件往往有行程限制，如龙门刨床的工作台进退动作，为此常用行程开关作控制元件来控制电动机的正、反转。本任务研究的是三相笼型异步电动机自动往返控制电路。

一、行程开关

行程开关又称位置开关（或称位置传感器），是一种很重要的小电流主令电器。行程开关是利用生产设备某些运动部件的机械位移而碰撞位置开关，使其触点动作，将机械信号变为电信号，接通、断开或变换某些控制电路的指令，借以实现对机械的电气控制要求。通常，这类开关被用来限制机械运动的位置或行程，使运动机械按一定位置或行程自动停止、反向运动、变速运动或自动往返运动等。即主要用于检测工作机械的位置，发出命令以控制其运动方向或行程长短。

各种系列的行程开关其基本结构大体相同，都是由操作头、传动机构、触点系统和外壳组成。操作头接受机械设备发出的动作指令或信号，并将其传递到触点系统，触点再将操作头传来的指令或信号，通过本身的结构功能变为电信号，输出到有关控制回路，使之作出必要的反应。

行程开关触点结构如图 3-11（a）所示，工作机械碰撞传动头时，经传动机构使顶杆向下移动，到达一定行程时，改变了弹簧力的方向，其垂直方向力由向下变为向上，则动触点向上跳动，使常闭触点分断，常开触点闭合。当外力去掉后，在复位弹簧的作用下顶杆上升，动触点又向下跳动，恢复初始状态。

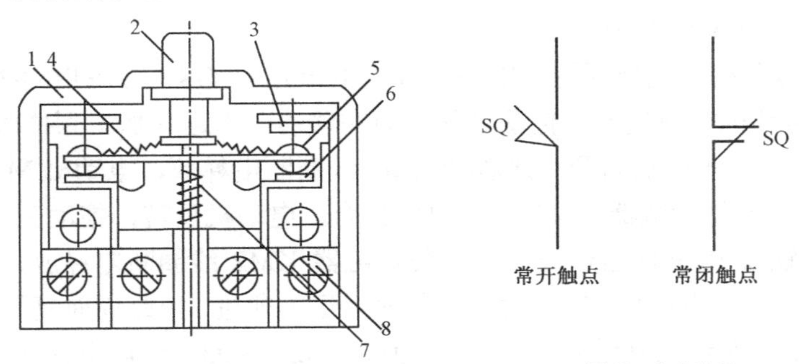

（a）触点结构示意图　　（b）图形、文字符号

1—外壳；2—顶杆；3—常开静触点；4—触点弹簧；5—动触点；6—常闭静触点；7—恢复弹簧；8—螺钉

图 3-11　行程开关

行程开关的触点分合速度取决于生产机械挡块触动操作头移动速度，其缺点是当移动速度低于 0.4m/min 时，触点分合太慢易受电弧烧毁，从而减少触点使用寿命。

行程开关的种类很多，按运动形式划分为直动式和转动式；按照触点性质划分为有触点和无触点。目前生产的产品有 LX19、LX22、LX32 及 LX33，还有 JLXK1 系列。表 3-3 为常用的 LX19 和 JLXK1 系列行程开关的技术数据。

表 3-3　LX19 和 JLXK1 系列行程开关的技术数据

型号	额定电压电流	结构特点	触点对数		工作行程	超行程	触点转换时间（s）
			常开	常闭			
LX19	380V 5A	元件	1	1	3mm	1mm	≤0.04
LX19-111		单轮，滚轮装在传动杆内侧，能自动复位	1	1	~30 度	~20 度	
LX19-121		单轮，滚轮装在传动杆外侧，能自动复位	1	1	~30 度	20 度	
LX19-131		单轮，滚轮装在传动杆凹槽内能自动复位	1	1	~30 度	~15 度	
LX19-212		双轮，滚轮装在 U 形传动杆内侧，不能自动复位	1	1	~30 度	~15 度	
LX19-222		双轮，滚轮装在 U 形传动杆外侧，不能自动复位	1	1	~30 度	~15 度	
LX19-232		双轮，滚轮装在 U 形传动杆外侧，不能自动复位	1	1	~30 度	~15 度	
LX19-001		无滚轮，仅径向传动杆能自动复位	1	1	<4mm	3mm	
JLXK-111	500V 5A	单轮防护式	1	1	12~15 度	≤30 度	≤0.04
JLXK-211		双轮防护式	1	1	~45 度	≤45 度	
JLXK-311		直动防护式	1	1	1~3mm	2~4mm	
JLXK-411		直动滚轮防护式	1	1	1~3mm	2~4mm	

二、自动循环控制电路

利用机械设备运动部件行程位置，控制电动机正反转，从而使生产机械自动往复循环运动，自动循环控制电路如图 3-12 所示。

图 3-12（a）为自动往复循环控制电路。合上电源开关 QS，按下启动按钮 SB2，接触器 KM1 通电自锁，电动机正向旋转，拖动工作台向左移动；当运动加工到位时，挡铁 1 压下行程开关 SQ1，使 SQ1 常闭触点断开，接触器 KM1 线圈断电释放，电动机 M 停转。与此同时，SQ1 常开触点闭合，又使接触器 KM2 线圈通电吸合，电动机反转，拖动工作台向右移动，当向右移到位时，挡铁 2 压下行程开关 SQ2，使接触器 KM2 线圈断电释放，同时接触器 KM1 又通电，电动机由反转变为正转，拖动运动部件变后退为前进，如此周而复始地自动往复工作。图 3-12（b）为机床工作台往复运动示意图，SQ1、SQ2、SQ3、SQ4 分别固定安装在床身上，SQ1、SQ2 反映加工起点、终点位置；SQ3、SQ4 限制工作台往复运动的极限位置，防止 SQ1、SQ2 失灵，工作台运动超出行程而造成事故。挡铁 1、2 安装在工作台移动部件上。

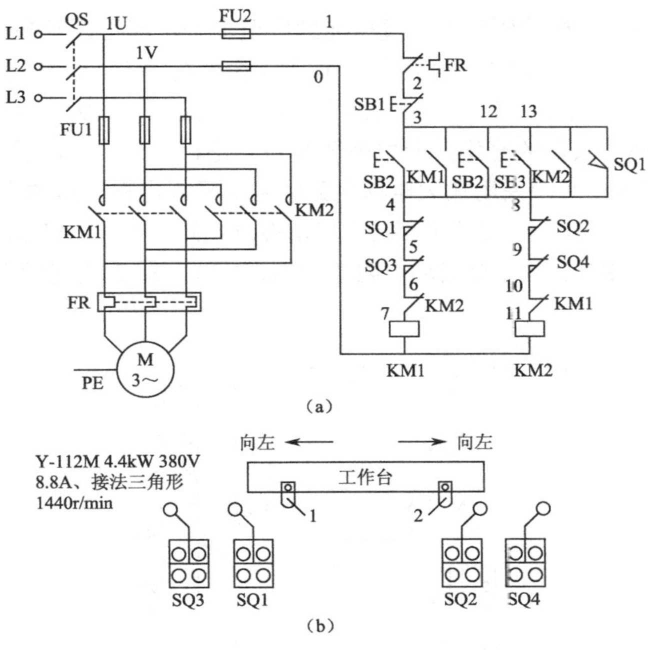

图 3-12　自动循环控制电路

三、直流电动机控制电路

直流电动机虽然不如三相交流异步电动机那样结构简单，价格便宜，制造维护方便，但它具有启动转矩大，调速范围广，调速精度高，调速平滑性好和易实现无级调速等一系列优点，容易实现各种运行状态的自动控制。因此，在工矿企业中直流拖动系统得到广泛的应用。

直流电动机按不同的励磁方式可分为他励、并励、串励和复励 4 种，他励与并励电动机实际应用最多，其性能和控制线路基本相同。下面介绍他励直流电动机的启动、正反向、制动控制电路。

1．单向运转启动控制电路

他励直流电动机与三相笼型异步电动机的不同点之一是他励直流电动机是由电枢绕组和励磁绕组两个不同绕组组成，必须有两个直流电源分别对它们进行供电。

直流电动机电势平衡与反电动势方程式为

$$U = E_m + I_m R_m \tag{3-1}$$

$$E_m = C_e \Phi_n \tag{3-2}$$

式中　U——电源电压，单位为伏（V）；

E_m——电枢反电动势，单位为伏（V）；

I_m——电枢电流，单位为安（A）；

R_m——电枢电阻，单位为欧（Ω）

由式（3-1）、（3-2）可见，他励直流电动机在启动时应注意以下两个问题：

① 必须先给予励磁绕组加上电压再加电枢电压，若没有励磁就加上电枢电压，电动机不能启动运转，就不会产生反电动势，而电枢回路电阻又很小，这样使电枢回路的电流大大超过其额定电流值，电动机将被烧毁。

② 启动时不得将电动机的额定电压直接加到电枢上去，应逐渐升高电枢电压直至其额定值。因为在刚启动瞬间，电机转速 n=0，从而而反电动势$E_m = C_e\Phi_n$=0。此时，在电枢两端所加的额定电压的作用下，通过电枢的电流（即全压启动电流）将很大，其数值能高出额定电流的 10～20 倍，引起换向条件的恶化，产生极严重的火花和机械冲击，因此，除小容量电动机外，一般不允许直接启动，必须采用加大电枢电路电阻或降低电枢电压的方法来限制启动电流。

图 3-13 为电枢串两级电阻、按时间原则的启动控制电路。图中 KA1 为过电流继电器，KM1 为启动接触器，KM2、KM3 为短接启动电阻接触器，KT1、KT2 为时间继电器，KA2 为欠电流继电器，R3 为放电电阻。

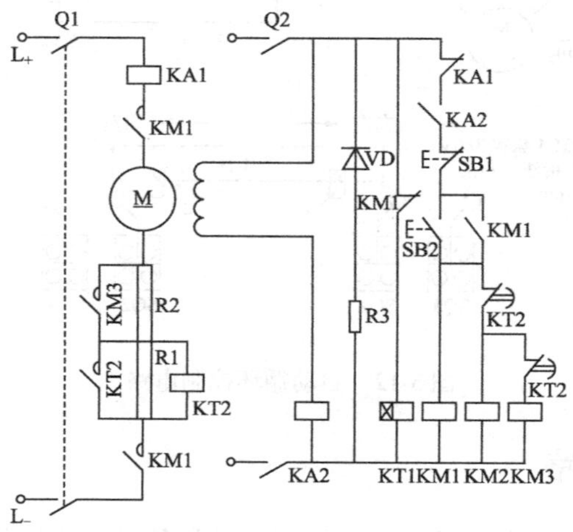

图 3-13　直流电动机串电阻按时间原则的启动控制电路

电路工作情况：合上电源开关 Q1 和控制开关 Q2，KT1 通电，其常闭触点断开，切断 KM2、KM3 电路。保证启动时串入电阻 R1、R2。按下启动按钮 SB2，KM1 通电并自锁，主触点闭合，接通电动机电枢电路，电枢串入两级电阻启动，同时 KT1 断电，为 KM2、KM3 通电短接电枢回路电阻作准备。在电动机启动的同时，并接在电阻 R1 两端的 KT2 通电，其常闭触点打开，使 KM3 不能通电，确保 R2 串入电枢。经过一段时间延时后，KT1 延时闭合的触点闭合，KM2 通电，短接电阻 R1。随着电动机转速升高，电枢电流减小，为保持一定的加速转矩，启动过程中将串接电阻逐级切除，就在 R1 被短接的同时，KT2 线圈断电。经一定延时，KT2 常闭触点闭合，KM3 通电，短接电阻 R2，电动机在全压下运转，启动过程结束。

电动机保护环节：过电流继电器 KA1 实现过载保护和短路保护；欠电流继电器 KA2 实现欠磁场保护，电阻 R3 与二极管 VD 构成电动机励磁绕组断开电源时的放电回路，避免发生过电压。

2. 可逆运转启动控制电路

直流电动机的转向取决于电磁转矩的方向。因此，改变直流电动机的转向有两种方法，即：当电动机的励磁绕组端电压的极性不变时，改变电枢绕组端电压极性，或者电枢绕组端电压极性不变，改变励磁绕组端电压极性，都可以改变电动机的旋转方向。但当两者的电压极性同时改变时，电动机的旋转方向不变。

在采用改变电枢绕组端电压极性的方法时，因主回路电流较大，故接触器容量也较大，并要求采用灭弧能力强的直流接触器，这就给使用带来不便。但采用改变直流电动机励磁电流极性来讲，由于电磁惯性大，对于频繁正反向运行的电动机，通常采用前一种方法。

直流电动机可逆运转的启动控制电路如图 3-14 所示，KM1、KM2 为正反转接触器，KM3、KM4 为短接电枢回路电阻接触器，KT1、KT2 为时间继电器。KA1 为过电流继电器，KA2 为欠电流继电器，R1、R2 启动电阻，R3 为放电电阻。其电路工作情况与图 3-13 相同。此处不再重复，由读者自行分析。

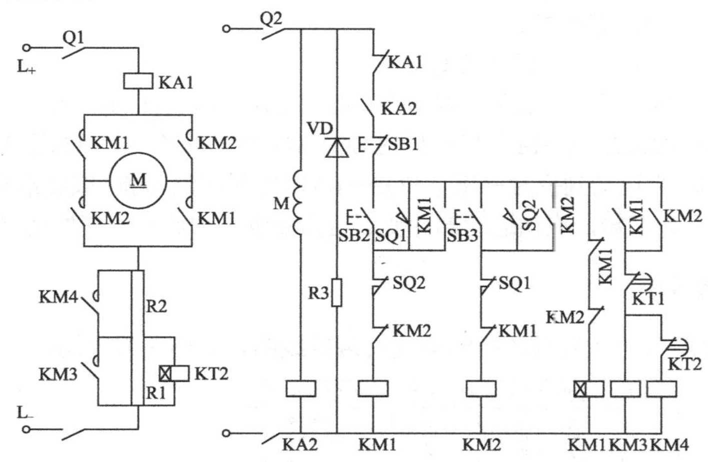

图 3-14　直流电动机可逆运转的启动控制电路

任务实施

一、实操器材

任务实施所需实训设备和元器件明细见表 3-4。

表 3-4　任务实施所需实训设备和元器件明细

代号	名称	型号	规格	数量
M	三相异步电动机	Y-112M-4	4kW、380V、△接法、8.8A、1440r/min	1 台
QS	组合开关	HZ10-25/3	三极、25A	1 个
FU1	熔断器	RL1-60/25	500V、60A、配熔体 25A	3 个
FU2	熔断器	RL1-15/2	500V、15A、配熔体 2A	2 个
KM	交流接触器	CJ10-20	20A、线圈电压 380V	2 个
FR	热继电器	JR16-20/3	三极、20A、整定电流 8.8A	1 个
SB	按钮	LA4-3H	保护式、500V、5A、按钮数 3	3 个
XT	端子板	JX2-1015	500V、10A、20 节	1 个
SQ1-4	位置开关	JLXK1-111	单轮旋转式	4 个
	主电路导线	BVR-1.5	1.5mm^2(7×0.25mm)	若干
	控制电路导线	BVR-1.0	1 mm^2 (7×0.43mm)	若干

二、实操过程

1．分析自动往复循环控制电路

如图 3-12 所示，主电路由电源开关 QS、熔断器 FU1、交流接触器 KM1、KM2 的常开主触点、热继电器 FR 发热元件和电动机构成；控制电路由熔断器 FU2、正转启动按钮 SB2、反转启动按钮 SB3、停止按钮 SB1、交流接触器 KM1、KM2 常开辅助触点用做自锁，KM1、KM2 常闭辅助触点用做互锁，复合行程开关 SQ1、SQ2 常开触点用做正反向转换，SQ1、SQ2 常闭触点用做互锁。SQ3、SQ4 用做运动极限保护，热继电器 FR 的常闭触点，交流接触器线圈 KM1、KM2 线圈和工作台、挡铁等组成。

电路的动作过程：先合上电源开关 QS。

按下按钮 SB2→KM1 通电并自锁→M 正转，拖动工作台向左移动；当运动到位时→压下 SQ1 常闭触点断开→KM1 线圈断电→M 停转→同时 SQ1 常开触点闭合→KM2 通电并自锁→M 反转，拖动工作台向右移动，当运动到位时→压下 SQ2→KM2 线圈断电，同时 SQ2 常开触点闭合→KM1 又通电→M 由反转变为正转，拖动运动部件变后退为前进，如此周而复始地自动往复工作。

2. 电气安装接线图

根据图 3-12 绘制自动往复循环控制电气安装接线图，如图 3-15 所示。

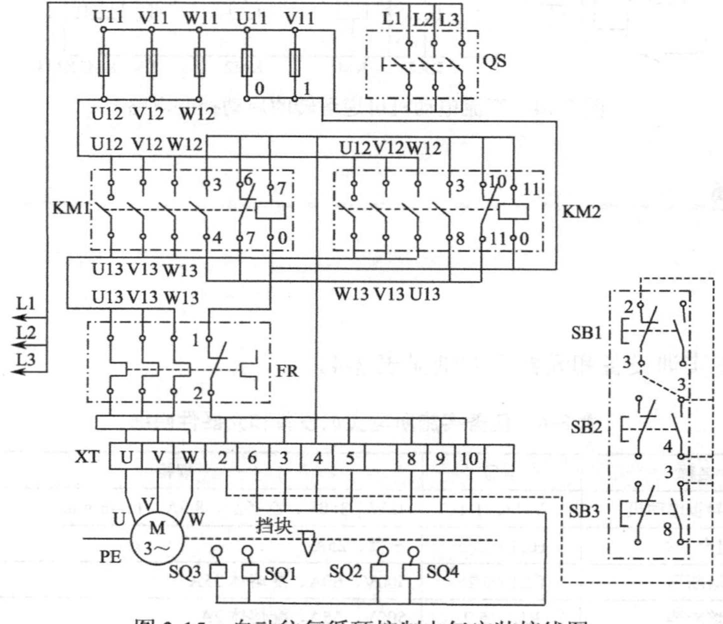

图 3-15　自动往复循环控制电气安装接线图

3. 检查与调试

① 固定元器件。

② 按电气安装接线图接线。注意接线要牢固，接触要良好，文明操作。

③ 在接线完成后，若检查无误，经指导老师检查允许后方可通电调试。

三、实操注意事项

在接线完成后要检查电动机的转向与限位开关是否协调。例如电动机正转（即 KM1 吸合），运动部件运动到所需要反向的位置时，挡铁应该撞到限位开关 SQ1，而不应撞到 SQ2。否则，电动机不会反向，即运动部件不会反向，如果电动机与限位开关不协调，只要将三相异步电动机的三根电源线对调两根即可。

项目四　三相异步电动机制动控制电路

项目目标

① 熟悉三相异步电动机反接制动控制和能耗制动控制电路的原理。了解电磁机械制动控制。
② 掌握三相异步电动机反接制动控制电路和能耗制动控制电路的安装操作。
③ 熟悉速度继电器和时间继电器的结构、原理及使用方法。
④ 培养电气控制线路的故障分析和排除能力。

项目要求

在生产过程中，由于设备的惯性，电动机断开电源后设备不能立即停下来，而是需要一段时间才完全停下来。这种情况对于某些生产机械是不适宜的。例如，起重机的吊钩需要准确定位；万能铣床要求立即停转等。为了缩短辅助工作时间，提高生产效率，获得准确位置，就需要采取制动措施。

停机制动有两种类型，一是电磁铁操纵机械进行制动的电磁机械制动，二是电气制动，使电动机产生一个与转子原来的转动方向相反的力矩来进行制动。常用的电气制动有反接制动和能耗制动。

本项目分别对电磁机械制动和电气制动电路的原理进行分析，同时掌握反接制动和能耗制动控制电路的安装连接调试。

任务一　三相异步电动机的反接制动控制电路

在实际常用的电气制动中，反接制动一般适用于要求制动迅速、系统惯性较大、不经常启动与制动的场合。

一、电磁机械制动

1. 电磁抱闸的结构

如图 4-1 所示，电磁抱闸主要由两部分组成：制动电磁铁和闸瓦制动器。制动电磁铁由铁芯、衔铁和线圈三部分组成，并有单相和三相之分。闸瓦制动器包括闸轮、闸瓦、杠杆和弹簧等；闸轮与电动机装在同一根转轴上。制动强度可通过调整机械结构来改变。

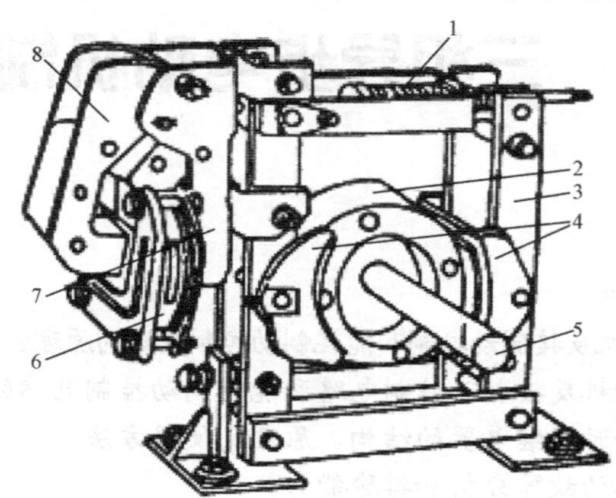

1—弹簧；2—闸轮；3—杠杆；4—闸瓦；5—轴；6—线圈；7—铁芯；8—衔铁

图 4-1　电磁抱闸的结构

2. 电磁抱闸断电制动控制电路

电磁抱闸断电制动控制电路如图 4-2 所示。本制动线路属于断电制动，即主电路通电时，抱闸线圈有电使闸瓦和闸轮分开，主电路断电时，闸瓦与闸轮抱住。

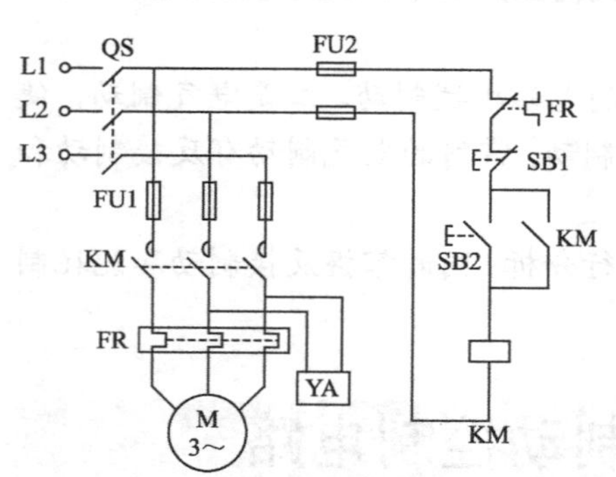

图 4-2　电磁抱闸断电制动控制电路

这种制动在起重机械上被广泛采用，电动机在工作时，如果线路发生故障断电时，电磁抱闸将迅速使电动机制动，从而防止重物下落和电动机反转的事故出现，比较安全可靠。但缺点是线圈的通电时间与电动机的工作时间相同，故很不经济。

3. 电磁抱闸通电制动控制电路

电磁抱闸通电制动控制电路如图 4-3 所示。它与断电制动型相反，即主电路有电流流过时电磁抱闸、线圈无电，这时抱闸与闸轮松开；当主电路断电而通过复合按钮 SB1 的常开触点的闭合使电磁抱闸线圈得电时，抱闸与闸轮抱紧呈制动状态。在电动机不转动的正常状态下，电磁抱闸线圈无电，抱闸与闸轮也处于松开状态。这样，在电动机未通电时，可以用手扳动主轴供调整、对刀、检测之用。有关本控制线路的动作原理，读者可自行分析，但要提醒一点，在图 4-3 所示的控制电路中，只有将停止按钮 SB1 按到底才有制动作用。

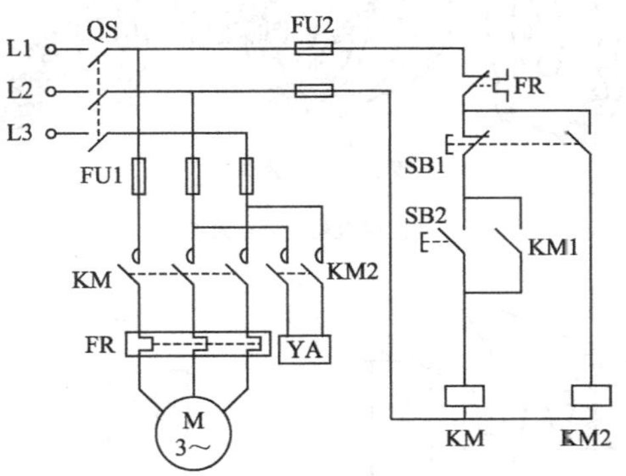

图 4-3　电磁抱闸通电制动控制电路

二、电气制动控制电路

1．速度继电器

速度继电器也称反接制动继电器，是用来反映电动机转速和转向变化的继电器。它的基本工作方式和主要作用是依靠旋转速度的快慢为指令信号，通过触点的分合传递给接触器，从而实现对电动机反接制动控制。速度继电器主要由定子、转子、端盖、可动支架、触点系统等组成。

速度继电器的外形及结构如图 4-4（a）所示，定子由硅钢片叠成并装有笼型的短路绕组（同笼型转子绕组相似），定子与转轴同心，定子和转子间有一很小气隙，并能独自偏摆，转子是用一块永久磁铁制成，固定在转轴上；支架的一端固定在定子上，可随定子偏摆，顶块与支架的另一端由小轴联结在一起，转轴与小轴分别固定，顶块可随支架偏转而动作。

速度继电器的工作原理是：当电动机旋转时，与电动机同轴联结的速度继电器转子也转动。这样，永久磁铁制成的转子，就由静止磁场变为在空间移动的旋转磁场。此时，定子内的短路绕组（导体）因切割磁力线而产生感应电势和电流，载流短路绕组与磁场相互作用便产生一定的转矩。于是，定子便顺着转轴的转动方向而偏转。定子的偏转带动支架和顶块，当定子转过一定角度时，顶块推动动触点弹簧片（或反向偏转时）使常闭触点分断，常开触点闭合。当常开触点闭合后，可产生一定的反作用力，阻止定子继续偏转。电动机转速越高，定子导体内产生的电流越大，因而转矩越大，顶块对动触点簧片的作用力也就越大。电动机转速下降时，速度继电器转子速度也随着下降，定子绕组内产生感应电流相应减小，从而电磁转矩减小，顶块对动触点簧片的作用力也减小。当转子速度下降的一定数值时，顶块的作用力小于触点簧片的反作用力时，顶块返回到原始位置，对应的触点也复位。

目前，机床线路中常用速度继电器有 JY1 型和 JFZ0 型，速度继电器 JY1 型能在 3000r/min 以下可靠地工作；JFZ0-1 型适用于 300～3000r/min；JFZ0-2 型适用于 1000～3600r/min；JFZ0 型有两对常开、两对常闭触点，触点额定电压为 380V，额定电流为 2A。一般速度继电器转轴在 120r/min 左右即能动作，100r/min 触点即能恢复正常位置，可通过螺钉的调节来改变继电器动作的转速，以适应控制电路的要求。

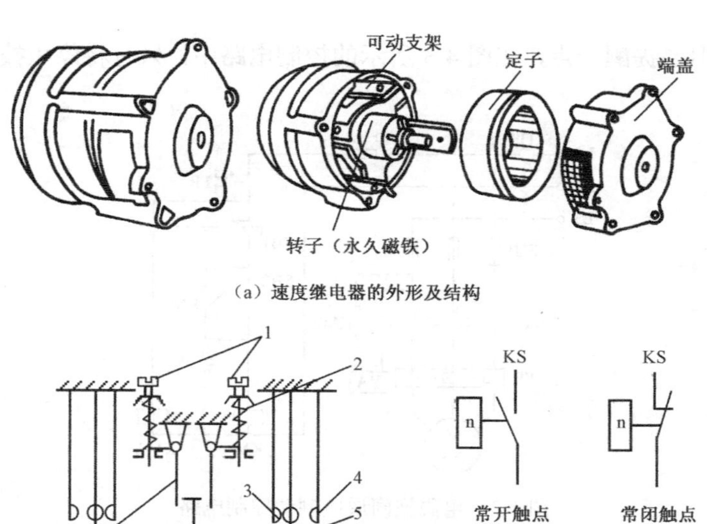

（a）速度继电器的外形及结构

（b）速度继电器的原理示意图　　（c）速度继电器的图形、文字符号

1—调节螺钉；2—反力弹簧；3—常闭触点；4—常开触点；5—动触点；6—推杆；7—笼型导条；8—转子；9—圆环；10—转轴；11—摆杆；12—返回杠杆

图 4-4　速度继电器

2. 反接制动控制电路

异步电动机反接制动有两种情况：一种是在负载转矩作用下使电动机反转的倒拉反接制动；另一种是改变三相异步电动机电源相序进行反接制动。本处只介绍改变电源相序进行反接制动。

（1）反接制动的基本原理

将电动机的三根电源线的任意两根对调称为反接。若在停车前，把电动机反接，则其定子旋转磁场便反方向旋转，在转子上产生的电磁转矩也随之反方向，成为制动转矩，在制动转矩作用下电动机的转速便很快降到零，称为反接制动。必须指出，当电动机的转速接进零时，应立即切断电源，否则电动机将反转。在控制电路中常用速度继电器来实现这个要求。为此采用速度继电器来检测电动机的速度的变化。在 120～3000r/min 范围速度继电器触点动作，当转速低于 100r/min 时，其触点恢复原位。

（2）单方向启动的反接制动控制电路

图 4-5 为单方向反接制动控制电路。图中 KM1 为单方向旋转接触器，KM2 为反接制动接触器，KS 为速度继电器，R 为反接制动电阻。

电路工作情况：合上电源开关 QS，按下启动按钮 SB2，接触器 KM1 通电并自锁，电动机 M 通电旋转。在电动机正常运行时，速度继电器 KS 常开触点闭合，为反接制动做准备。当按下停止按钮 SB1 时，KM1 断电，电动机定子绕组脱离三相电源，但电动机因惯性仍以很高速度旋转，KS 原闭合的常开触点仍保持闭合。当 SB1 按到底，使 SB1 常开触点闭合，KM2 通电并自锁，电动机定子串接电阻接上反序电源，电动机进入反接制动状态。

电动机转速迅速下降，当速度接近 100r/min 时，KS 常开触点复位，KM2 断电，电动机及时脱离电源，以后自然停车至零，反接制动结束。

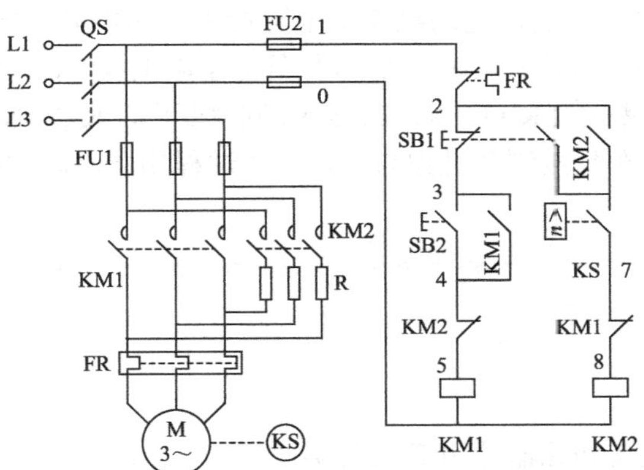

图 4-5　单方向反接制动控制电路

由于反接制动时，转子与旋转磁场的相对速度接近于两倍的同步转速，所以定子绕组中流过的反接制动电流相当于全电压直接启动电流的 2 倍。因此，反接制动特点之一是制动迅速、效果好、冲击力大，通常仅适用于 10kW 以下的小容量电动机。为了减小冲击电流，通常要求在电动机主电路中串接一定的电阻以限制反接制动电流，这个电阻称为反接制动电阻。反接制动的制动力矩较大，冲击强烈，易损坏传动零件，而且频繁反接制动可能使电动机过热。使用时必须引起注意。

（3）电动机可逆运行反接制动控制电路

可逆运行反接制动控制电路如图 4-6 所示，KM1、KM2 为正、反转接触器，KM3 为短接电阻接触器，KA1～KA3 为中间继电器，KS 为速度继电器。其中 KS1 为正转闭合触点，KS2 为反转闭合触点，R 为启动与制动电阻。

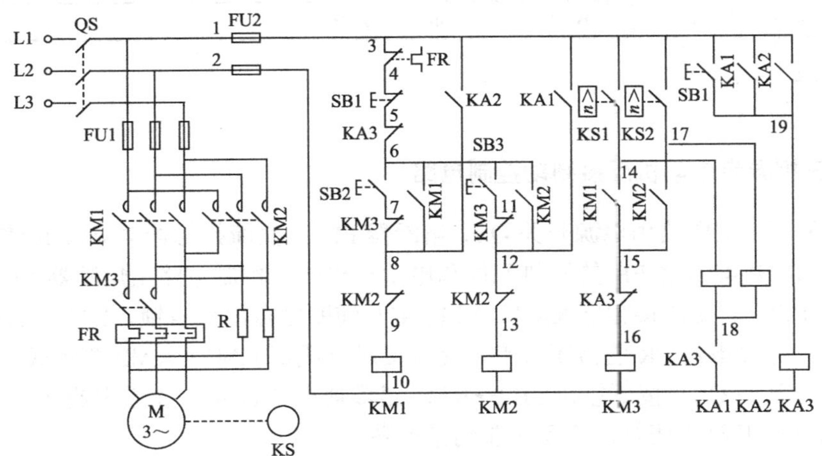

图 4-6　可逆运行反接制动控制电路

电路工作情况：合上电源开关 QS，按下正转启动按钮 SB2，KM1 通电并自锁，电动机串入电阻接入正序电源启动。当转速升高到一定值时 KS1 触点闭合，KM3 通电，短接电阻，电动机在全压下启动进入正常运行。

需要停车时，按下停止按钮 SB1，KM1、KM3 相继断电，电动机脱离正序电源并串入电阻，同时 KA3 通电，其常闭触点又再次切断 KM3 电路，使 KM3 无法通电，保证电阻 R 串接在定子电路中。由于电动机惯性仍以很高速度旋转，KS1 仍保持闭合使 KA1 通电，触点 KA2（3-12）闭合使 KM2 通电，电动机串接电阻接上反序电源，实现反接制动；另一触点 KA1（3-19）闭合，使 KA3 仍通电，确保 KM3 始终处于断电状态，R 始终串入。当电动机转速下降到 100r/min 时，KS1 断开，KA1、KM2、KA3 同时断电，反接制动结束，电动机停止。

电动机反向启动和停车反接制动过程与上述工作过程相同，读者可自行分析。

任务实施

一、实操器材

任务实施所需实训设备和元器件明细见表 4-1。

表 4-1　任务实施所需实训设备和元器件明细

代号	名称	型号	规格	数量
M	三相异步电动机	Y-112S-4	4kW、380V、△接法、15.4A、1440r/min	1 台
QS	组合开关	HZ10-25/3	三极、35A	1 个
FU1	熔断器	RL1-60/25	500V、60A、配熔体 25A	3 个
FU2	熔断器	RL1-15/4	500V、15A、配熔体 4A	2 个
KM	交流接触器	CJ10-20	20A、线圈电压 380V	2 个
KS	速度继电器	JY1		1 个
FR	热继电器	JR16-20/3	三极、20A、整定电流 8.8A	1 个
SB	按钮	LA4-3H	保护式、500V、5A、按钮数 3	3 个
XT	端子板	JD_0-1020	500V、10A、20 节	1 个
	主电路导线	BVR-1.5	1.5mm^2(7×0. 52mm)	若干
	控制电路导线	BVR-1.0	1 mm^2 (7×0.43mm)	若干

二、实操过程

1．分析三相异步电动机反接制动控制电路

如图 4-5 所示，主电路由电源开关 QS、熔断器 FU1、交流接触器 KM1、KM2 的常开主触点、限流电阻 R、热继电器 FR 的发热元件和电动机构成；控制电路由熔断器 FU2、启动按钮 SB2、制动按钮 SB1、交流接触器 KM1、KM2 常开辅助触点用做自锁，KM1、KM2 常闭辅助触点用做互锁，热继电器 FR 的常闭触点，交流接触器线圈 KM1、KM2 等组成。

先合上电源开关 QS，按下按钮 SB2→KM1 线圈通电并自锁→M 通电旋转→当 KS 速度大于 100r/min 时→常开触点闭合，为反接制动做准备。

当按下按钮 SB1→KM1 断电→电动机 M 因惯性仍高速旋转→KS 闭合的常开触点仍保持闭合→KM2 通电并自锁→定子串电阻接上反序电源→进入反接制动→当接近 100r/min 时→KS 常开触点复位→KM2 断电→电动机 M→脱离电源停车至零→反接制动结束。

2．电气安装接线图

绘制三相异步电动机反接制动控制电路的电气安装接线图，如图 4-7 所示。

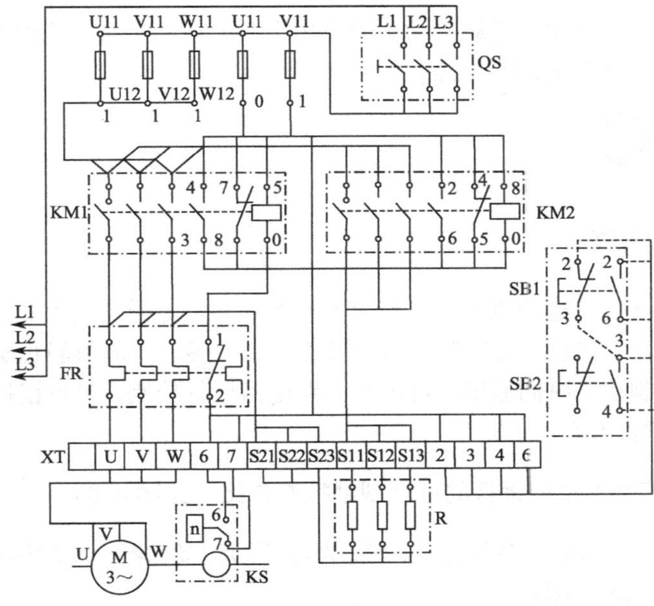

图 4-7　反接制动控制电路电气安装接线图

3．检查与调试

① 固定元器件。

② 按照电气互连接线。先连接主电路，后连接辅助电路，先串联连接，后并联连接。

③ 速度继电器的调整：手持测速仪，对准电动机的输出轴，测量电动机输出转速，按 SB1 使制动电路工作，当电动机转速降至 100r/min 时观察速度继电器的常开触点，看是否分断。若不分断，将螺钉向外拧，使反力弹簧力量减小；若分断过早，则将螺钉向内拧，使反力弹簧力量增大。如此反复调整多次，使电动机的转速在 100r/min 左右时，速度继电器的触点分断，并符合电路要求。

④ 在接线完成后且检查无误后，经指导老师检查允许方可通电调试。

三、实操注意事项

① 速度继电器可以先安装好，不属于定额时间内。安装时采用速度继电器的连接头与电动机轴直接连接的方法，应使两轴线重合；若采用带轮连接的方法，应使两轴中心线保持平行。

② 通电校验时，要首先检查能否制动。若按下制动按钮电动机不仅没有制动，而且继续运转，则主要是由于速度继电器的两副常开触点的接线接反所致。

③ 试车时，若制动不正常，可检查速度继电器的胶木摆杆紧固螺钉是否松脱和损坏，或者根据实际转速调节调整螺钉，是弹簧压力增大或减小，调节后要把固定螺母锁紧。切忌用外力弯曲其动、静触点，使之变形。

任务二　三相异步电动机的能耗制动控制电路

在实际常用的电气制动中，能耗制动一般适用于制动要求平稳、准确的场合。本任务研究的是三相异步电动机能耗制动控制电路。

一、能耗制动控制电路

所谓能耗制动，就是在电动机脱离三相交流电源之后，定子绕组上加一个直流电压，即通入直流电流，以产生静止磁场，利用转子的机械能产生的感应电流与静止磁场的作用以达到制动的目的。根据能耗制动的时间原则，可用时间继电器进行控制，也可根据能耗制动的速度原则，用速度继电器进行控制。

1．按时间原则控制的单向运行的能耗制动控制电路（见图 4-8）

图 4-8 中 KM1 为单向运行接触器，KM2 为能耗制动接触器，KT 为时间继电器，T 为整流变压器，VC 为桥式整流电路。

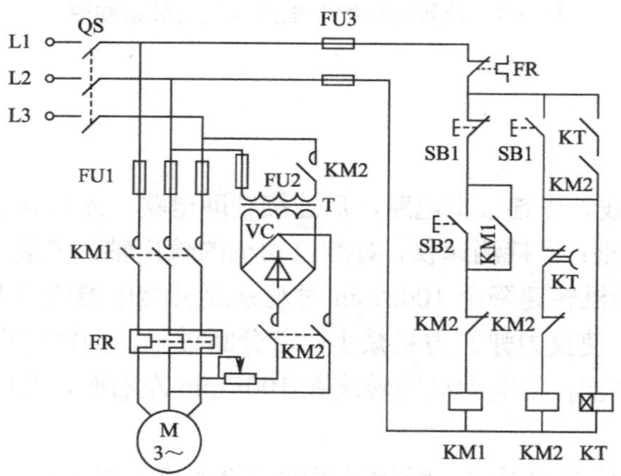

图 4-8　时间原则能耗制动控制电路

电路工作情况：合上电源开关 QS，按下正转启动按钮 SB2，KM1 通电并自锁，电动机正常运行。若要停车，按下停止按钮 SB1，KM1 断电，电动机定子脱离三相电源，同时 KM2 通电并自锁，将两相定子接入直流电源进行能耗制动，在 KM2 通电同时 KT 也通电。电动机在能耗制动作用下转速迅速下降，当接近零时，KT 延时时间到，其延时触点动作，使 KM2、KT 相继断电，制动过程结束。

该电路中，将 KT 瞬动触点与 KM2 自锁触点串接，是考虑时间继电器断线、松脱或机械卡住致使触点不动作，不至于使 KM2 长期通电，造成电动机定子长期通入直流电源。

2．按速度原则控制的可逆运行的能耗制动控制电路（见图 4-9）

图 4-9 中 KM1、KM2 为正反转接触器，KM3 为制动接触器，KS 为速度继电器。

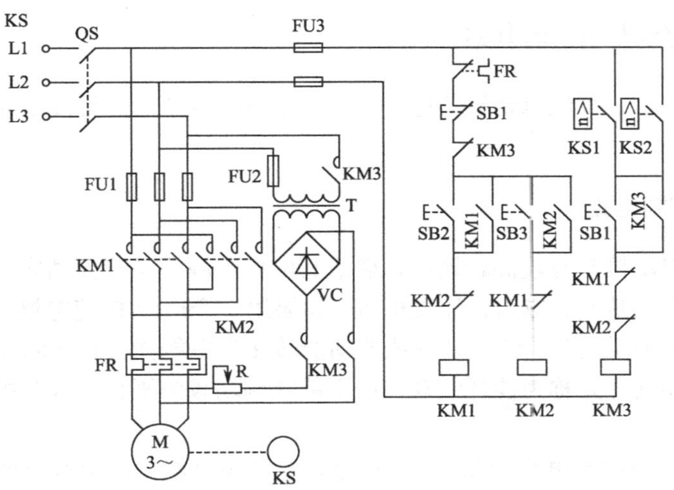

图 4-9　速度原则可逆运行能耗制动控制电路

电路工作情况：合上电源开关 QS，根据需要可按下正转或反转启动按钮 SB2 或 SB3，相应接触器 KM1 或 KM2 通电并自锁，电动机正常运转。此时速度继电器相应触点 KS1 或 KS2 闭合，为停止时接通 KM3，实现能耗制动做准备。

停止时，按下停止按钮 SB1，电动机定子绕组脱离三相交流电源，同时 KM3 通电，电动机接入直流电源进行能耗制动，转速迅速下降到 100r/min 时，速度继电器 KS1 或 KS2 触点断开，此时 KM3 断电，能耗制动结束，以后电动机自然停止。

3．无变压器单管能耗制动控制电路（见图 4-10）

前面介绍的能耗制动均为带变压器的单相桥式整流电路，其制动效果好。对于功率较大的电动机应采用三相整流电路，但所需设备多，成本高。对于 10kW 以下的电动机，在制动要求不高时，可采用无变压器单管能耗制动控制线路，这样设备简单、体积小、成本低。

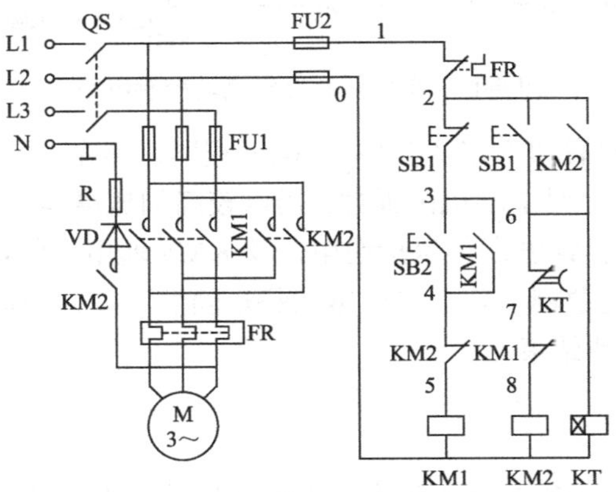

图 4-10　单管能耗制动控制电路

以上分析可知，能耗制动比反接制动消耗的能量少，其制动电流也比反接制动电流小得多，但能耗制动效果不及反接制动明显，同时需要一个直流电源，控制线路相对比较复杂，通常能耗制动适用于电动机容量较大和启动、制动频繁的场合。

二、直流电动机的制动控制电路

与交流电动机相似，直流电动机的电气控动方法有能耗制动、反接制动和再生发电制动等几种方法。

1．能耗制动控制电路

能耗制动，在电动机具有较高转速时，切断其电枢电源而保持其励磁为额定状态不变，这时电动机因惯性而继续旋转，成为直流发电机。如果用一个电阻 R 使电枢回路成为闭路，则在此回路中产生电流和制动力矩，使拖动系统的动能转化为电能并在转子回路的电阻中以发热形式消耗掉，故此种制动方式称为能耗制动。由于能耗制动较为平稳，故在机床的直流拖动中应用较为广泛。

单向运行能耗制动控制电路如图 4-11 所示，直流电动机单向运行串两级电阻启动，停止采用能耗制动，KM1 为电源接触器，KM2、KM3 为启动接触器，KM4 为制动接触器，KA1 为过电流继电器，KA2 为欠电流继电器，KA3 为电压继电器，KT1、KT2 为时间继电器。

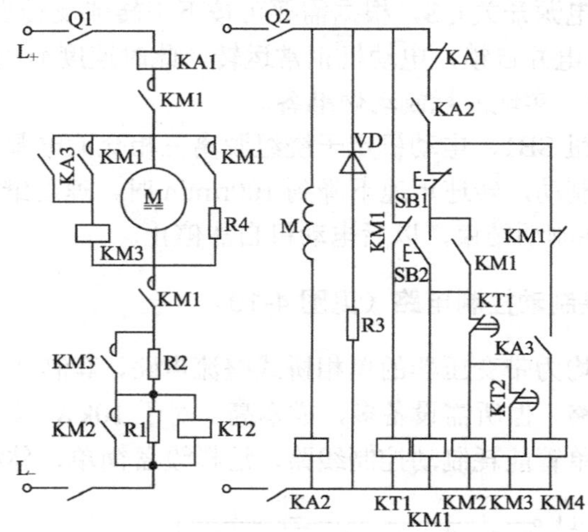

图 4-11　单向运行能耗制动控制电路

电路工作情况：电动机启动工作情况与图 3-13 相同。停车时，按下停止按钮 SB1，KM1 断电，切断电枢直流电源。此时电动机因惯性，仍以较高的速度运转，电枢两端仍有一定电压，并联在电枢两端的 KA3 经自锁触点仍保持通电，使 KM4 通电，将电阻 R4 并接在电枢两端，电动机实现能耗制动，转速急剧下降，电枢电动势也随着下降，当降至一定值时，KA3 释放，KM4 断电，电动机能耗制动结束。

2．反接制动控制电路

反接制动是在保持励磁为额定状态不变，而将反极性的电源接到电枢绕组上，从而产生制动力矩，迫使电动机迅速停止的一种制动方法。与异步电动机相同，在反接制动时，要注意以下两点：其一是要限制过大的制动电流，其二是要防止电动机反向再启动，其方法也与异步电动机相类似，采用限流电阻及采用速度继电器检测速度信号。

他励直流电动机反接制动控制电路如图 4-12 所示。反接制动时，突然断开正转接触器 KM1 主触点，并闭合反转接触器 KM2 主触点，于是直流电源便反接电枢两端。于此同时，在电枢电路中接入外加制动电阻 R_Z，这是为了防止反接电流过大。图中虚线箭头表示电动机处于电动状态时的电枢电流 I 和电磁转矩 M 的方向，实线箭头表示反接制动时的电枢电流 I 和制动转矩 M_Z 的方向。

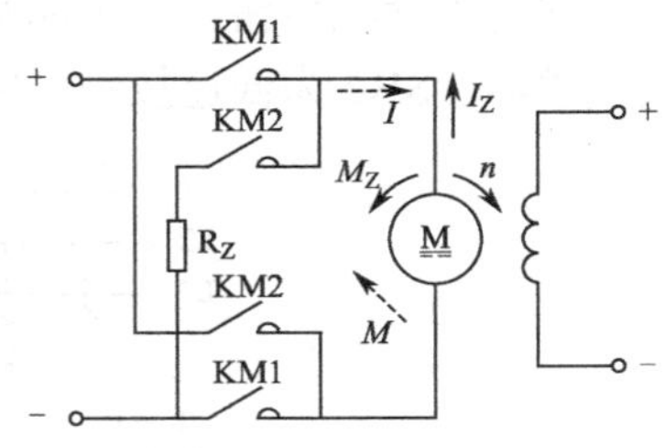

图 4-12　他励直流电动机反接制动控制电路

反接制动时，电枢电流的方向发生了变化，转矩 M 也因之反向，然而电动机因惯性原因，转速方向未变，于是 M 与 n 反向，成为制动力矩，使电动机处于制动状态。制动时的电枢电流值由电枢电压与反电动势之和建立的，因此数值较大，为使制动时的电枢电流在允许值以内，反接制动串入的制动电阻 R_Z 要比能耗制动串入的制动电阻值几乎大一倍。

反接制动的优点是制动力矩大，制动快。缺点是制动准确性差（准确性由速度继电器确定）、制动过程冲击强烈，易损坏传动零件。此外，反接制动时，电动机既吸取机械能又吸取电源电能，并将这两部分能量消耗于电枢绕组的电阻 R_M 和外加制动电阻 R_Z 上。因此，能量消耗较大、不经济，所以反接制动一般适用于不经常启动与制动的场合。

三、异步电动机的转速控制电路

为了使生产机械获得更大调速范围，除了采用机械变速外，还可采用电气控制方法实现电动机变极调速、变频调速。下面分别对改变磁极对数和改变频率调速控制进行介绍。

1. 双速电动机定子绕组的连接

4/2 极的双速异步电动机定子绕组的接线如图 4-13 所示，图（a）将电动机定子绕组的 U1、V1、W1 三个接线端接三相交流电源，而将电动机定子绕组 U2、V2、W2 三个接线端悬空，三相定子绕组接成三角形，这样每相绕组中的①、②线圈串联，电流方向如虚线箭头所示，电动机以四极运行为低速。若将电动机定子绕组的 U2、V2、W2 三个接线端接三相交流电源，而将另外 3 个接线端 U1、V1、W1 连在一起，则原来三相定子绕组中的三角形接线立即变为双星形接线，此时每相绕组中的①、②线圈相互并联，电动机便以两极启动高速运行。

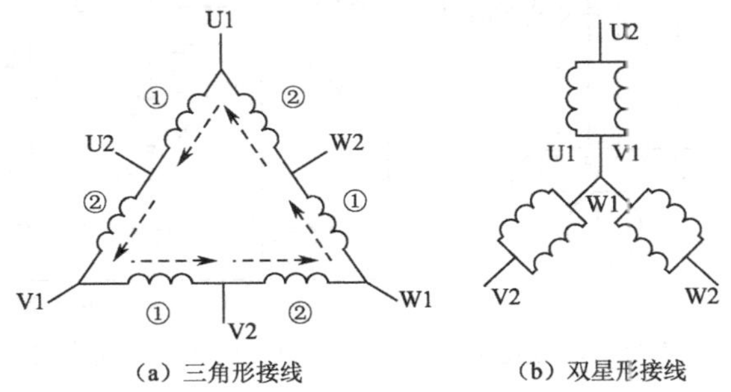

（a）三角形接线　　（b）双星形接线

图 4-13　双速异步电动机定子绕组的接线

2．双速感应电动机按钮控制的调速电路

双速电动机按钮控制电路如图 4-14 所示，KM1 为△连接接触器，KM2、KM3 为双 Y 连接接触器，SB2 为低速按钮，SB3 为高速按钮，HL1、HL2 分别为低、高速指示灯。

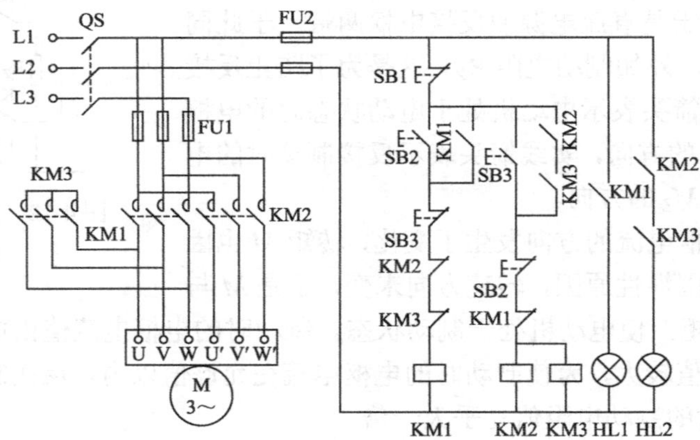

图 4-14　双速电动机按钮控制电路

电路工作情况：合上电源 QS，按下启动按钮 SB2，KM1 通电并自锁，电动机作△连接，实现低速运行，HL1 亮，需要高速运行时，按下 SB3，KM2、KM3 通电并自锁，电动机接成双 Y 连接实现高速运行，HL2 亮。

由于电路采用了 SB2、SB3 的机械互锁和接触器的电气互锁，能够实现低速运行直接转换为高速，或由高速直接转换为低速，无须再操作停止按钮。

3．双速感应电动机手动变速和自动变速的控制电路

双速电动机手动调速和自动加速控制电路如图 4-15 所示，与图 4-14 相比，引入了一个自动加速与手动变速选择开关 SA，时间继电器 KT、电源指示灯 HL1、低速指示灯 HL2、高速指示灯 HL3。

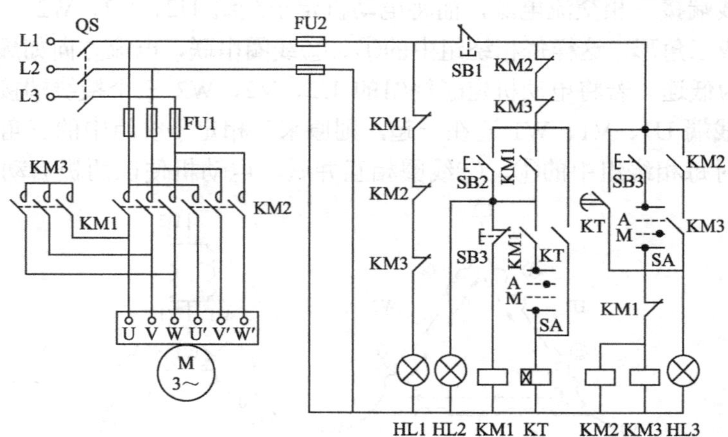

图 4-15　双速电动机手动调速和自动加速控制电路

当选择手动变速时，将开关 SA 扳在 M 位置，时间继电器 KT 电路切除。当需要自动加速工作时，将 SA 扳在 A 位位置。按下 SB2，KM1 通电并自锁，同时 KT 相继通电并自锁，电动

机按△连接低速启动运行。当 KT 延时常闭触点打开、延时常开触点闭合时，KM1 断电，而 KM2、KM3 电并自锁，电动机便由低速自动转换为高速运行，实现了自动控制。

当 SA 置于 M 位置，仅按下低速启动按钮 SB2 则可使电动机只作三角形接法的低速运行。

时间继电器 KT 自锁触点的作用是在 KM1 线圈断电后，KT 仍保持通电，直至已进入高速运行，即 KM2、KM3 线圈通电后，KT 才断电。一方面使控制电路可靠工作；另一方面使 KT 只在换接过程中短时通电，减少 KT 线圈的能耗。

任务实施

一、实操器材

任务实施所需实训和元器件明细见表 4-2。

表 4-2　任务实施所需实训设备和元器件明细

代号	名称	型号	规格	数量
M	三相异步电动机	Y-112S-4	4kW、380V、△接法、15.4A、1440r/min	1 台
QS	组合开关	HZ10-25/3	三极、35A	1 个
FU1	熔断器	RL1-60/25	500V、60A、配熔体 25A	3 个
FU2	熔断器	RL1-15/4	500V、15A、配熔体 4A	2 个
KM	交流接触器	CJ10-20	20A、线圈电压 380V	2 个
KT	时间继电器	JS7-2A	线圈电压 380V(代用)	1 个
FR	热继电器	JR16-20/3	三极、20A、整定电流 8.8A	1 个
SB	按钮	LA4-3H	保护式、500V、5A、按钮数 3	3 个
V	整流二极管	2CZ30	30A、600V	1 个
R	制动电阻		0.5Ω、50W	1 个
XT	端子板	JD_0-1020	500V、10A、20 节	1 个
	主电路导线	BVR-1.5	1.5mm^2(7×0. 52mm)	若干
	控制电路导线	BVR-1.0	1 mm^2 (7×0.43mm)	若干

二、实操过程

1. 分析三相异步电动机能耗制动控制电路

在运转中的三相异步电动机脱离电源后，立即给定子绕组通入直流电产生恒定磁场，则正在惯性运转的转子绕组中的感生电流将产生制动力矩，使电动机迅速停转，这就是能耗制动。

如图 4-10 所示，主电路由 QS、FU1、KM1 和 FR 组成单向启动控制环节；整流器 V 将 C 相电源整流，得到脉动直流电，由 KM2 控制通入电动机绕组，显然 KM1、KM2 不得同时得电动作，否则将造成电源短路事故。辅助电路中由时间继电器延时触点来控制 KM2 的动作，而时间继电器 KT 的线圈由 KM2 的常开辅助触点控制。线路由 SB1 控制电动机惯性停机（轻按 SB1）或制动（将 SB1 按到底）。制动电源通入电动机的时间长短由 KT 的延时长短决定。

电路的动作过程：先合上电源开关 QS。

按下按钮 SB2→KM1 线圈通电并自锁→电动机 M 通电旋转。

当按下 SB1→KM1 线圈断电→电动机 M 因惯性仍高速旋转→KM2 通电并自锁、KT 线圈通电→电动机 M 接入直流电能耗制动→KT 延时触点断开→KM2 线圈断电、KT 线圈断电→电动机 M 切断直流电源停车并停转→能耗制动结束。

2. 电气安装接线图

绘制三相异步电动机能耗制动控制电路的电气安装接线图，如图 4-16 所示。

① 按表 4-2 配齐所用元器件，并固定元器件。

② 按照电气安装接线图接线。先连接主电路，后连接辅助电路，先串联连接，后并联连接。

③ 在接线完成后且检查无误后，经指导老师检查允许方可通电调试。

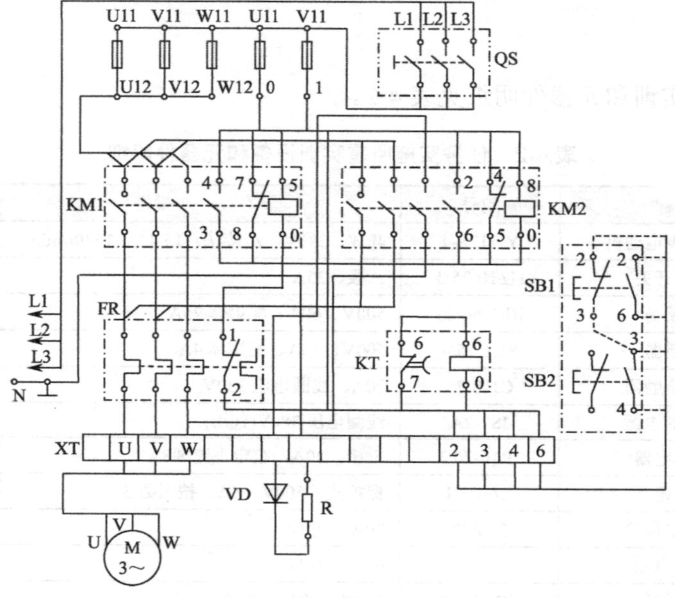

图 4-16　能耗制动控制电路电气安装接线图

三、实操注意事项

① 时间继电器的整定时间不要调得太长，以免制动时间过长引起定子绕组发热。

② 整流二极管要配装散热器和固定散热器支架。

③ 电动机进行制动时，停止按钮要按到底。

项目五　常用机床的电气控制

项目目标

① 学会整体电路的分析方法。

② 掌握典型的机床电气控制电路和常见故障分析，进而加深理解其他控制电路。

③ 了解普通车床、M7120 平面磨床、数控车床、数控铣床电气电路的安装与故障排除。

项目要求

机床的电气控制不仅要求能够实现启动、制动、反向和调速等基本要求，还要保证机床各个运动的准确和协调，以满足生产工艺提出的各种要求。

在学习与分析机床电气控制设备时应注意以下几个问题：

① 对机床的基本结构、运动情况、工艺要求应有一般的了解。这样才了解控制对象，明确控制要求，因为这些都是设计机床电气控制的依据，或是机床电气控制的目的。

② 应了解机械操作手柄与电器元件的关系；了解机床运动机构与电器元件的关系；了解机床液压系统与电气控制的关系。

③ 按照“化整为零看电路，积零为整看全部”的方法，将整个控制系统按功能不同分成若干局部控制电路，逐一进行分析。分析时应注意各局部控制电路之间的联锁关系，最后再统观整个电路。

④ 应抓住各机床电气控制系统的特点，深刻理解各元器件的作用，学会分析的方法，养成分析的习惯。

本项目将以常用典型机床控制电路为例，进一步阐明各典型电气控制环节的应用，分析机床控制电路的组成，进一步提高分析能力、阅读图能力，加深对基本控制电路和整体控制的认识。同时，介绍新型的数控车床、铣床的电气控制，进行部分分析。

任务一 普通车床的电气控制

车床是一种应用极为广泛的金属切削机床，主要用于切削外圆、内圆、端面、螺纹和定形表面，也可用于钻头、绞刀、镗刀等加工。

普通车床有两个主要运动部分：一是卡盘或顶尖带着工件的旋转运动，即车床主轴的运动；另一个是溜板带着刀架的直线运动，称为进给运动。

本任务研究的是普通车床的结构和运动分析，电力拖动特点及控制要求，电气控制电路分析和常见故障分析。

一、普通车床的电气控制电路分析

车床工作时，绝大部分功率消耗在主轴运动上。下面以CA6140车床为例进行介绍。

1. CA6140普通车床的结构和运动分析

普通车床主要由床身、主轴变速箱、进给箱、溜板箱、刀架、尾架、光杆和丝杠等部分组成，普通车床的结构如图5-1所示。

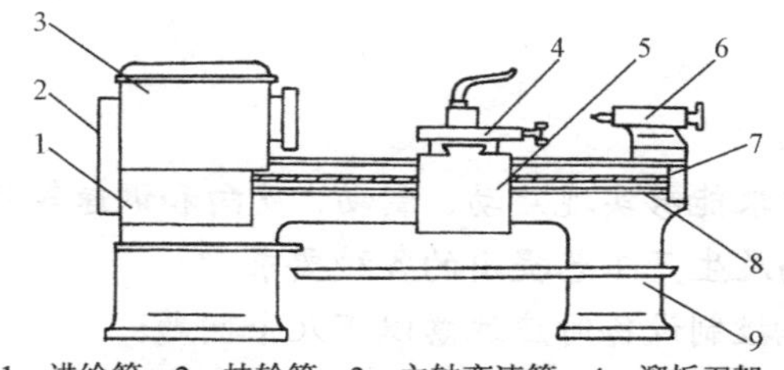

1—进给箱；2—挂轮箱；3—主轴变速箱；4—溜板刀架；
5—溜板箱；6—尾架；7—丝杠；8—光杆；9—床身

图5-1 普通车床的结构

车床的切削运动包括工件旋转的主运动和刀具的直线进给运动。车削速度是指工件与刀具接触点的相对速度。根据条件的不同，要求主轴有不同的切削速度。主轴变速主要由主轴电动机经传送带传递到主轴变速箱来实现。CA6140型车床主轴正转速度有24种，反转速度有12种。

车床进给运动是刀架带动刀具的直线运动。溜板箱把丝杠或光杆的转动传递给刀架部分，变换溜板箱外的手柄位置，使车刀做纵向或横向进给。

车床的辅助运动指车床上除切削运动以外的其他一切必需的运动，如尾架的纵向移动、工件的卡紧和放松等。

2. 电力拖动特点及控制要求

① 主拖动电动机从经济性、可靠性考虑，一般选用三相笼型异步电动机，不进行电气调速。为满足调速要求，采用机械变速，主拖动电动机与主轴间采用齿轮变速箱。

② 为了车削螺纹（主轴要求有正反转），对于小型车床，主轴正反转由主拖动电动机正反

转来实现；当主拖动电动机容量较大时，主轴上正反转采用电磁摩擦离合器的机械方法来实现。

③ 主电动机启动停止应能实现自动控制，采用按钮操作，容量小的可直接启动；容量大的常采用Y-△降压启动，停止必须有制动措施，一般采用机械或电气制动方法。

④ 车削加工时，刀具与工件温度较高，必须配合冷却，且冷却泵电动机应在主轴电动机启动之后方可选择启动与否。当主轴电动机停止时，冷却泵电机应立即停止。

⑤ 控制电路应具有必要的过载、短路、失欠压等保护装置，同时还应有安全可靠的电压和局部照明装置（即必须使用 36V 或 24V 的安全电压）。

3. 电气控制电路分析

CA6140 普通车床的电气控制电路如图 5-2 所示，分为主电路、控制电路、照明电路三部分。

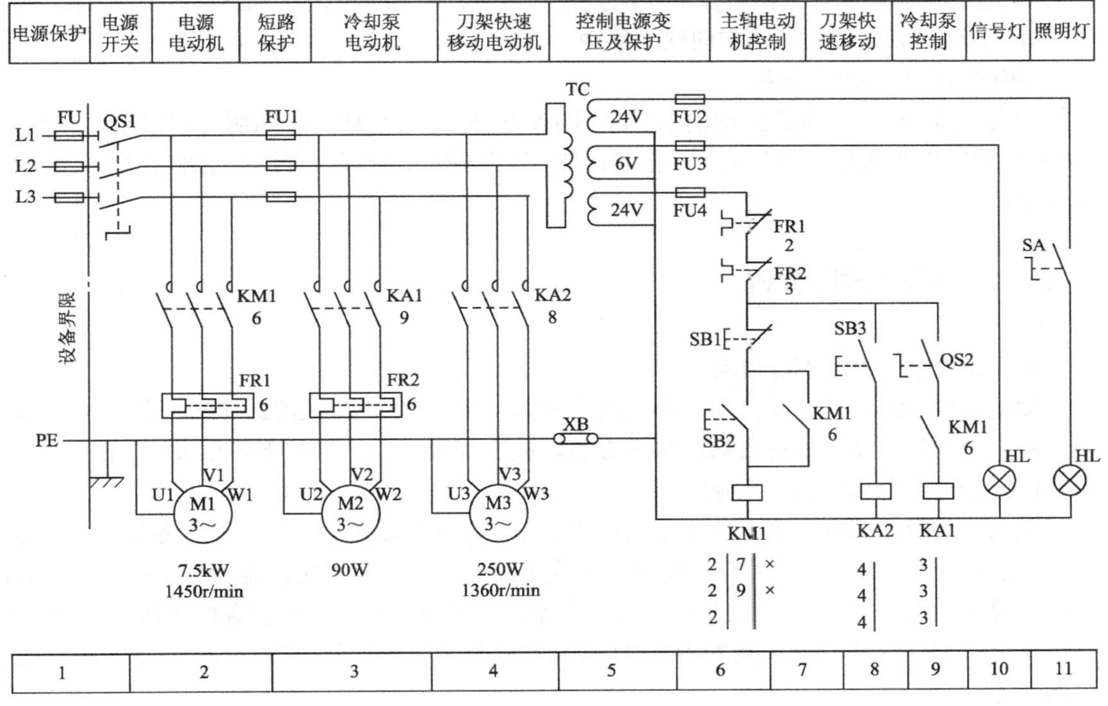

图 5-2　CA6140 普通车床的电气控制电路

（1）主电路分析

主电路中共有 3 台电动机。M1 为主轴电动机；M2 为冷却泵电动机；M3 为刀架快速移动电动机。

三相交流电源经转换开关 QS1 引入。主轴电动机 M1 由接触器 KM1 控制启动，热继电器 FR1 为主轴电动机 M1 的过载保护。冷却泵电动机 M2 由中间继电器 KA1 控制启动停止，热继电器 FR2 为其过载保护。刀架快速移动电动机 M3 由中间继电器 KA2 控制启动停止，由于 M3 是短期工作，故未设过载保护。

（2）控制电路分析

控制回路的电源由控制变压器 TC 二次侧输出 110V 电压提供（或用 220V）。

1）主轴电动机的控制

按下启动按钮 SB2，接触器 KM1 线圈得电动作，其主触点闭合，主轴电动机 M1 启动运行，同时，KM1 的自锁触点和另一副常开触点闭合。按下停止按钮 SB1，主轴电动机 M1 停止。

2）冷却泵电动机控制

如果车削加工过程中，工艺需要使用冷却液时，可先合上开关 QS2 ，在主轴电动机 M1 运转情况下，接触器 KA1 线圈得电吸合，其主触点闭合，冷却泵电动机 M2 通电而运行。由电气原理图可知，只有当主轴电动机 M1 启动后，冷却泵 M2 才有可能启动，当 M1 停止运行时，M2 也自动停止。

3）刀架快速移动电动机的控制

刀架快速移动电动机 M3 的启动由安装在进给操纵手柄顶端的按钮 SB3 控制，它与中间继电器 KA2 组成点动控制环节，将操纵手柄扳到所需的方向，压下按钮 SB3，继电器 KA2 得电吸合，M3 启动，刀架就向指定方向快速移动。

4）照明与信号等电路分析

控制变压器 TC 的二次侧分别输出 24V 和 6V 电压，作为机床低压照明灯和信号灯的电源。EL 为机床的低压照明灯，由开关 SA 控制；HL 为电源的信号灯。它们分别采用 FU4 和 FU3 作短路保护。

二、电气线路常见故障分析

（1）主轴电动机 M1 不能启动

主轴电动机 M1 不能启动分为多种情况。例如，按下启动按钮 SB2，M1 不能启动；运行中突然停止，并且不能立即再启动；按下 SB2，FU2 熔丝熔断；当按下停止按钮 SB1 后，再按启动按钮 SB2，电动机 M1 不能再启动。

发生以上故障，应首先确定故障发生在主电路还是在控制电路，依据是接触器 KM1 是否吸合。若是主电路故障，应检查车间配电箱及支电路开关的熔断器熔丝是否熔断；导线连接是否有松脱现象；KM1 主触点接触是否良好。若是控制电路故障，主要检查熔断器 FU2 是否熔断；过载保护 FR1 是否动作；接触器 KM1 线圈接线端子是否松脱；按钮 SB1、SB2 触点接触是否良好等。

（2）主轴电动机 M1 启动后不能自锁

当按下启动按钮 SB2 时，主轴电动机能启动运转，但松开 SB2 后，M1 也随之停止。造成这种故障的原因是接触器 KM1 常开辅助触点（自锁触点）的连接导线松脱或接触不良。

（3）主轴电动机 M1 不能停止

这类故障的原因多数为接触器 KM1 的主触点发生熔焊或停止按钮 SB1 击穿短路或接触器 KM1 常开辅助触点（自锁触点）的连接点错误所致。

（4）刀架快速移动电动机 M3 不能启动

首先检查熔断器 FU1 的熔丝是否熔断，然后检查中间继电器 KA2 触点的接触是否良好；若无异常或按下点动按钮 SB3 时继电器 KA2 不吸合，则故障必在控制电路中。这时应依次检查热继电器 FR1 和 FR2 的常闭触点，点动按钮 SB3 及继电器 KA2 的线圈是否有断路现象。

任务实施

一、实操器材

任务实施所需设备及元器件明细见表 5-1。

表 5-1　任务实施所需设备及元器件明细

代号	名称	型号与规格	数量	备注
QF	自动开关	DZ5-50	1 个	减压式脱扣
M1	主轴电动机	Y132M-4-B3、10kW、1450r/min	1 台	
M2	冷却泵电动机	AOB-25、90W、3000 r/min	1 台	
M3	快速进给电动机	AOS5634、0.25 kW、1360 r/min	1 台	
FU1	熔断器	RL1-15/6	3 个	
FU2		RL1-15/4	1 个	
FU3～FU4		RL1-15/2	2 个	
TC	控制变压器	BK100 380/110V、24V、6V	1 个	
KM1	交流接触器	CJ20-40、线圈电压 110V	1 个	
KA1、KA2	中间继电器	JZ7-44、线圈电压 110V	2 个	
FR1	热继电器	JR16-60/3D、整定电流 15.4A	1 个	
FR2		JR16-60/3D、整定电流 0.32A	1 个	
SB1	按钮	LA19-11J、蘑菇形带自锁	1 个	红色
SB2、SB3		LA19-11	2 个	绿色
HL	指示灯	ZSD0	1 个	红色
EL	照明灯	JC2、24V、40W	1 个	
SA	照明灯开关		1 个	

二、实操过程

1. 分析 CA6140 普通车床的电气控制电路

如图 5-2 所示，分析控制线路的控制关系。

主电路：M1 由 KM1 控制频繁启停，FR1 用于过载保护；M2 由中间继电器 KA1 控制启停，FR2 用于过载保护；M3 由中间继电器 KA2 控制启停，M3 是短期工作，未设过载保护。

控制电路：SB2 常开触点用于 M1 的启动、SB1 常闭触点用于停止；QS2 的常开触点与 KM1 的常开触点控制 M2 冷却泵电动机的工作；SB3 点动控制快速移动，还由 KM1、KA1、KA2 线圈和照明与指示灯组成。

2. 安装接线

① 根据电动机容量、线路走向及要求和各元件的安装尺寸，正确选配导线规格、导线通道类型和数量、接线端子板型号及节数、控制板、管夹、束节、紧固件等。

② 在控制板上划线，安装元器件，并在各元器件附近做好与原理图上相同代号的标记。

③ 进行控制板内部布线，要求走线横平竖直、整齐合理，接点不得松动，并在各元器件

及接线端子板接点的线头上，套有与原理图上相同线号的编码套管。

④ 选择合理的导线走向，做好导线通道的支持准备，并安装控制板外部的所有电器。对于可移动的导线应放有适当的余量，使金属软管在运动时不承受拉力，并在所有导线通道内接规定放好备用导线和导线线头上，套有与原理图上相同线号的编码套管。

3. 检查与调试

① 检查电路的接线是否正确和接地通道是否具有连续性，检查电动机的安装是否牢固和生产机械的传动装置是否正常。

② 检测电动机及线路的绝缘电阻。

③ 接通电源开关，点动控制各电动机启动，以检查各电动机的转向是否符合要求。

④ 清理安装场地并进行通电空运转试验。通电空运转试验时，应检查各电器元件、线路、电动机及传动装置的工作情况是否正常。否则，应立即切断电源进行检查，待调整或修复后方能再次通电试车。

三、实操注意事项

① 不要漏接接地线。要注意不能利用金属软管作为接地通道。

② 在控制箱外部进行布线时，导线必须穿在通道内或敷设在机床底座内的导线通道里。所有导线不得有接头。

③ 在导线通道内敷设的导线进行接线时，必须做到集中思想，做到查出一根导线，套一根线号，立刻接上后再进行复验的方法。

④ 在进行快速进给时，要注意将运动部件处于行程的中间位置，以防止运动部件与车头或尾架相撞产生设备事故。

任务二 平面磨床的电气控制

磨床是机械制造中广泛用于获得高精度高质量零件表面加工的精密机床，它是利用砂轮周边或端面进行加工的。磨床的种类很多，按其性质可分为外圆磨床、内圆磨床、内外圆磨床、平面磨床、工具磨床以及一些专用磨床。磨床上的主切削刀具是砂轮，平面磨床就是用砂轮来磨削加工各种零件平面的最普通的一种机床。本任务研究平面磨床的结构和运动，电力拖动特点及控制要求，电气控制电路分析和常见故障。

一、平面磨床电气控制电路分析

1. M7120 平面磨床结构和运动分析

M7120 平面磨床的结构如图 5-3 所示。它由床身、工作台、电磁吸盘、砂轮箱、滑座、立柱及撞块等组成。

工作台上装有电磁吸盘，用以吸持工件，工作台在床身的导轨上作往返运动，主轴可在床身的横向导轨上作横向进给运动，砂轮箱可在立柱导轨上作垂直运动。平面磨床的主运动是砂轮的旋转运动。工作台的纵向往返移动为进给运动，砂轮箱升降运动为辅助运动。工作台每完成一次纵向进给时，砂轮自动作一次横向进给，当加工完整个平面以后，砂轮由手动作垂直进给。

2. 电力拖动特点及控制要求

（1）电力拖动的特点

采用多电动机拖动，机床运行要求平稳。采用液压传动台，由单独的电动机拖动液压泵；砂轮要求高速旋转，主电动机采用一对磁极的异步电动机；为保持工件的精度，用电磁吸盘吸牢工件；磨削过程中必须提供冷却液，要有冷却泵。4 台电动机全部采用普通笼型交流异步电动机，磨床的砂轮、砂轮箱升降和冷却泵不要求调速；工作台往返运动是靠液压传动装置进行的，采用液压无级调速，运行平稳；换向是通过工作台上的撞块碰撞床身上的液压换向开关来实现的。

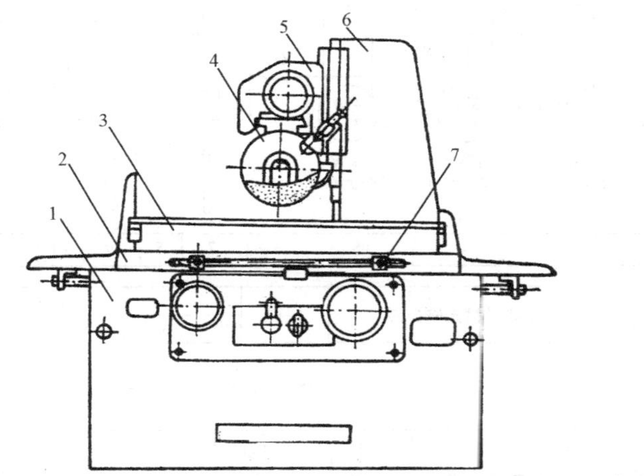

1—床身；2—工作台；3—电磁吸盘；4—砂轮箱；5—滑座；6—立柱；7—撞块

图 5-3　M7120 平面磨床的结构

（2）控制要求

① 砂轮电动机、液压泵电动机和冷却泵电动机只要求单方向旋转，因容量不大，故采用直接启动。砂轮箱升降电动机要求能正反转。

② 冷却泵电动机要求在砂轮电动机运转后才能启动。

③ 应具有完善的保护环节，如电动机的短路保护、过载保护、零压保护、电磁吸盘的欠压保护等。同时电磁吸盘要有去磁控制环节。

④ 有必要的信号指示和局部照明。

3. 电气控制电路分析

M7120 平面磨床的电气控制电路如图 5-4 所示，该电路由主电路、控制电路、电磁吸盘控制电路和辅助电路四部分组成。

（1）主电路分析

1M 为液压泵电动机，由 KM1 主触点控制，2M 为砂轮电动机，3M 为冷却泵电动机，这两台电动机都由 KM2 的主触点控制。4M 为砂轮箱升降电动机，由 KM3、KM4 的主触点分别控制。FU1 对 4 台电动机和控制电路进行短路保护，FR1、FR2、FR3 分别对 1M、2M、3M 进行过载保护。砂轮升降电动机因运转时间短，可以不设置过载保护。

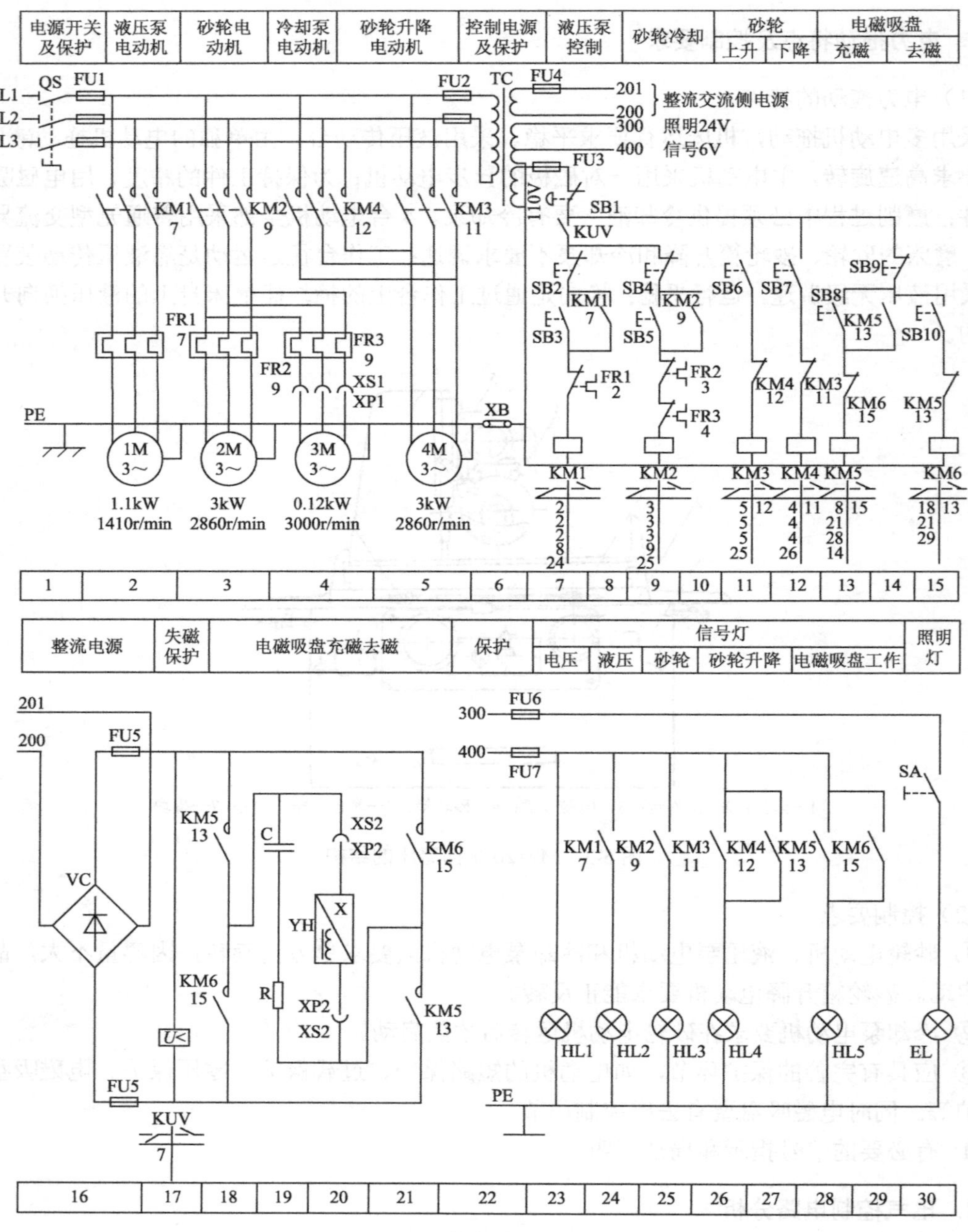

图 5-4 M7120 平面磨床的电气控制电路

（2）控制电路分析

当电源电压正常时，整流电源输出直流电压也正常，合上电源总开关 QS，则在图区 17 上的电压继电器 KUV 线圈通电吸合，使图区 7 上的常开触点闭合，为启动电动机等有效操作做好准备。

1）液压泵电动机 1M 的控制

合上电源总开关 QS，图区 7 上的常开触点 KUV 闭合，为液压电动机 1M 和砂轮电动机 2M 作好准备。按下 SB3，接触器 KM1 线圈通电吸合，液压泵电动机 1M 启动运转。按下停止按钮 SB2，1M 停转。

2）砂轮电动机 2M 及冷却液泵电动机 3M 的控制

电动机 2M 及 3M 也必须在 KUV 通电吸合后才能启动。其控制电路在图 8、9 区，冷却液泵电动机 3M 通过 XS1 与接触器 KM2 相接。如果不需要该电动机工作，则可将 XS1 与 XP1 分开，否则，按启动按钮 SB5，接触器 KM2 线圈通电吸合，2M 与 3M 同时启动运转。按停止按钮 SB4，则 2M 与 3M 同时停转。

3）砂轮升降电动机 4M 的控制

采用接触器联锁的点动正反转控制，控制电路位于图区 11、12 处，分别通过按下按钮 SB6 或 SB7，来实现正反转控制，放开按钮，电动机 4M 停转，砂轮停止上升或下降。

4）电磁工作台的控制

电磁工作台又称电磁吸盘，它是固定加工工件的一种夹具。其控制电路位于图区 13 到 21，当电磁工作台上放上铁磁材料的工件后，按下充磁按钮 SB8，KM5 通电吸合，电磁吸盘 YH 通入直流电流进行充磁将工件吸牢。加工完毕后，按下按钮 SB9，KM5 断电释放，电磁吸盘断电，但由于剩磁作用，要取下工件，必须再按下按钮 SB10 进行去磁，它通过接触器 KM6 的吸合，给 YH 通入反向直流电流来实现。但要注意按点动按钮 SB10 的时间不能过长，否则电磁吸盘将会被反向磁化而仍不能取下工件。

电路中电阻 R 和电容 C 是组成一个放电回路，当电磁吸盘在断电瞬间，由于电磁感应的作用，将会在 YH 两端产生一个很高的自感电动势。如果没有 RC 放电回路，电磁吸盘线圈及其他电器的绝缘将有被击穿的危险。

欠电压继电器并联在整流电源两端，当直流电压过低时，欠电压继电器立即释放，使液压泵电动机 1M 和砂轮电动机 2M 立即停转，从而避免由于电压过低使 YH 吸力不足而导致工件飞出造成事故。

（3）辅助电路分析

辅助电路主要是信号指示和照明电路，位于图 22～30 区，其中 EL 为局部照明灯，由控制变压器 TC 供电，工作电压为 36V，由手动开关 SA 控制。其余信号灯由 TC 供电，工作电压为 6.3V。HL1 为电源指示灯，HL2 为 1M，HL3 为 2M，HL4 为 3M（或 4M 同时）运转的指示灯，HL5 为电磁吸盘的工作指示灯。

二、M7120 平面磨床常见故障现象的分析

（1）电动机 1M、2M、3M 和 4M 不能启动

若 4 台电动机的其中一台不能启动，其故障的检查与分析方法较简单，与正转或正反转的基本控制环节类似。如果说有区别的话，只是控制电源采用控制变压器供电和 3M 在主电路采用了接插件连接。如果 1M～3M 这 3 台电动机都不能启动，则应检查电磁吸盘电路的电源是否接通，电路是否有故障，整流器的输出直流电压是否过低等。这些原因都会使欠电压继电器 KUV 不能吸合，造成图区 7 中 KUV 不能闭合，从而使 KM1、KM2 线圈不能获电而引起。

（2）电磁吸盘 YH 没有吸力

① 检查 FU4、FU5 是否熔断。

② 按下 SB8，KM5 吸合后，拔出 YH 的插头 XP2，用万用表直流电压档测量插座 XS2 是否有电压。若有电且电压正常，则应检查 YH 线圈是否断路；若无电，则故障点一般在整流电路中。

③ 检查整流器的输入交流电压和输出直流电压是否正常。若输出电压正常，则可检查 KM5 主触点接触是否良好和线头是否松脱。如输出电压为零，则应检查有否输入电压，若输入电压也正常，那么故障点可能就在整流器中，应检查桥臂上的二极管及接线是否存在断路故障。其方法可拔下 FU4、FU5，逐个测量每只二极管的正反向电阻，二次测量读数都很大的一只二极管即为断路管；二次测量读数都很小或为零的管子为短路管；只有当二次读数相差很大时，管子的单向导电性能才良好，即为合格管。此时应检查桥堆的接点是否有松脱和脱焊故障。如果输入电压为零，应先检查 FU4，然后再检查控制变压器 TC 的输入、输出电压是否正常，绕组是否有断路、短路故障。

（3）电磁吸盘吸力不足

一般是由于 YH 两端电压过低或 YH 线圈局部存在短路故障所致。

① 检查整流器输入端的交流电源电压是否过低，如果电压正常且整流器输出直流电压也正常，则可拔下 YH 的插头 XP2。测量 XP2 插座两端的直流空载电压，若测得空载电压也正常，而接上 YH 后电压降落不大，则故障可能是由于 YH 部分线圈有断路故障或插销接触不良所致。如果空载电压正常，而接上 YH 后压降较大，则故障可能是由于 YH 线圈部分有短路点或 KM5 的主触点及各接处的接触电阻过大所致。如果测得空载电压过低，可先检查电阻 R 是否会因 C 被击穿而烧毁引起 RC 电路短路故障，否则，故障点在整流电路中。

② 如果前面检查都正常，仅为整流器输出直流电压过低，则故障点必定在整流电路。如测得直流电压约为额定值的 1/2，则应检查桥臂上的二极管是否有断路或接点脱落故障。除采用万用表检查外，还可用手摸管壳温度是否正常，如有断路故障的一只二极管及与它相对的另一只二极管，由于没有流过电流，温度要比其他两只低。同时要注意二极管中是否有短路故障存在，如有一只二极管短路，则会使相邻一个桥臂上的二极管因流过短路电流而被烧毁，同时 TC 二次侧也有很大短路电流流过。若 FU4 选配过大，变压器也将有被烧毁的可能。

电磁吸盘重绕，在拆线时应记住每个线圈的圈数、绕向、放置方式，并且相同型号的导线绕。修理完毕，应进行吸力测试。

（4）电磁吸盘退磁效果差，造成工件难以取下

其故障原因在于退磁电压过高或去磁回路断开，无法去磁或去磁时间掌握不好等。

任务实施

一、实操器材

任务实施所需实训设备和元器件明细见表 5-2。

表 5-2　任务实施所需实训设备和元器件明细

代号	名称	型号	规格	数量
M1	液压泵电动机	JO2-21-4	1.1kW、380V、1410r/min	1 台
M2	砂轮电动机	JO2-31-2	3 kW、2860r/min	1 台
M3	冷却泵电动机	PB-25A	0.12 kW、3000r/min	1 台
M4	砂轮升降电动机	JO3-301-4	0.75 kW、1410r/min	1 台
QS	电源开关	HZ1-25/3	三极、35A	1 个
FU1	熔断器	RL1-60/25	500V、60A、配熔体 25A	3 个
FU2～FU7	熔断器	RL1-15/4	500V、15A、配熔体 4A	8 个
KM1～KM6	交流接触器	CJ10-10	10A、线圈电压 110V	2 个
KT	时间继电器	JS7-2A	线圈电压 380V(代用)	1 个
FR1～FR3	热继电器	JR10-10/3	整定电流分别为 2.71A、6.18A、0.47A	1 个
SB1～SB10	按钮	LA2-3H	保护式、220V、5A、按钮数 10	10 个
TC	控制变压器	BK200	380V/135、110V、24V、6 V 在抽头中	1 个
YH	电磁吸盘	HD×P	110 V、1.45 A	1 个
KUV	欠电压继电器			1 个
C	电容		5μF、300V	1 个
R	电阻	GF 型	500Ω、50W	1 个
HL1～HL5	指示灯	XD1 型	6 V	5 个
SA	台灯开关			1 个
EL	工作照明灯		24 V、40W（需配灯泡）	1 个
XS1、XP1	接插件	CY0-36	三极	1 个
XS2、XP2		CY0-36	二极	1 个
XB	接零牌	2CZ11C		1 个
V	整流器	2CZ11C	30A、600V	4 个
XT	端子板	JD_0-1020	500V、10A、20 节	1 个
	主电路导线	BVR-1.5	1.5mm^2(7×0. 52mm)	若干
	控制电路导线	BVR-1.0	1 mm^2 (7×0.43mm)	若干

二、实操过程

1. 分析 M7120 平面磨床的电气控制电路

如图 5-4 所示，分析控制电路的控制关系。

主电路：砂轮电动机由 KM2 启停，FR2 用于过载保护；砂轮升降电动机由 KM3、KM4 控制沿立柱导轨上下移动；KM1 控制液压泵电动机拖动高压油泵，高压油供给液压系统，工作台的往复运动是由液压系统传动，FR1 用于过载保护；冷却泵电动机也由 KM2 配合 XS1、XP1 控制，FR3 用于过载保护。

控制电路：KUV 常开触点、SB1 的常闭触点、SB2 常开触点控制液压泵电动机启停；KUV 常开触点、SB4 常闭触点、SB5 常开触点控制砂轮电动机启停；SB6、SB7 常开触点点动控制砂轮电动机的升降；SB9 常闭触点、SB8 常开触点控制电磁吸盘的充磁，SB9 常闭触点、SB10 常开触点点动控制去磁。还由 KM1～KM6 线圈、整流桥，各种保护、联锁、照明与指示灯等组成。

2. 安装接线

① 制作 20mm×1000mm×1600mm 的木制模拟板和 1600mm×1800mm 立式铁质框架，并将模拟板紧固在框架上方沿线上。

模拟板分两个区域，大区在模拟板的左端，面积为 800mm×1000mm，小区在模拟板的右端，面积为 500mm×1000mm，中间留有 300mm×1000mm 的空区。

② 按照编号原则在电气原理图上进行编制线号，并预制好编码套管和元件文字符号的标志。

③ 在模拟板的大区内合理、牢固安装熔断器 FU1～FU7 和接触器 KM1～KM6、热继电器 FR1～FR3、控制变压器 TC、硅整流器 VC、欠电压继电器 KUV、插座 XS1 与 XS2、电阻 R、电容 C、走线槽和接线端子板等。

在模拟板的小区内也应牢固、合理安装电源开关 QS、按钮 SB1～SB10、机床局部工作照明灯、指示灯、接线端子板等。

安装时，电器元件的位置应考虑到走线方便和检修安全，同时应将电源开关安装在右上角，并在各电器元件的近处贴上文字符号的标志。

④ 电动机及电磁吸盘可安装在模拟板的大区正下方。若采用灯箱代替时，灯箱可固定在模拟板的中间空区内，但接线仍按控制板外部布线要求进行敷设。

⑤ 选配合适的导线，模拟板内部导线采用 BVR 塑铜线，接到电动机及电源进线采用四芯橡套绝缘电缆线，接到电磁吸盘及模拟板两区域的连接线，采用 BVR 塑铜线并应穿导线通道内加以保护。

⑥ 布线时，模拟板大区内采用走线槽的敷设方法，接到电动机或两区域间的导线必须经过接线端子板。在按原理图正确接线的同时，应在导线的线头上套有与原理图一致线号的编码套管。

3. 检查与调试

① 检查布线的正确性和各接点的可靠性，同时进行绝缘电阻的测量和接地通道是否连续的试验。

② 清理安装场地并进行通电空运转试验。通电时要密切注意电动机、电器元件及线路有无异常现象，若有，应立即切断电源进行检查，找出故障原因并进行排除后再通电试验。

三、实操注意事项

① 安装时，必须认真、细致地做好线号的安置工作，不得产生差错。

② 若通道内导线根数较多时，应按规定放好备用导线，并将导线通道牢固地支承住。

③ 通电前，检查布线是否正确，应一个环节一个环节地进行，以防止由于漏检而产生通电不成功。

④ 安装整流电路不可将整流二极管的极性接错或漏接散热器，否则会产生二极管和控制变压器因短路和二极管过热而烧毁。

⑤ 必须遵守安全规程，做到安全操作。

任务三　数控车床的电气控制

随着计算机技术的发展及社会生产的多样化、小批量、高精度的要求，使机床控制发生了根本性的变化，数控机床的应用正在各行各业中扩展开来。

数控车床分别由数控装置（CNC）、机床控制电器 X、Z 轴进给驱动电动主轴变频器、刀架电动机控制、冷却控制及其他信号控制

本任务就是认识数控车床的数控系统及各个重要部分与数控系统的连接，并且通过数控机床综合实验台进行项目整体安装连接（即数控系统与变频器的连接、数控系统与步进驱动器的连接、数控系统对电动刀架的连接、数控机床与其他信号连接）。最后，按照图 5-19 所示，对西门子数控车床 802S Baseline 系统进行具体安装接线。

一、数控机床的概述

1．数控机床的结构

数控机床的电气控制线路同普通的机床有所不同，除了常用的电气控制线路外，还装有数控装置。数控机床的组成结构框图如图 5-5 所示。普通机床与数控机床的区别主要是数控机床的主轴调速、刀架的进给全部自动完成，即根据编程指令按要求执行。

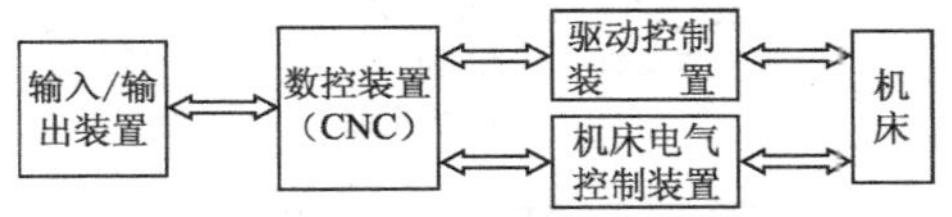

图 5-5　数控机床的组成结构框图

在图 5-5 中，数控装置是整个数控机床的核心，机床的操作要求均由数控装置发出。驱动装置位于数控装置和机床之间，包括进给驱动和主轴驱动装置。驱动装置根据控制的电动机不同，其控制电路形式也不同。步进电动机有步进驱动装置，直流电动机有直流驱动装置，交流伺服电动机有交流伺服驱动装置等。

机床电器及控制装置也位于数控装置与机床之间，它主要接收数控装置发出的开关命令，控制机床主轴的启动、停止、正反转、换刀、冷却、润滑、液压、气压等相关信号。

2．数控机床的主要工作情况

数控机床的机械部分比同规格的普通机床更为紧凑和简洁。主轴传动为一级传动，去掉了普通机床主轴变速齿轮箱，采用变频器实现主轴无级调速。进给移动装置采用滚珠丝杠，传动效率好，精度高，摩擦力小。一般经济型数控机床的进给均采用步进电动机。进给电动机的运动由数控装置实现信号控制。

数控机床的刀架能够自动转位。换刀电动机有步进、直流和交流电动机之分，这些电动刀架的旋转、定位均由数控装置发出信号，控制其动作。而其他的冷却、液压等电气控制与普通机床差不多。

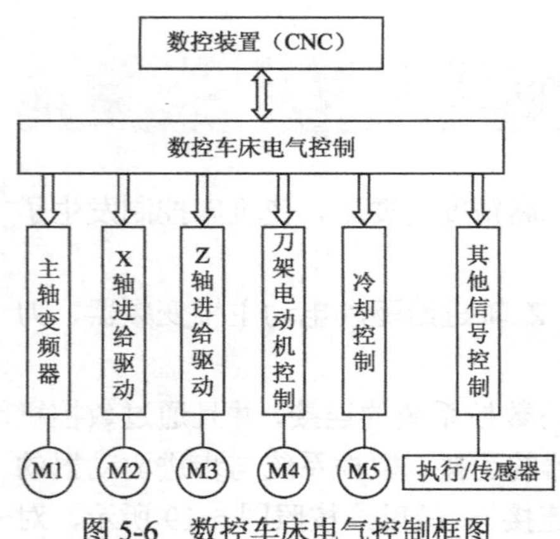

图 5-6　数控车床电气控制框图

二、数控车床电气控制电路

现以 CK0630 数控车床为例说明普通数控车床的电气控制原理。

数控车床的电气控制框图如图 5-6 所示。数控车床分别由数控装置（CNC），机床控制电器，X、Z 轴进给驱动电动主轴变频器，刀架电动机控制，冷却控制及其他信号控制电路组成。

数控车床的电气控制电路如图 5-7 所示；图 5-7（a）为主电路，分别控制主轴电动机、刀架电动机及冷却泵；图 5-7（b）为控制电路。

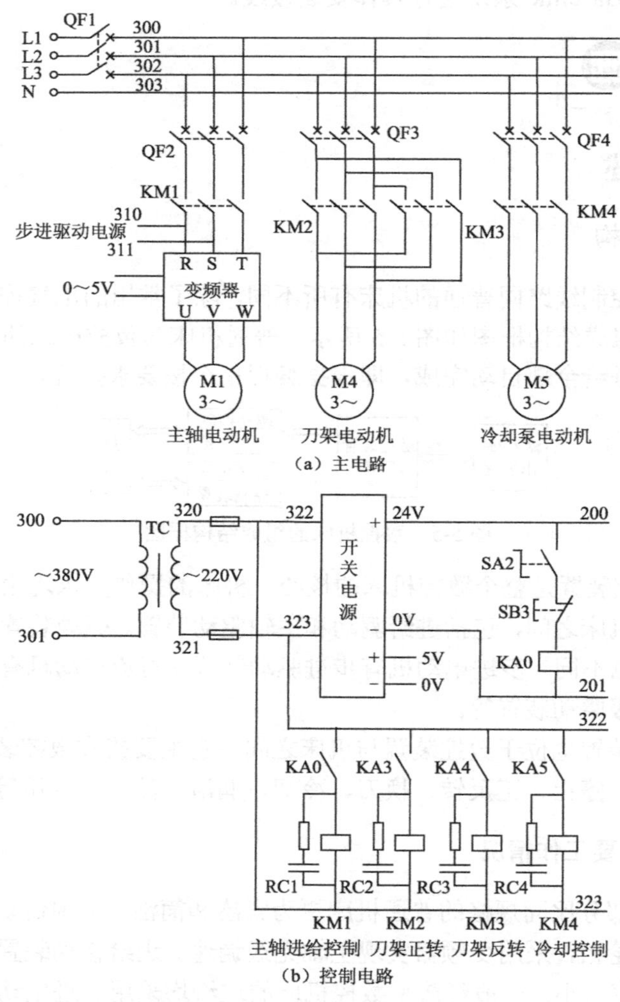

（a）主电路

（b）控制电路

图 5-7　数控车床电气控制电路

1．主电路分析

主轴电动机 M1：由自动开关 QF2 提供电源，利用接触器 KM1 实现频繁接通和断开 M1，变频器与步进驱动电源，采用变频器实现无级调速。

刀架电动机 M4：由自动开关 QF3 提供电源，KM2 为正转接触器、KM3 为反转接触器，实现刀架的进给和退出。

冷却泵电动机 M5：自动开关 QF4 提供电源，用 KM4 实现接通和断开。

2. 控制电路分析

控制电路通过控制变压器提供 220V 控制电源，采用开关电源提供 24V 安全电压。用转换开关控制继电器 KA0 来实现主轴电动机 M1 进给控制，SB3 实现停止进给控制。

继电器 KA3、KA4、KA5 分别实现刀架的正转、反转和冷却控制，同时采用 RC 进行阻容吸收，实现主轴电动机、刀架电动机、冷却电动机的启动保护。

下面简要介绍数控系统、变频器、步进驱动、刀架控制等电路。

3. 数控系统

数控系统（又称数控装置）跟外界输入、输出信号的交换都要经过处理，其中输入、输出信号采取光电隔离措施。数控系统输入、输出接口电路如图 5-8 所示。

在图 5-8（a）中，当输入电压 U_{IN} 为 14～24V 时，数控系统认定输入是“1”状态，当输入电压 U_{IN} 为 0～8V 时，数控系统认定输入是“0”状态。图 5-8（b）为数控系统输出接口电路，当输出“1”时，光耦导通，U_{OUT} 输出导通；当输出“0”时，U_{OUT} 输出截止。

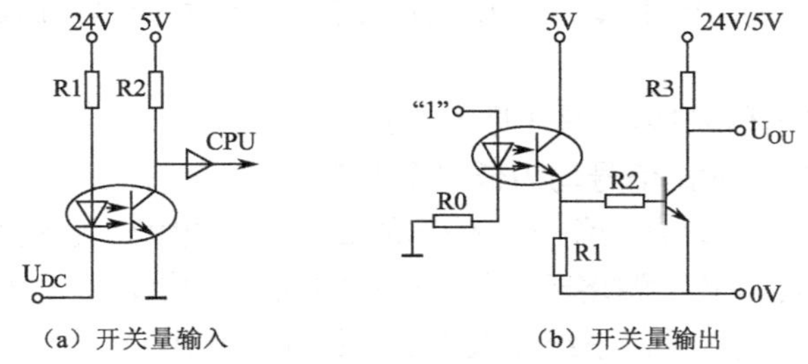

图 5-8　数控系统输入、输出接口电路

数控系统分别有主轴编码器接口、轴控制器接口、开关量输入接口、操作面板按钮输出接口等。经济型数控车床选用 HN-100T 型数控装置，其接口说明如下：

（1）主轴编码器反馈信号接口 P1

由图 5-9 可知数控系统 9 芯连接器引脚的定义，Z 为主轴编码器的头脉冲，A、B 为主轴编码器的码道脉冲。A、B 两信号有 90° 的相位差。

从主轴编码器反馈回来的信号必须是 TTL 电平方波。这几个信号应采用屏蔽电缆连接，屏蔽层应通过一点接地，可与系统 GND 端相连（可选 6、7、8 脚中任意一个）。P1 口的 5V、GND 引脚可作为编码器的电源使用。编码器的选用应符合如下要求：工作电压 5V，输出信号为 TTL 电平的方波，每转脉冲为 1（200 个）或 2（400 个）。编码器详细资料可参考有关编码的使用手册。

（2）轴控制信号接口 P2

轴控制信号接口 P2 可用来控制 X 轴、Z 轴步进电动机的运动和主轴的转速。由图 5-10 可知轴控制信号接口 P2 的引脚定义。

由于每一种驱动器的接口方式会略有不同，故在连接时应仔细阅读使用说明，P2 可根据不同的连接方式而得到电平或电流输出信号。

① 当系统参数 P1（1）=0 时，D1=ZCW；D3=ZCCW；D2=XCW；D4=XCCW。

CW 为电动机正脉冲信号，负脉冲有效，CCW 为电动机反脉冲信号，负脉冲有效。它们与步进驱动的相应端子连接，可驱使 X 轴、Z 轴步进电动机顺时针或逆时针旋转。

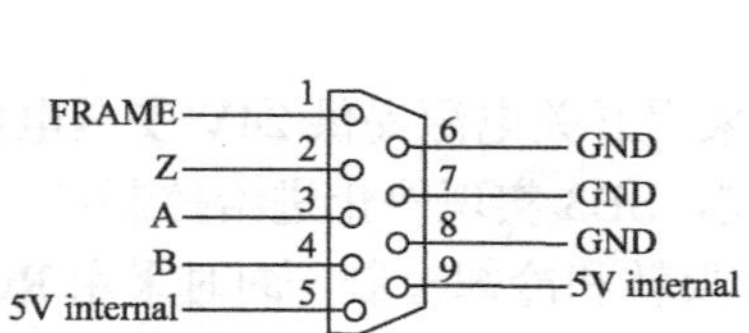

图 5-9　数控系统编码器反馈信号接口 P1

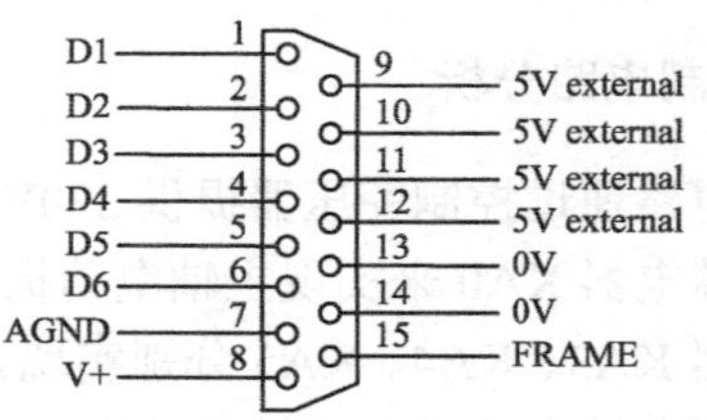

图 5-10　轴控制信号接口 P2

② 当系统参数 P1（1）=1 时，D1=ZCP；D3=ZDIR；D2=XCP；D4=XDIR。

DIR 为电动机方向信号，高电平正转，低电平反转。

CP 为电动机运转脉冲（负脉冲），每一脉冲对应步进电动机进给一步。脉冲信号波形如图 5-11 所示。

③ D5、D6 暂时没有使用，留给扩展第三轴使用。

④ V+、AGND 是主轴速度控制端，输出 0～5V 的模拟量信号，作为变频器的输入，以控制主轴的转速。这一组模拟电压信号必须使用屏蔽电缆传输，电缆不带屏蔽层部分应尽可能短。电缆屏蔽层应接在 P2 口的 0V 引脚上，另一头悬空。布线时应尽量远离交流电源线和噪声发生电路。

（3）开关量输入/输出信号接口 P3（见图 5-12）

P3 口的 O_1～O_9 输出端输出信号均为低电平有效。

① 24V external 和 0V：这是一组来自外部的 24V 直流电源，它给光电隔离电路的外端提供电源。在系统上有一只 24V 电源熔丝。所用熔丝的大小应按输入/输出接口和总电流来设定。此外，只有在此外部电源接入后，系统面板上的按键才起作用。

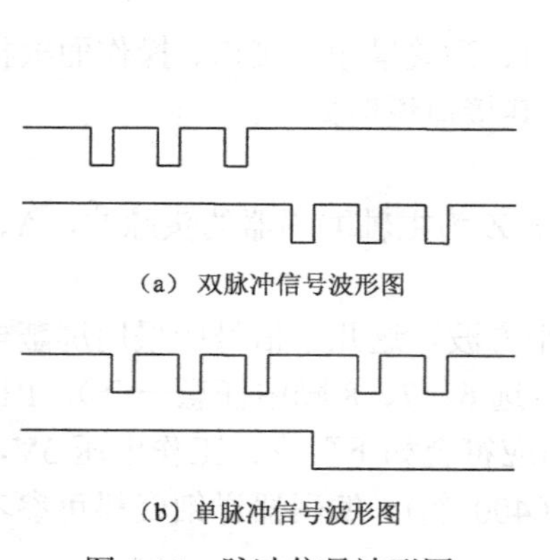

（a）双脉冲信号波形图

（b）单脉冲信号波形图

图 5-11　脉冲信号波形图

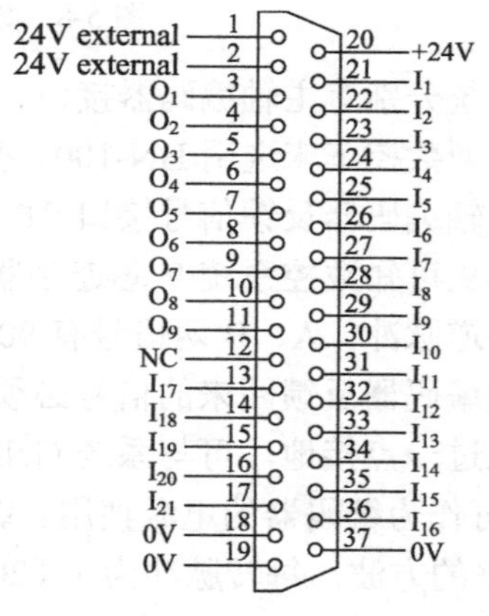

图 5-12　开关量输入/输出信号接口 P3

② 冷却液控制口 O_1：O_1 口可以和面板上的冷却液按钮并接起来，这样可实现手动控制和加工程序指令控制的双重目标。

③ 辅助输出口 O_2～O_5：辅助输出口是为辅助功能中 M21 指令所用。

④ 辅助输入口 I_9～I_{12}：辅助输入口（低电平有效）是为辅助功能中 M21、M22 指令所用。用户可以利用这几个输入、输出口来扩展自己的专用功能。在扩展时，应根据实际情况对输出信号进行放大。

⑤ 刀架控制信号口：当系统参数 P1（4）=0 时，I_1～I_8 为刀架控制信号输入口，分别对应 1～8 号刀，即低电平有效。I_{18} 为刀架反靠到位信号输入口，低电平有效。O_6 为刀架正转信号输出口。O_7 为刀架反靠到位信号输出口。

利用上述这组刀架控制信号口，可控制 8 把刀以下的自动刀架。

当系统参数 P1（4）=1 时，I_1～I_3 为刀架控制信号输入口，其编码分别对应 1～8 号刀，低电平有效。O_6 为刀架正转信号输出口。O7 为刀架反靠信号输出口。

⑥ 主轴控制信号口：O_8、O_9 这两个口控制主轴的正反转、启动和停止等状态。

下面分别介绍在主轴 M 功能指令作用下时，这两个口的工作状态。

当系统参数 P1（2）=0 时，工作状态如下。

M03（主轴正转）：O_8——高电平；O_9——低电平。

M04（主轴反转）：O_9——高电平；O_8——低电平。

M05（主轴停）：O_8——高电平；O_9——高电平。

当系统参数 P1（2）=1 时，工作状态如下。

M03（主轴正转）：O_9——高电平；O_8——低电平。

M04（主轴反转）：O_9——低电平；O_8——低电平。

M05（主轴停）：O_8——高电平。

用户可根据上述状态，并结合自己对主轴控制的实际控制情况，在外部接口电路中自行设计相应的强电线路。

⑦ 主轴换挡控制口：当系统参数 P1（3）=1 时，主轴变速采用换挡的方式。此时，O_2～O_5 作为换挡控制口，故编程中不再允许使用 M21 指令。

O_2～O_5 分别对应 S1～S4 指令。动作时，输出一个宽度为 0.5s 的低电平信号。

当系统参数 P1（3）=0，数控系统输出 0～5V 模拟电压控制主轴变频器对主电动机进行调速。

⑧ 超程信号输入口 I_{17}：这是一个外部输入信号，低电平有效。用户在连接时，应将 X、Z 两个轴上的超程信号都连接到这一输入口上。这样无论哪个方向发生超程，数控系统都能及时报警，并切断进给运动。

同时，线路中还应接入一个按钮，以便解除超程信号，在手动方式下脱离超程位置。

⑨ 回零信号输入口 I_{13}～I_{16}：这一组外部输入信号均为低电平有效，每个口的定义如下：I_{13}——X 轴向降速信号；I_{14}——X 轴向到位信号；I_{15}——Z 轴向降速信号；I_{16}——Z 轴向到位信号。

⑩ 在 P3 口上还有 I_{19}～I_{21} 共 3 个输入口留着备用。

4．数控系统与变频器的接线

数控系统模拟量输出 P2.8 和 P2.7 可以直接连接到变频器的模拟量输入的 2、5 端，数控系统与变频器的接线如图 5-13 所示。数控系统输出开关量是不能直接连接变频器的对应功能输入端。这是因为数控系统输出是集电极开路输出，是有源输出，而变频器输入是触点开关。为了解决以上问题，中间要增加中间继电器。因输出是集电极开路，所以输出低电平有效。即采用数控系统控制中间继电器，继电器触点控制变频器输入端。

数控系统输出的正反转、启停信号和变频器接收的信号，其组合关系介绍如下：

（1）P1（2）=0

当数控系统参数 P1（2）=0 时，有以下 3 种情况：

① M03（主轴正转）：O_8——高电平；O_9——低电平。

② M04（主轴反转）：O_9——高电平；O_8——低电平。

③ M05（主轴停）：O_8——高电平；O_9——高电平。

（2）P1（2）=1

当数控系统参数 P1（2）=1 时，有以下 3 种情况。

① M03（主轴正转）：O_9——高电平；O_8——低电平。

② M04（主轴反转）：O_9——低电平；O_8——低电平。

③ M05（主轴停）：O_8——高电平。

根据上述情况，可以列出表 5-3 所示的数控系统参数与继电器信号组合关系。

表 5-3　数控系统参数与继电器信号组合关系

	P1（2）=1			P1（2）=0		
继电器	M03	M04	M05	M03	M04	M05
KA1	合	合	断	合	断	断
KA2	断	合	断	断	合	断

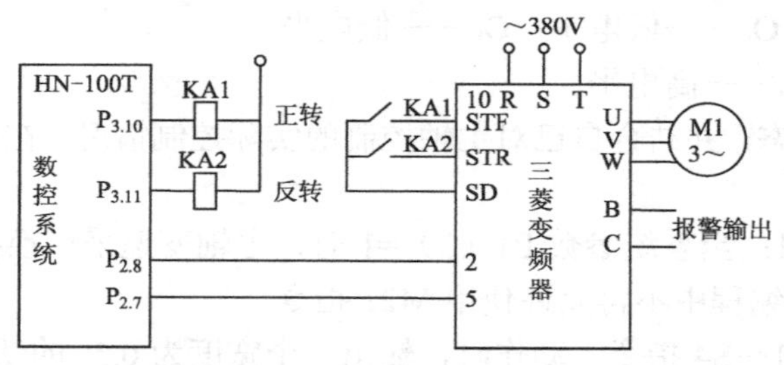

图 5-13　数控系统与变频器的接线

5. 数控系统与步进驱动器的接线

数控系统与步进驱动器的接线如图 5-14 所示。

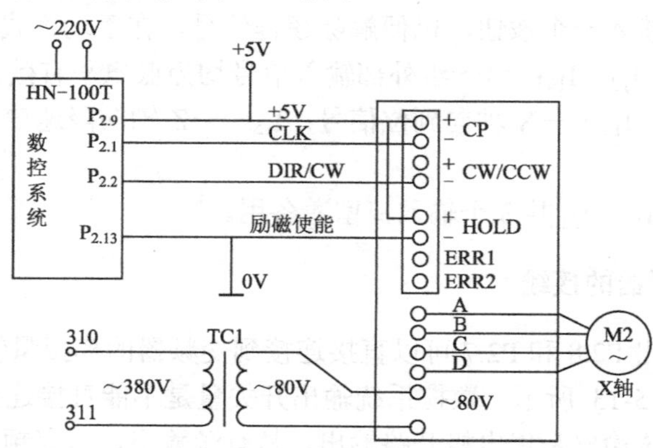

图 5-14　数控系统与步进驱动器的接线

从数控系统 P2 口的输出信号可以看出，控制进给驱动的信号共有 XCP、XDIR、ZCP、ZDIR，其中 XCP、XDIR 控制 X 轴，ZCP、ZDIR 控制 Z 轴。输出信号低电平有效。

从步进驱动接口来看，需要接收 CP 脉冲信号、DIR 方向信号，接口信号高低电平都可以。

数控系统接口电路需要外加+5V 电源。

数控系统可以单脉冲或双脉冲输出，使用时要取决于步进驱动输入信号要求和数控系统参数设置。

6. 数控系统对电动刀架的连接

电动刀架的连接有直流电动机、交流电动机电动刀架的连接。

（1）直流电动机电动刀架

以 CK0630 型数控车床为例，电动刀架选用的是力矩 式直流电动机，额定电压为 27V，额定电流为 2A，转速为 800r/min。由于换刀的精度和可靠性要求，设计中通过蜗轮蜗杆机构进行减速，从而使带动的刀盘减速。在刀架结构上还装有格雷码凸轮，凸轮上方装有 3 个微动开关，以反映所换刀的刀位号，3 个微动开关通、断组合与刀号的关系见表 5-4。微动开关的组合格雷码编码。

表 5-4　刀号与格雷码的关系

刀号	1	2	3	4	5	6	7	8
格雷码	000	001	011	010	110	111	101	100

数控系统控制电动刀架，主要控制刀架电动机的正反转，所反映的刀号数送给数控系统。从数控系统输入信号接口来看，低电平有效。由于电动机电流不是太大，故选用数控系统能驱动的功率继电器。数控系统与直流电动机电动刀架的接线如图 5-15 所示。P3 口的 O_6（$P_{3.6}$）和 O_7（$P_{3.7}$）控制 KA3、KA4 继电器，由于输出低电平有效，故中间继电器另一端接+24V 电源。3 个微动开关信号 SQ1～SQ3 分别接 P3 口的 I_1（$P_{3.21}$）、I_2（$P_{3.22}$）、I_3（$P_{3.23}$），信号低电平有效。在图 5-15 中，用 KA3、KA4 的触点控制直流电动机的正反转，而直流 DC 27V 电源通过变压器和整流桥等电路产生。

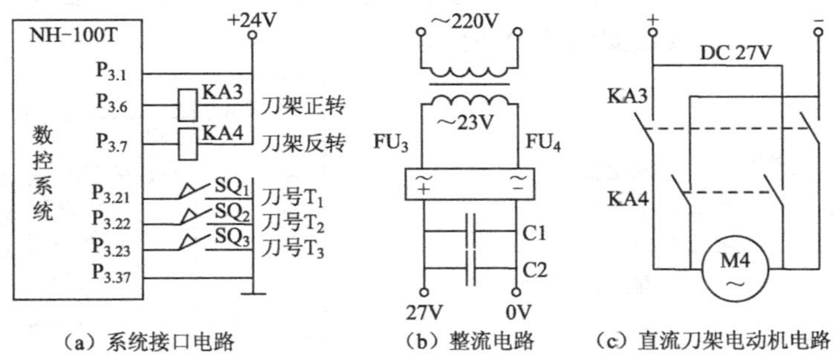

图 5-15　数控系统与直流电动机电动刀架的接线

（2）三相异步电动机电动刀架

在 CK0630 型数控车床中，还有规格的数控车床，电动刀架选用三相异步电动机。由于换刀的精度和可靠性要求，设计中通过蜗轮蜗杆机构进行减速，从而使带动的刀盘减速。在每个刀位上都安装了一个传感器，当刀架旋转到某刀位时，该传感器发出信号给数控系统，以反映所在的刀位。

数控系统控制电动刀架，主要控制刀架电动机的正反转，所反映的刀号送给数控系统。从数控系统输入信号接口来看，低电平有效。数控系统与交流电动机电动刀架的接线如图 5-16 所示。P3 口的 O_6（$P_{3.6}$）和 O_7（$P_{3.7}$）控制 KA3、KA4 继电器，由于输出低电平有效，故中间继电器另一端接+24V 电源，4 个传感器信号（SQ1～SQ4）分别接 P3 口的 I_1（$P_{3.21}$）、I_2（$P_{3.22}$）、I_3（$P_{3.23}$）L_4（$P_{3.24}$），信号低电平有效。再用 KA3、KA4 的触点控制功率线圈，再由功率线圈的触点控制交流电动机。

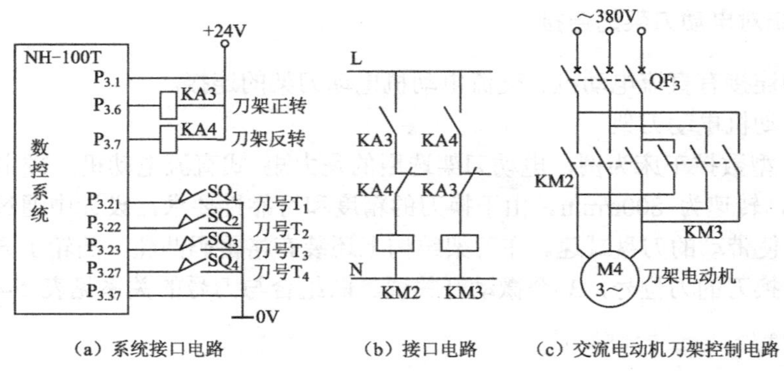

图 5-16　数控系统与交流电动机电动刀架的接线

7. 数控机床其他信号连接

（1）回零信号

根据数控机床控制要求，数控机床要建立坐标系，一般都要回参考点，把参考点位置送给数控系统，一般每个轴有两个信号：一个用于回零减速，一个用于回零到位。根据数控系统接口要求，信号低电平有效，数控系统回零信号的接线如图 5-17 所示。

（2）超程信号

用于数控系统只提供一个外部超程信号输入口，低电平有效。用户在连接时，应将 X、Z 两个轴的超程信号都连接到这一接口上。这样无论哪个方向超程，数控系统都能及时报警，并切断进给运动。同时，线路中还应接入一个按钮，以便解除超程信号，在手动方式下脱离超程位置。数控系统超程信号的接线如图 5-18 所示。

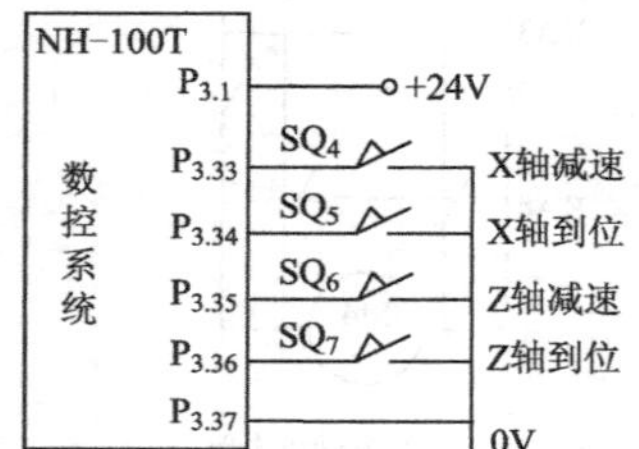

图 5-17　数控系统回零信号的接线

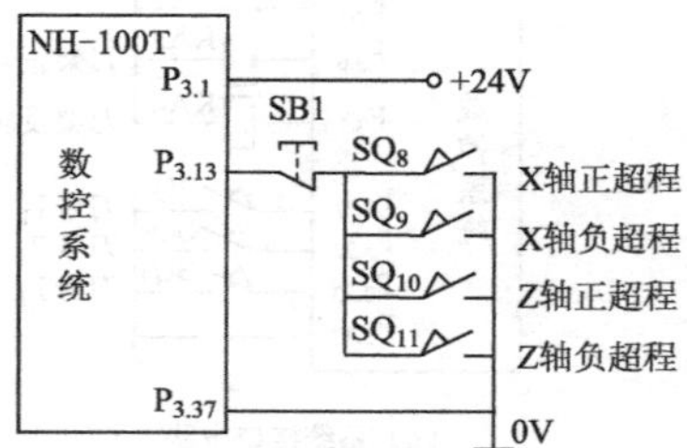

图 5-18　数控系统超程信号的接线

（3）冷却信号

如电源输入为 380V，则冷却泵选择三相异步电动机作为冷却电动机。由数控系统输出接口可知，P3 口的 O_1（$P_{3.3}$）输出作为冷却控制信号。数控系统控制冷却泵电动机的电路如图 5-19 所示，O_1（$P_{3.3}$）输出信号控制 KA5 中间继电器，由 KA5 继电器的触点控制 KM4 交流接触器，KM4 的主触点控制冷却泵的通断。

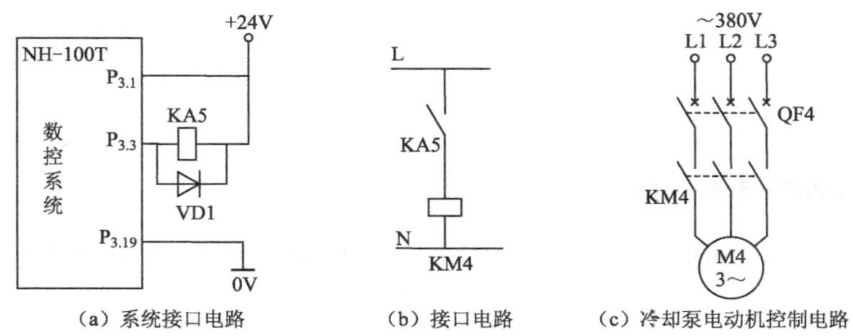

（a）系统接口电路　（b）接口电路　（c）冷却泵电动机控制电路

图 5-19　数控系统控制冷却泵电动机的电路

任务实施

一、实操器材

NNC-R1A 数控机床综合实验台由 8 块控制演示板和 1 台 CK0628S 数控车床组成。其控制演示板布置如图 5-20 所示，控制演示板各部分的组成如下：

①电器模块；②系统模块；③主轴模块；④换刀模块；⑤I/O 模块；⑥进给模块；⑦进给模块；⑧电源模块。

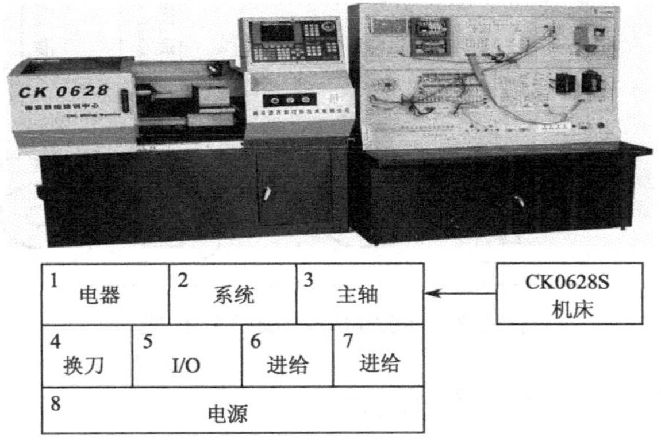

图 5-20　数控机床综合实验台

在 CK0628S 车床后侧有 14 个电缆接插头，分别接着演示板（如图 5-21 所示）。

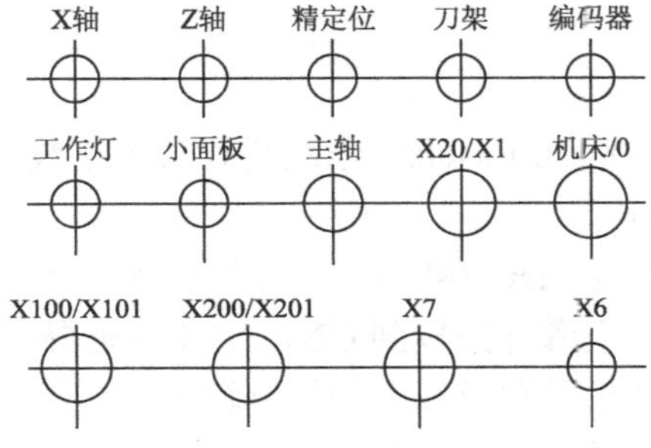

图 5-21　CK0628S 车床后侧有 14 个电缆接插头

二、实操过程

1．802S Baseline 系统构成

如图 5-22 所示，802S Baseline 系统可控制 2～3 个步进电动机轴和一个开环主轴（为变频器）。

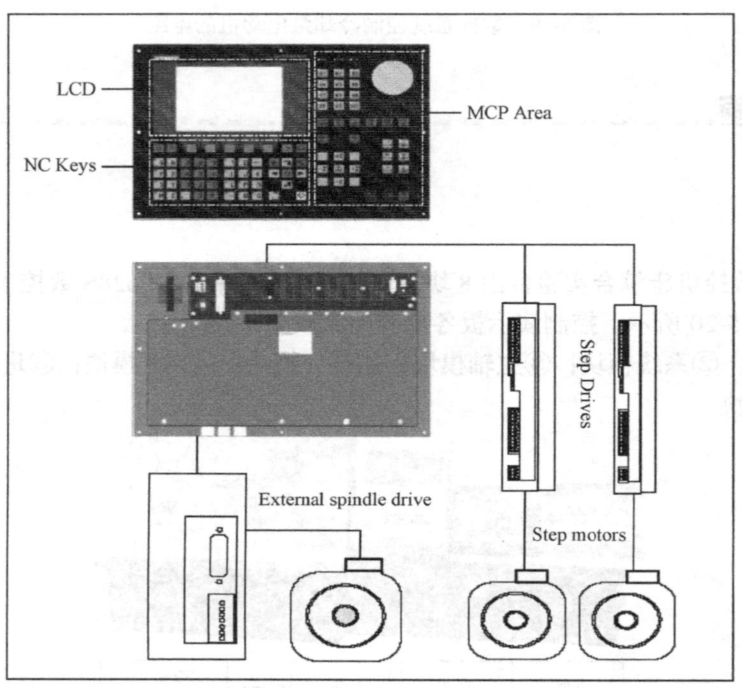

图 5-22　802S Baseline 系统构成

802S Baseline 操作面板由下列各部分组成：

① 机床面板（MCP）。

② NC 单元带有全部接口。

③ 输入输出（DI/DO）48 输入/16 输出。

2．安装接线

按照图 5-23 所示，西门子 802S Baseline 系统进行安装接线。

（1）数控系统工作电源 X1

L_+接直流 24V，M 接 24V 地。DC 24V 由外部提供。演示板上的电源已连接好。当合上电源总开关 QS1 和 QS4，将 24V 电源开关拨到 ON，数控系统得电。

（2）X7 为步进电动机驱动信号和模拟主轴控制输出（50 芯）

驱动器接口 X7 引脚分配（在 SINUMERIKKI 802S base line 中）见表 5-5。

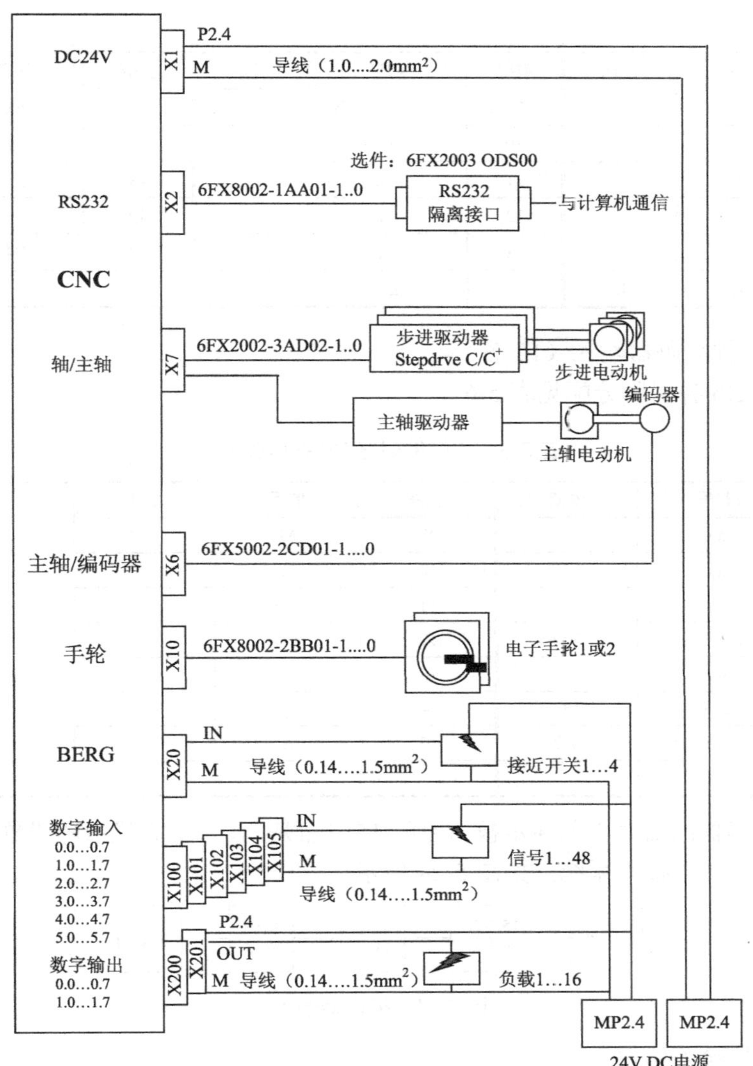

图 5-23　系统连线

表 5-5　驱动器接口 X7 引脚分配（在 SINUMERIKKI 802S base line 中）

引脚	信号	说明	引脚	信号	说明	引脚	信号	说明
1	n.c		18	ENABLE1	O	35	n.c	
2	n.c		19	ENABLE1_N	O	36	n.c	
3	n.c		20	ENABLE2	O	37		AO
4	AGND4	AO	21	ENABLE2_N	O	38	PULS1_N	O
5	PULS1	O	22	M	VO	39	DIR1_N	O
6	DIR1	O	23	M	VO	40	PULS2	O
7	PULS2_N	O	24	M	VO	41	DIR2	O
8	DIR2_N	O	25	M	VO	42	PULS3_N	O
9	PULS3	O	26	ENABLE3	O	43	DIR3_N	O
10	DIR3	O	27	ENABLE3_N	O	44	PULS4	O
11	PULS4_N	O	28	ENABLE4	O	45	DIR4	O

续表

引脚	信号	说明	引脚	信号	说明	引脚	信号	说明
12	DIR4_N	O	29	ENABLE4_N	O	46	n.c	
13	n.c		30	n.c		47	n.c	
14	n.c		31	n.c		48	n.c	
15	n.c		32	n.c		49	n.c	
16	n.c		33	n.c		50	SE4.2	K
17	SE4.1	K	34	n.c				

（3）X6 为主轴编码器输入（15 芯）

主轴编码器 X6 各引脚分配见表 5-6。

表 5-6　主轴编码器 X6 各引脚分配

引脚	信号	说明	引脚	信号	说明
1	n.c.		9	M	VO
2	n.c.		10	Z	
3	n.c.		11	Z_N	
4	P5_MS	VO	12	B_N	
5	n.c.		13	B	
6	P5_MS	VO	14	A_N	
7	M	VO	15	A	
8	n.c.				

来自主轴编码器的信号接入演示板下方的 15 芯插座 X6 上，它经故障设置接至 X6 蓝色框中的相应检测端子，再接入系统，如图 5-24 所示。

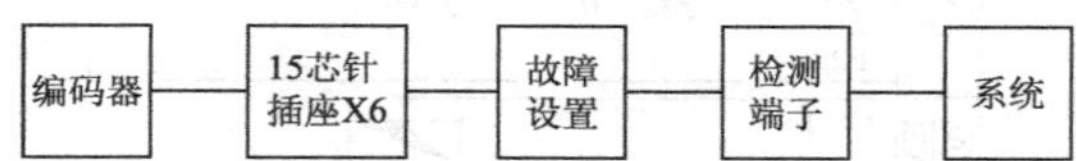

图 5-24　编码器输入

（4）X20 高速输入接口

X20 高速输入接口见表 5-7。

表 5-7　X20 高速输入接口

X20：高速输入接口			接线端子		
脚号	信号	说明	脚号	信号	说明
1	RDY1	使能 2.1	6	HI_4	
2	RDY2	使能 2.2	7	HI_5	
3	HI_1	参考点脉冲 X 轴	8	HI_6	
4	HI_2	参考点脉冲 Y 轴	9	M	24V 地
5	HI_3	参考点脉冲 Z 轴	10	M	24V 地

注：NC 使能后，内部使能继电器触点闭合，即使能 2.1 和使能 2.2 导通

来自接近开关的参考点脉冲信号（9 芯孔插座）接入演示板下方的 9 芯针插座 X20 上。它经故障设置接至 X20 蓝色框中的相应端子，再接入系统，如图 5-25 所示。

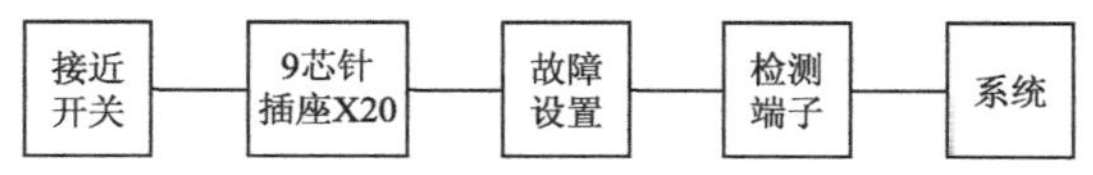

图 5-25　高速输入

具体步骤：

① 将系统演示板下方的 X7 接至进给演示板的 X7；将系统演示板上的 X6 和 X20 插头插上。

② 将 I/O 模块演示板左下方的 X100 插头插上。

③ 将电器模块演示板的 RDY1 与 RDY2 用接插件分别连接到系统演示板 X20 的 RDY1 与 RDY2 上。

电器模块演示板的上方由以下器件组成：4 个空气开关（QS1～QS4）；1 个接触器（KM0）；1 个直流 24V 小型继电器（KA0）；24V 开关电源为 AC 220/DC 24V。

电器模块板后方有：变压器为 AC 220/AC 40V；电桥为整流滤波电路。

④ 连接并检查系统模块演示板与主轴演示板的连接：虚线为连接线。

⑤ 连接并检查 I/O 模块演示板与主轴模块演示板的连接。

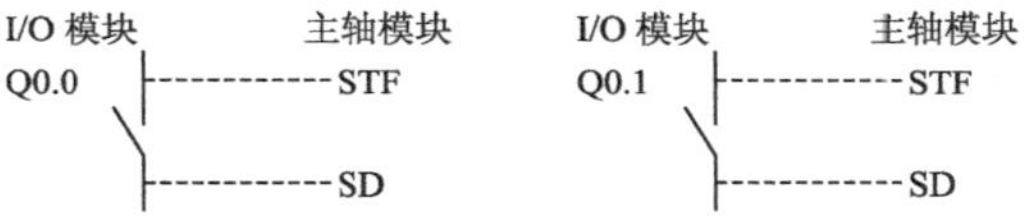

为了给 I/O 模块提供 24V 电源，将电源模块演示板上的 24V 电源连接至 I/O 模块演示板的相应端子。

⑥ 检查 I/O 模块演示板与换刀模块演示板的连接：虚线为连接线。

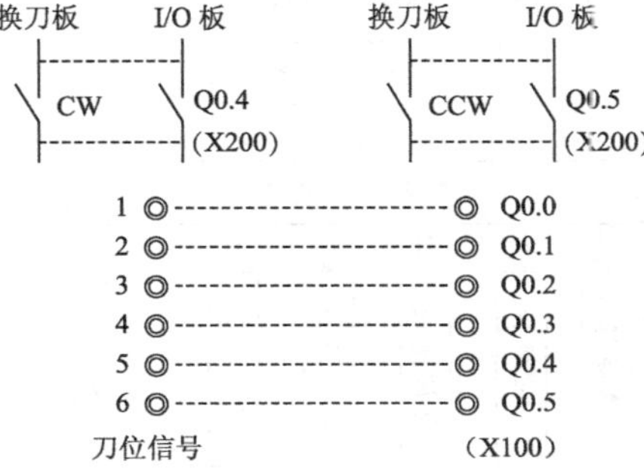

⑦ 将电源总开关合上后，交流 220V 电源进入实验台，电压表和电流表将有显示，插座上有 220V 电压,可供外部测试仪器通电使用。

⑧ 将电器模块演示板上的 QS1、QS2、QS3、QS4 合上。

⑨ 合上直流 24V 电源开关。数控系统得电，大约等待 30s，数控系统自检完毕，数控系统内的继电器触点 RDY1、RDY2 闭合。

⑩ 将机床上的钥匙打到 ON，按下驱动开。

电器模块上 KM0、KA0 动作，驱动和变频器得电。

系统引导以后进入“加工”操作区手动 Ref 运行方式。出现“回参考点”窗口。

三、实操注意事项

① 当有紧急情况时，可按下实验台电源模块上急停按钮，交流 220V 电源被切断，此时须将故障排除后，才能再次上电。

② 如果有故障使总电源跳闸，排除故障后，须按下电源总开关上的蓝色按钮，使其复位，才能再次上电。

任务四 数控铣床的电气控制

经济型数控铣床主要为三轴联动，步进进给，主轴为无级调速，有冷却控制。步进电动机驱动的脉冲当量为 0.01mm。数控系统采用国产的 ZKN 型数控装置。

本任务研究西门子数控车床 802S Baseline 系统安装接线，并且通过数控铣床综合实验台进行项目整体安装连接（即数控系统与变频器的连接、数控系统与步进驱动器的连接、数控机床与其他信号连接）。最后，按照图 5-28 所示，对西门子数控车床 802S Baseline 系统进行具体安装接线。

一、数控铣床的系统概述

1．经济型数控铣床主要工作情况

数控铣床的主要电气控制框图如图 5-26 所示。

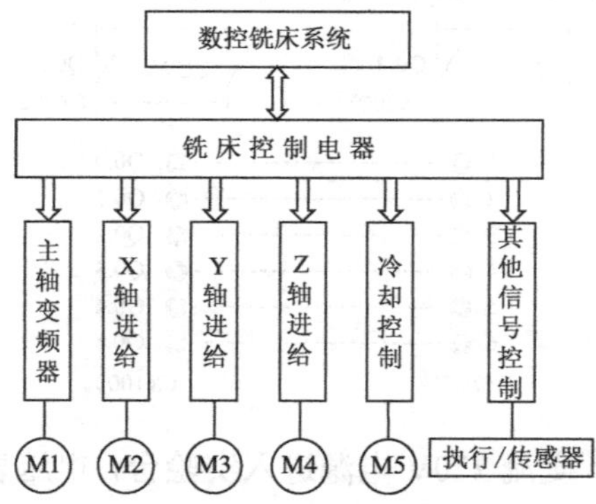

图 5-26　数控铣床电气控制框图

2．数控系统的主要接口及功能说明

如图 5-27 所示，ZKN 型数控铣床系统的主要接口有步进电动机与主轴控制接口，开关量输入、输出接口。

（1）步进驱动器与主轴电动机的控制接口信号

步进驱动器与主轴电动机的控制接口信号端（JM）功能介绍如下：

YCLK——Y 轴电动机脉冲信号；ZCLK——Z 轴电动机脉冲信号；
YDIR——Y 轴电动机方向信号；ZDIR——Z 轴电动机方向信号；
XCLK——X 轴电动机脉冲信号；WCLK——W 轴电动机脉冲信号；
XDIR——X 轴电动机方向信号；WDIR——W 轴电动机方向信号；

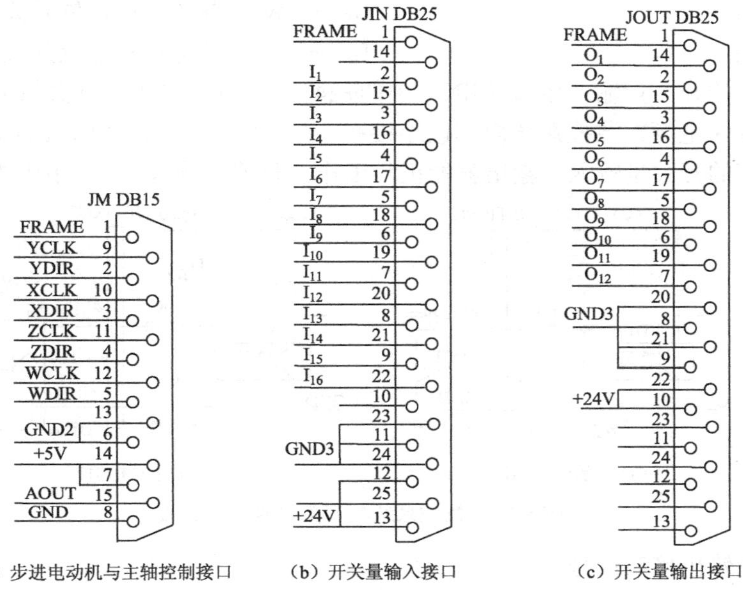

图 5-27　ZKN 型数控铣床系统接口

CLK 脉冲与 DIR 信号波形如图 5-28 所示，数控系统与步进驱动器的接口如图 5-29 所示。

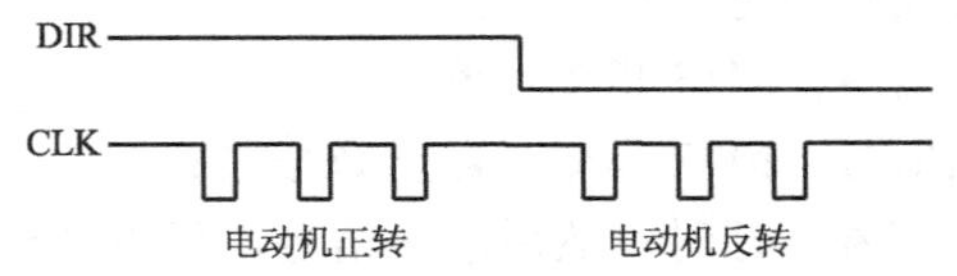

图 5-28　CLK 脉冲与 DIR 信号波形

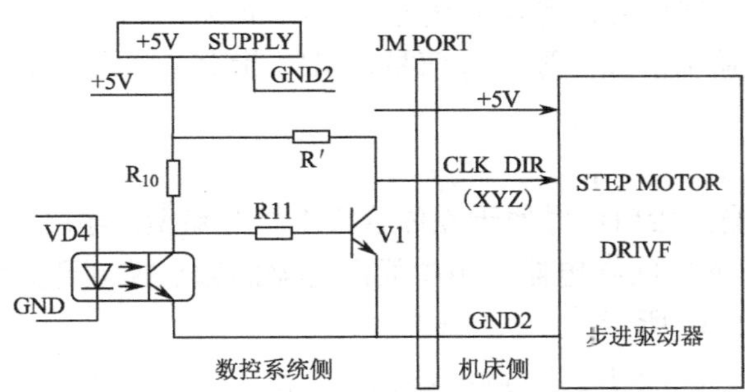

图 5-29　数控系统与步进驱动器的接口

AOUT 端输出模拟量范围为 0～5V，主要是与变频器相连接，控制主轴电动机进行调速。

（2）开关量输入接口信号

开关量输入接口信号端（JIN）功能介绍如下：

I_1——超程报警信号；　　　　I_9——X 轴参考点粗定位开关；
I_2——用于 M06 指令的应答输入；　　I_{10}——Y 轴参考点粗定位开关；

I_3——用于 M10、M11 指令的应答输入； I_{11}——Z 轴参考点粗定位开关；

I_4——用于 M03、M04 指令的应答输入； I_{12}——X 轴参考点精定位开关；

I_5———备用； I_{13}——Y 轴参考点精定位开关；

I_6——备用； I_{14}——Z 轴参考点精定位开关；

I_7——备用； I_{15}——W 轴参考点粗定位开关；

I_8——备用； I_{16}——W 轴参考点精定位开关。

数控系统中的开关量输入接口（JIN）中的+24V、GND3 电源与开关量输出接口（JOUT）中的+24V、GND3 电源在数控系统内部已连接在一起。使用时，只要向+24V、GND3 提供 24V 电源，数控系统的开关量输入、输出就能正常工作。开关量输入信号的接口如图 5-30 所示。

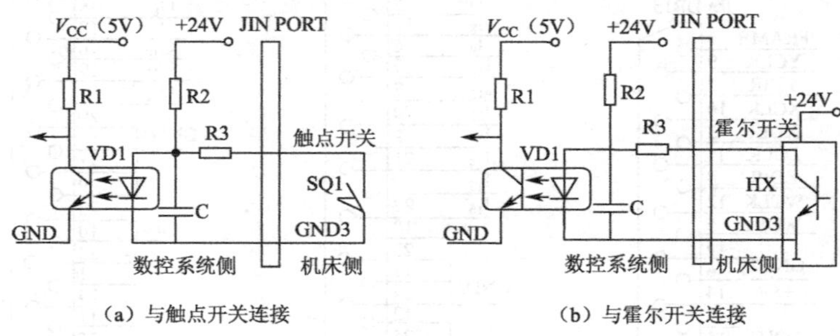

图 5-30　数控系统与开关量接口的连接

（3）开关量输出接口信号

开关量输出接口信号端（JOUT）的功能介绍如下：

O_1——M03 指令，主轴正转信号；

O_2——M04 指令，主轴反转信号；

O_3——M12 指令，输出信号；M13 指令，断开该信号；

O_4——M41 指令，输出信号；M42 指令，断开该信号；

O_5——M08 指令，断开信号，延时，然后输出信号，延时 0.5s，再断开该信号；

O_6——M09 指令，断开信号，延时，然后输出信号，延时 0.5s，再断开该信号；

O_7——M06 指令，输出信号，等待 I_2 信号，再断开该信号；

O_8——M11 指令，输出信号，等待 I_3 信号，M10 指令，断开该信号，等待 I_3 无效，该指令完成；

O_9～O_{12}——备用。

数控系统的开关量输出接口信号属于晶体管集电极开路型，输出功率小。若控制机床电器（如接触器）动作，需外界中间继电器，由中间继电器的触点控制开关量动作或接触器。数控系统输出接口连接如图 5-31 所示。

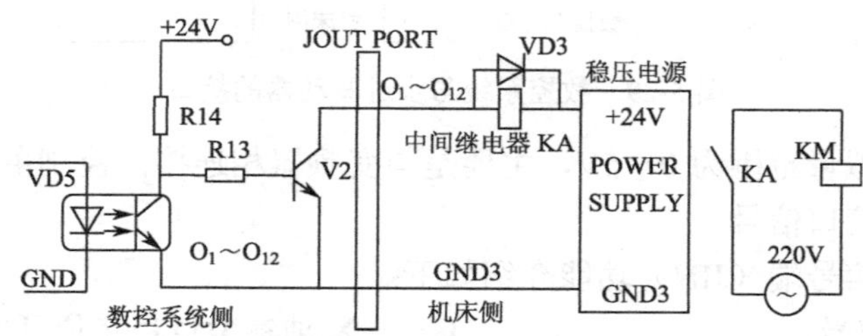

图 5-31　数控系统与开关量接口的连接

在图 5-31 中，V2 截止时，中间继电器不动作，V2 导通时，中间继电器动作，中间继电器的电源为 24V，导通电流应小于 60mA，二极管 VD3 是中间继电器线圈的泄放电路，不能接反。

二、数控铣床的电气控制电路

经济型数控铣床的电气控制电路如图 5-32 所示。

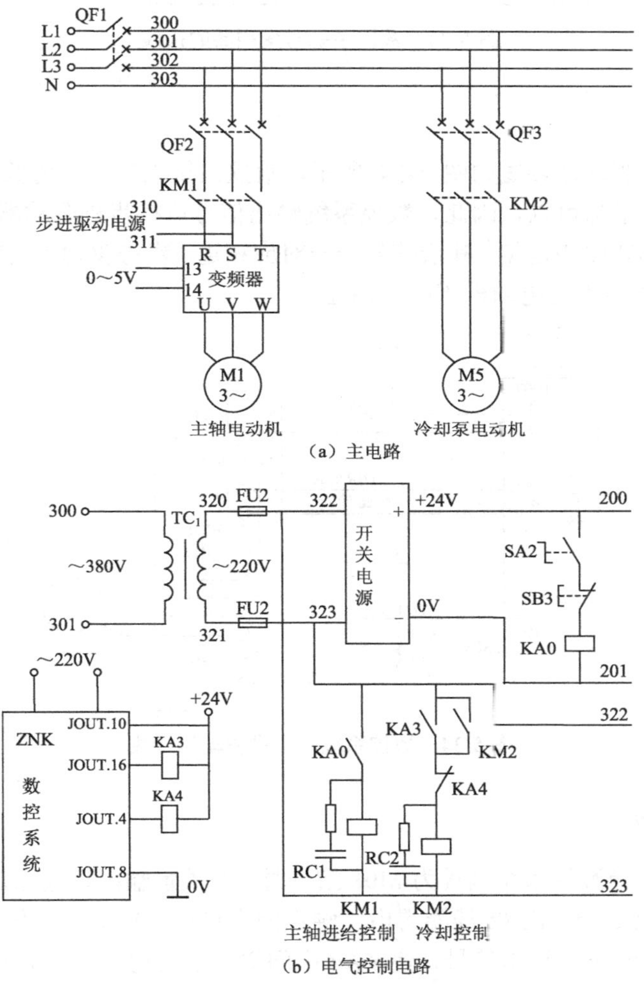

（a）主电路

（b）电气控制电路

图 5-32　数控铣床电气控制电路

1. 主轴电动机

按下 SA2，KA0 线圈通电，其常开触点闭合，使 KM1 线圈通电，KM1 的主触点闭合使变频器通电。按下 SB3，主轴变频器断电。主轴电动机的速度、正反转等由变频器控制，变频器由数控系统控制。数控系统与变频器的接线如图 5-33 所示。

ZKN 数控系统的主轴调速模拟信号与变频器的 13、14 号端相连，变频器正/反转信号由数控系统 JOUT 的 14、2 号端控制（通过继电器控制）。变频器的 U、V、W 与交流电动机 M1 相连。

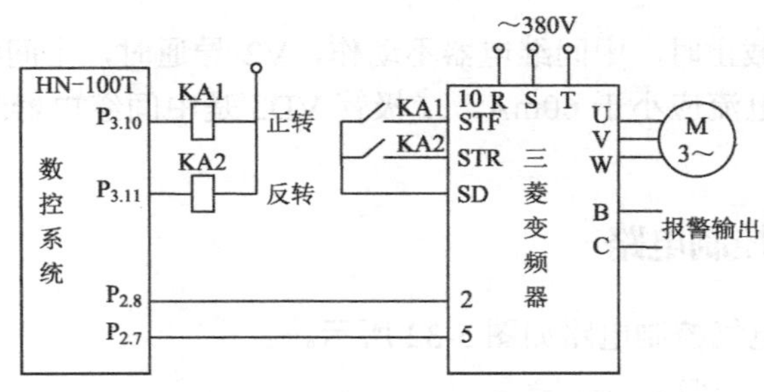

图 5-33 数控系统与变频器的接线

2. 步进电动机

数控系统与步进驱动器接线如图 5-34 所示，数控系统输出信号为低电平有效，而步进驱动器输入为高、低电平都可以，因此，数控系统输出信号可接步进驱动器的对应信号的负端，正端统一与系统的+5V 端相连接，其余信号一一对应相连。步进驱动器的输入电源为 AC 80V，输出端 A、B、C、D 与步进电动机相应端相连。

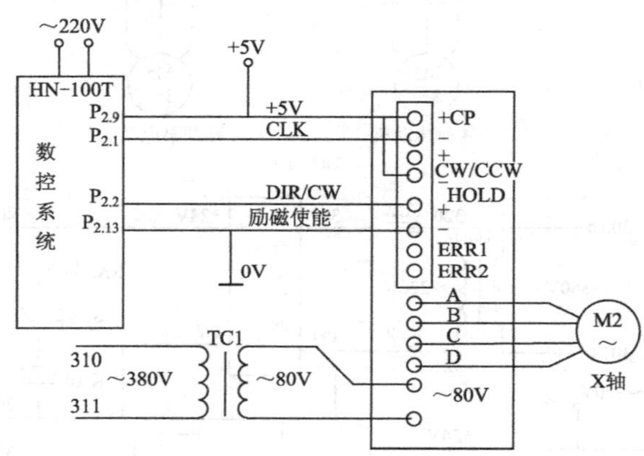

图 5-34 数控系统与步进驱动器接线

3. 冷却泵电动机

如图 5-32 所示，当数控系统编程为 M08 指令时，开关量输出口输出信号，使 KA3 中间继电器吸合，KA3 触点闭合，KM2 线圈得电，触点闭合自锁，冷却泵工作。当数控系统编程为 M09 指令时，开关量输出口输出信号，使 KA4 中间继电器得电，KA4 常闭触点断开，KM2 线圈失电，冷却泵停止工作。

任务实施

一、实操器材

NNC-R1A 数控机床综合实验台由 8 块控制演示板和 1 台 XK160P 数控铣床组成。其控制演示板布置如图 5-35 所示，控制演示板各部分的组成如下：

①电器模块；②系统模块；③主轴模块；④面板模块；⑤I/O 模块；⑥进给模块；⑦电源模块。

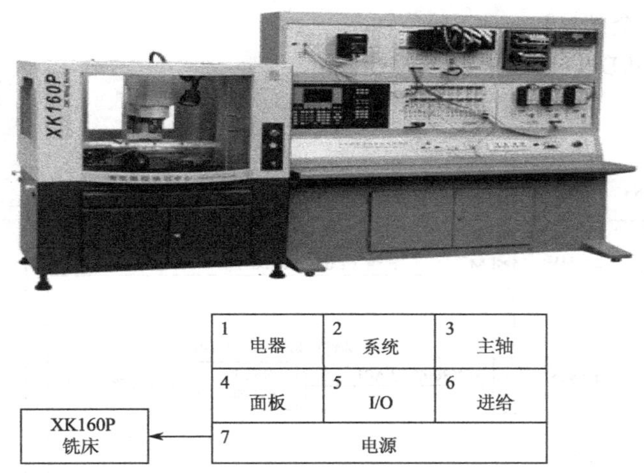

图 5-35　数控机床综合实验台

在 XK160 数控铣床后侧有 8 个电缆接插头，分别接着演示板，如图 5-36 所示。

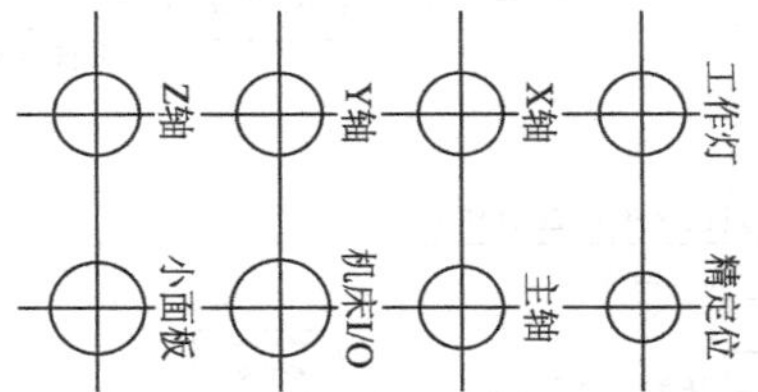

图 5-36　XK160P 铣床后侧有 8 个电缆接插头

二、实操过程

1. 802S Baseline 系统构成

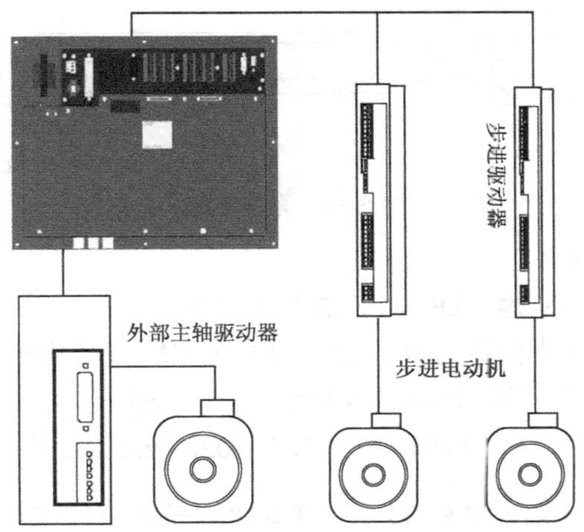

图 5-37　802S Baseline 系统构成

如图 5-37 所示，802S Baseline 由下列各部分组成：

操作面板（OP 020）

① 铣床面板（MCP）。

② NC 单元带有全部接口。

③ 输入输出（DI/DO）48 输入/16 输出。

2. 安装接线

按照图 5-38 所示，西门子 802S Baseline 系统进行安装接线。

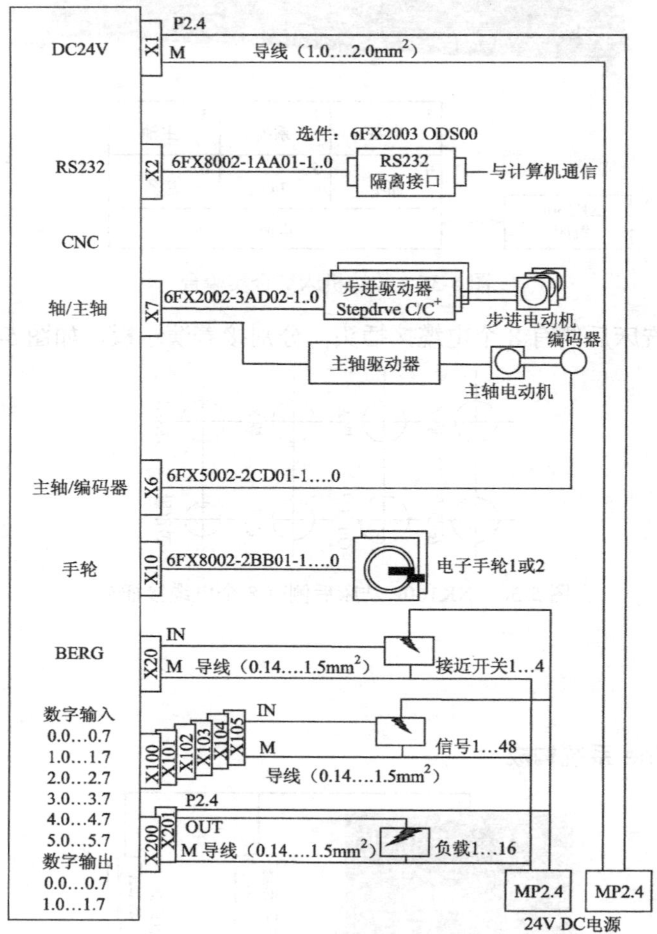

图 5-38 系统连线

（1）数控系统工作电源 X1

L_+接直流 24V，M 接 24V 地。DC 24V 由外部提供。演示板上的电源已连接好。当合上电源总开关 QS1 和 QS2，机床上的钥匙开关和电源开关 ON 时，数控系统得电。

（2）X7 为步进电机驱动信号和模拟主轴控制输出（50 芯）

驱动器接口 X7 引脚分配（在 SINUMERIKKI 802S base line 中）见表 5-8。

表 5-8 驱动器接口 X7 引脚分配（在 SINUMERIKKI 802S base line 中）

引脚	信号	说明	引脚	信号	说明	引脚	信号	说明
1	n.c		18	ENABLE1	O	35	n.c	
2	n.c		19	ENABLE1_N	O	36	n.c	
3	n.c		20	ENABLE2	O	37		AO

续表

引脚	信号	说明	引脚	信号	说明	引脚	信号	说明
4	AGND4	AO	21	ENABLE2_N	O	38	PULS1_N	O
5	PULS1	O	22	M	VO	39	DIR1_N	O
6	DIR1	O	23	M	VO	40	PULS2	O
7	PULS2_N	O	24	M	VO	41	DIR2	O
8	DIR2_N	O	25	M	VO	42	PULS3_N	O
9	PULS3	O	26	ENABLE3	O	43	DIR3_N	O
10	DIR3	O	27	ENABLE3_N	O	44	PULS4	O
11	PULS4_N	O	28	ENABLE4	O	45	DIR4	O
12	DIR4_N	O	29	ENABLE4_N	O	46	n.c	
13	n.c		30	n.c		47	n.c	
14	n.c		31	n.c		48	n.c	
15	n.c		32	n.c		49	n.c	
16	n.c		33	n.c		50	SE4.2	K
17	SE4.1	K	34	n.c				

注：主轴使能后，内部使能继电器触点闭合，即使能 1.1 和使能 1.2 导通。

（3）X6 为主轴编码器输入（15 芯）

铣床无。

（4）X20 高速输入接口（见表 5-9）

表 5-9　X20 高速输入接口

X20：高速输入接口			接线端子		
脚号	信号	说明	脚号	信号	说明
1	RDY1	使能 2.1	6	HI_4	
2	RDY2	使能 2.2	7	HI_5	
3	HI_1	参考点脉冲 X 轴	8	HI_6	
4	HI_2	参考点脉冲 Y 轴	9	M	24V 地
5	HI_3	参考点脉冲 Z 轴	10	M	24V 地

注：NC 使能后，内部使能继电器触点闭合，即使能 2.1 和使能 2.2 导通

来自接近开关的参考点脉冲信号（9 芯孔插座）接入演示板下方的 9 芯针插座 X20 上。它经故障设置接至 X20 蓝色框中的相应端子，再接入系统，如图 5-39 所示。

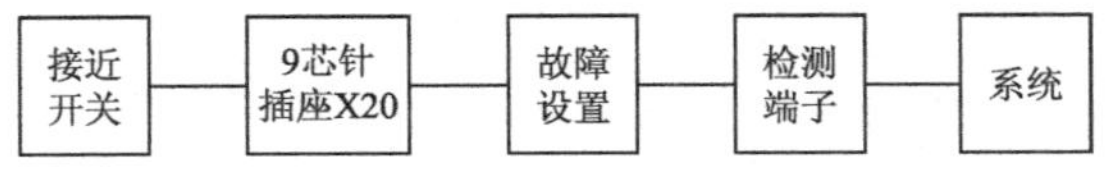

图 5-39　高速输入

具体操作过程：

① 将系统模块演示板下方的 X7 接至进给演示板的 X7；将系统板上的 X20 插头插上。

② 将 I/O 模块演示板左下方的 X100 插头插上。

③ 将电器模块演示板的 RDY1 与 RDY2 用接插件分别连接到系统演示板 X20 的 RDY1 与 RDY2 上。

电器模块演示板的上方由以下器件组成：4 个空气开关（QS1～QS4）；1 个接触器（KM0）；

24V 开关电源：AC 220/DC 24V；1 个直流 24V 小型继电器（KA0）。

电器模块板后方有：变压器为 AC 220/AC 40V；电桥为整流滤波电路。

④ 连接并检查系统模块演示板与主轴演示板的连接：虚线为连接线。

⑤ 连接并检查 I/O 模块演示板与主轴模块演示板的连接。

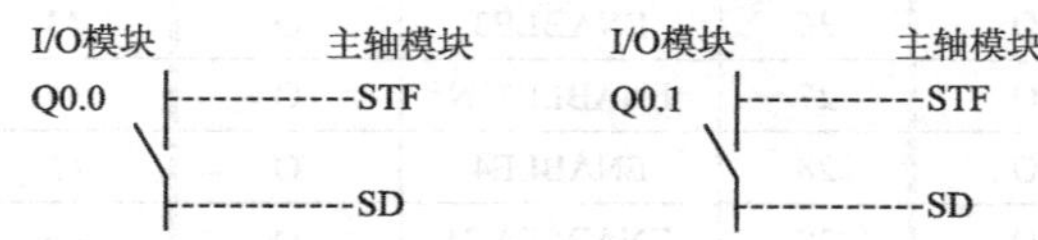

⑥ 为了给 I/O 模块提供 24V 电源，将电源模块演示板上的 24V 电源连接至 I/O 模块演示板的相应端子。

⑦ 将电源总开关合上后，交流 220V 电源进入实验台，电压表和电流表将有显示，插座上有 220V 电压，可供外部测试仪器通电使用。

项目六　PLC 概述

项目目标

① 掌握 PLC 的基本概念，以及 FX2N 系列 PLC 的型号、外部端子的功能与连接方法。

② 掌握 PLC 的构成及工作原理。认识 FX2N 系列 PLC 软元件，明确内部继电器和输入、输出设备之间的关系以及分类与编号。

③ 掌握 PLC 开关量的输入/输出（I/O）单元。

项目要求

通过 FX2N 系列 PLC 的介绍，了解 PLC 的结构与组成、特点和主要功能，以及 PLC 的定义、软件系统、编程语言及内部继电器（软元件），研究 PLC 程序执行过程和扫描工作方式。通过训练使学生明确 FX2N 系列 PLC 的软硬件工作环境，掌握输入/输出设备的接线，了解 PLC 技术应用的一般方法。

任务一　PLC 的认识

根据提供的接线图与程序，教师预先将指令程序录入 PLC 内，并完成接线。学员自己根据要求操作，并观察 PLC 的运行情况和计算机的监视情况，体会系统组成和控制要求，理解 PLC 控制的意义和应用情况。

根据 PLC 面板的标注，分析 PLC 的型号等相关信息。根据模块化 PLC 实物，分析 PLC 的硬件结构，指出 PLC 主机、I/O 模块、电源模块等。

本任务要求能够分析被控制对象的工艺条件和控制要求。在硬件上要认识手持编程器、编程适配器、通信电缆等，能分析模块化 PLC 各模块的名称和作用，根据被控对象对 PLC 系统的功能要求和所需要输入/输出的点数，分配输入/输出的点并进行接线。在软件上要根据被控对象的工艺条件和控制要求，设计梯形图或状态转移图，并编写出项目指令程序，用编程器将指令程序录入 PLC。

PLC 是一种以 CPU 为核心的计算机工业控制装置，由于其良好的性能价格比和稳定的工作状态以及简便的操作性，已经广泛用于生产实际中。

PLC 具有开关量的顺序控制和模拟量的闭环控制等多种功能，早期作为一种新型的顺序控制装置应用于生产实际中。以往的顺序控制装置大多采用继电器-接触器硬连线构成，控制要求不同，接线就不同，而可编程控制器以微处理器为核心，具有信息存储能力、软件编程能力和扩展性强等优势，通过编程可以实现不同的控制功能，在顺序控制领域得到广泛应用。大部分的 DCS（集散控制系统）能够实现顺序控制功能，但可编程控制器的处理周期比 DCS 系统要短得多，因此在顺序控制方面具有明显优势。很多企业在使用 DCS 进行过程控制时，对于间歇加料、固体及粉末产品包装等过程和压缩控制、过程联锁保护等，较多采用 PLC 完成顺序控制功能。PLC 可以单独使用，也可以挂接在 DCS 网络中，成为 DCS 控制系统的一部分。

一、PLC 的特点和主要功能

1. PLC 的特点

（1）可靠性高，抗干扰能力强

传统“继电器－接触器”控制系统中使用了大量的中间继电器、时间继电器、接触器等机电设备元件，由于触点接触不良，容易出现故障。PLC 用软元件代替实际的继电器与接触器，仅有与输入输出有关的少量硬件，接线只有“继电器－接触器”控制的 1/10 到百分之一，故障概率也就大为减少。

另外，PLC 本身采取了一系列抗干扰措施，可以直接用于有强电磁干扰的工业现场，平均无故障运行时间达数万小时。因此，被广大用户公认为是最可靠的工业设备之一。

（2）编程简单易学

梯形图是使用得最多的 PLC 编程语言，其电路符号和表达方式与继电器电路原理图基本相似。梯形图语言形象直观，易学易懂，熟悉继电器电路图的电气技术人员不需专门培训就可以熟悉梯形图语言，并用来编制用户程序。

梯形图语言实际上是一种面向用户的高级语言，PLC 在执行梯形图程序时，用解释程序将它“翻译”成汇编语言后再去执行。

（3）功能完善，适应性强

PLC 产品已经标准化、系列化、模块化，配备有品种齐全的各种硬件装置供用户选用，用户能灵活方便地进行系统配置，组成不同功能、不同规模的系统。PLC 的安装接线也很方便，一般用接线端子连接外部电路。PLC 有较强的带负载能力、可以直接驱动一般的电磁阀和交流接触器。硬件配置完成后，可以通过修改用户程序，方便快速地适应工艺条件的变化。

针对不同的工业现场信号，如交流与直流、开关量与模拟量、电流与电压、脉冲与电位等，PLC 都有相应的 I/O 接口模块与工业现场设备直接连接，用户可根据需要，非常方便地进行配置，组成实用、紧凑的控制系统。

（4）使用简单，调试维修方便

PLC 用软件功能取代了继电器控制系统中大量的中间继电器、时间继电器、计数器等器件，使控制柜的设计、安装、接线工作量大大减少。

PLC 的梯形图程序一般采用顺序设计法，这种编程方法很有规律，很容易掌握。对于复杂的控制系统，梯形图的设计时间比继电器系统电路图的设计时间要少得多。PLC 的用户程序可以在实验室模拟调试，输入信号用小开关来模拟，通过 PLC 上的发光二极管可观察输出信号的状态。完成了系统的安装和接线后，在现场统调过程中发现的问题一般通过修改程序就可以解决，系统的调试时间大为减少。

PLC 的故障率很低，且有完善的自诊断和显示功能。PLC 外部的输入装置和执行机构发生故障时，可以根据 PLC 上的发光二极管或编程器提供的信息，快速地查明故障的原因，用更换模块的方法迅速地排除故障。

（5）体积小，质量轻，功耗低

对于复杂的控制系统，使用 PLC 后，可以减少大量的中间继电器和时间继电器，小型 PLC 的体积仅相当于几个继电器的大小，因此可将开关柜的体积缩小到原来的 1/2 到 1/10，质量也大为降低。

PLC 的配线比继电器控制系统的配线少得多，故可以省下大量的配线和附件，减少安装接线工时，加上开关柜体积的缩小，可以节省大量的费用。

2. PLC 的主要功能

PLC 的应用范围极其广泛，经过 30 多年的发展，已广泛用于机械制造、汽车、冶金等各行各业。概括起来，PLC 的应用主要表现在以下几个方面。

（1）开关量控制

可编程控制器具有“与”、“或”、“非”等逻辑功能，可以实现触点和电路的串、并联，代替继电器进行组合逻辑控制、定时控制与顺序逻辑控制。数字量逻辑控制可以用于单台设备，也可以用于自动生产线，其应用领域已遍及各行各业，甚至深入到家庭。

（2）模拟量控制

很多 PLC 都具有模拟量处理功能，通过模拟量 I/O 模块可对温度、压力、速度、流量等连续变化的信号进行控制。某些 PLC 还具有 PID 闭环控制功能，这一功能可以用 PID 子程序或专用的 PID 模块来实现。PID 闭环控制功能已经广泛地应用于轻工、化工、机械、冶金、电力、建材等行业，自动焊机控制、锅炉运行控制、连轧机的速度控制等都是典型的闭环过程控制应用的实例。

（3）运动控制

可编程控制器使用专用的运动控制模块，对直线运动或圆周运动的位置、速度和加速度进行控制，可实现单轴、双轴、三轴和多轴位置控制，使运动控制与顺序控制功能有机地结合在一起。可编程控制器的运动控制功能广泛地用于各种机械，如金属切削机床、金属成形机械、装配机械、机器人、电梯等场合。

（4）数据处理

现代的可编程控制器具有数学运算（包括四则运算、矩阵运算、函数运算、逻辑运算等）、数据传送、比较、转换、排序、查表等功能，可以完成数据的采集、分析和处理。这些数据可以与储存在存储器中的参考值比较，也可以用通信功能传送到别的智能装置，或者将它们打印制表。数据处理一般用于大型控制系统，如无人柔性制造系统，也可以用于过程控制系统。

（5）通信联网

可编程控制器的通信包括主机与远程I/O设备之间的通信、多台可编程控制器之间的通信、可编程控制器和其他智能控制设备（如计算机、变频器、数控装置）之间的通信。可编程控制器与其他智能控制设备一起，可以组成“集中管理、分散控制”的多级分布式控制系统，形成工厂的自动化控制网络。

二、PLC的定义、结构和组成

1. PLC的定义

早期的可编程控制器主要是用来替代“继电器－接触器”控制系统的，因此功能较为简单，只进行简单的开关量逻辑控制，称为可编程逻辑控制器（Programmable Logic Controller），简称PLC。

20世纪70年代后期，微处理器被用作可编程控制器的中央处理单元CPU，从而大大扩展了可编程控制器的功能，除了进行开关量逻辑控制外，还具有模拟量控制、高速计数、PID回路调节、远程I/O和网络通信等许多功能。1980年，美国电气制造商协会NEMA将其正式命名为可编程序控制器（Programmable Controller），简称PC。

1987年2月，国际电工委员会IEC在颁布的可编程序控制器标准草案的第二稿中将其进一步定义为：“可编程序控制器是一种数字运算操作的电子系统，专为在工业环境下应用而设计。它采用可编程序的存储器，用来在其内部存储执行逻辑运算、顺序控制、定时、计数和算术运算等操作的指令，并通过数字式、模拟式的输入和输出，控制各种类型的机械或生产过程。可编程控制器及其有关设备，都应按易于与工业控制器系统连成一个整体、易于扩充其功能的原则设计”。

从上述定义可以看出，可编程控制器是一种“专为在工业环境下应用而设计”的“数字运算操作的电子系统”，可以认为其实质是一台工业控制用计算机。为了避免同常用的个人计算机（Personal Computer）的简称PC混淆，通常仍习惯性地把可编程控制器称为PLC，本书也沿用PLC这一叫法。

2. FX2N系列PLC的结构和组成

（1）PLC的硬件结构

由于PLC实质为一种工业控制用计算机，所以与一般的微型计算机相同，也是由硬件系统和软件系统两部分组成。从硬件上看，PLC的硬件结构如图6-1所示，PLC主要由CPU、存储器、电源、输入/输出单元、编程器及其他外部设备组成。

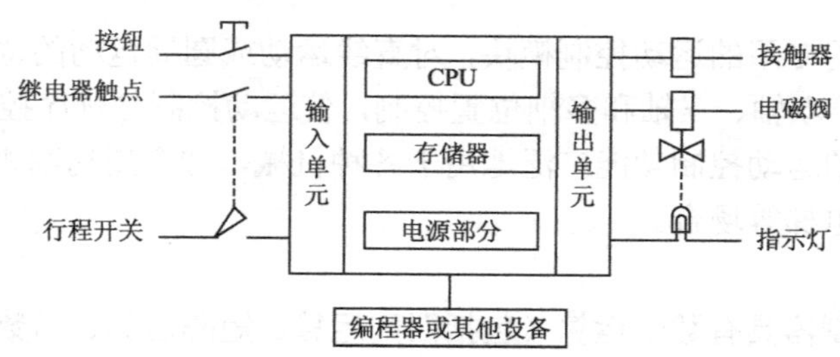

图6-1 PLC的硬件结构

1）中央处理器 CPU

与通用计算机一样，CPU 是 PLC 的核心部件，在 PLC 控制系统中的作用类似于人体的神经中枢，整个 PLC 的工作过程都是在 CPU 的统一指挥和协调下进行的。它不断地采集输入信号，执行用户程序，然后刷新系统的输出。PLC 常用的 CPU 有通用微处理器、单片机和位片式处理器。小型 PLC 大多采用 8 位微处理器或单片机，中型 PLC 大多采用 16 位微处理器或单片机，大型 PLC 大多采用高速位片式处理器。PLC 的档次越高，所用的 CPU 的位数也越多，运算速度也越快，功能也就越强。

2）存储器

PLC 配有两种存储器：系统存储器和用户存储器。系统存储器存放系统程序，用户存储器存放用户编制的控制程序。衡量存储器的容量大小的单位为“步”。因为系统程序用来管理 PLC 系统，不能由用户直接存取，所以 PLC 产品样本或说明书中所列的存储器类型及其容量，系指用户程序存储器而言。如某 PLC 存储器容量为 4K 步，即是指用户程序存储器的容量。PLC 所配的用户存储器的容量大小差别很大，通常中小型 PLC 的用户存储器存储容量在 8K 步以下，大型 PLC 的存储容量可超过 256K 步。

3）电源

PLC 配有开关式稳压电源的电源模块，用来将外部供电电源转换成供 PLC 内部 CPU、存储器和 I/O 接口等电路工作所需的直流电源。PLC 的电源部件有很好的稳压措施，一般允许外部电源电压在额定值的±10%范围内波动。小型 PLC 的电源往往和 CPU 单元合为一体，大中型 PLC 都配有专用电源部件。为防止在外部电源发生故障的情况下，PLC 内部程序和数据等重要信息的丢失，PLC 还配有锂电池作为后备电源。

4）输入/输出单元

实际生产过程中产生的输入信号多种多样，信号电平也各不相同，而 PLC 所能处理的信号只能是标准电平，因此必须通过输入单元将这些信号转换成 CPU 能够接收和处理的标准信号。同样，外部执行元件如电磁阀、接触器、继电器等所需的控制信号电平也千差万别，也必须通过输出模块将 CPU 输出的标准电平信号转换成这些执行元件所能接收的控制信号。所以，输入/输出单元实际上是 CPU 与现场输入/输出设备之间的连接部件，起着 PLC 与被控对象间传递输入/输出信息的作用。

5）编程器

编程器是 PLC 的最重要的外围设备，它不仅可以写入用户程序，还可以对用户程序进行检查、调试和修改，还可以在线监视 PLC 的工作状态。编程器一般分为简易编程器和图形编程器两类。简易编程器功能较少，一般只能用语句表形式进行编程，需要连机工作。它体积小，质量轻，便于携带，适合小型 PLC 使用。图形编程器既可以用指令语句进行编程，又可以用梯形图编程。它操作方便，功能强大，但价格相对较高，通常大中型 PLC 采用图形编程器。应该说明的是，目前很多 PLC 都可利用微型计算机作为编程工具，只要配上相应的硬件接口和软件，就可以用包括梯形图在内的多种编程语言进行编程，同时还具有很强的监控功能。

6）I/O 扩展单元

I/O 扩展单元用来扩展输入、输出点数。当用户所需的输入、输出点数超过 PLC 基本单元的输入、输出点数时，就需要加上 I/O 扩展单元来扩展，以适应控制系统的要求。这些单元一般通过专用 I/O 扩展接口或专用 I/O 扩展模板与 PLC 相连接。I/O 扩展单元本身还具有扩展接口，可具备再扩展能力。

7）数据通信接口

PLC 系统可实现各种标准的数据通信或网络接口，以实现 PLC 与 PLC 之间的链接，或者实现 PLC 与其他具有标准通信接口的设备之间的连接。通过各种专用通信接口，可将 PLC 接入工业以太网、PROFIBUS 总线等各种工业自动控制网络。利用专用的数据通信接口可以减轻 CPU 处理通信的负担，并减少用户对通信功能的编程工作。

PLC 按控制规模的大小，可分为小型、中型和大型三种类型。小型 PLC 的 I/O 点数在 256 点以下，存储容量在 8K 步以内，具有逻辑运算、定时、计数、移位、自诊断和监控等基本要求。

（2）FX2N 系列 PLC 的外部结构

1）FX2N 系列 PLC 的外形结构（见图 6-2）

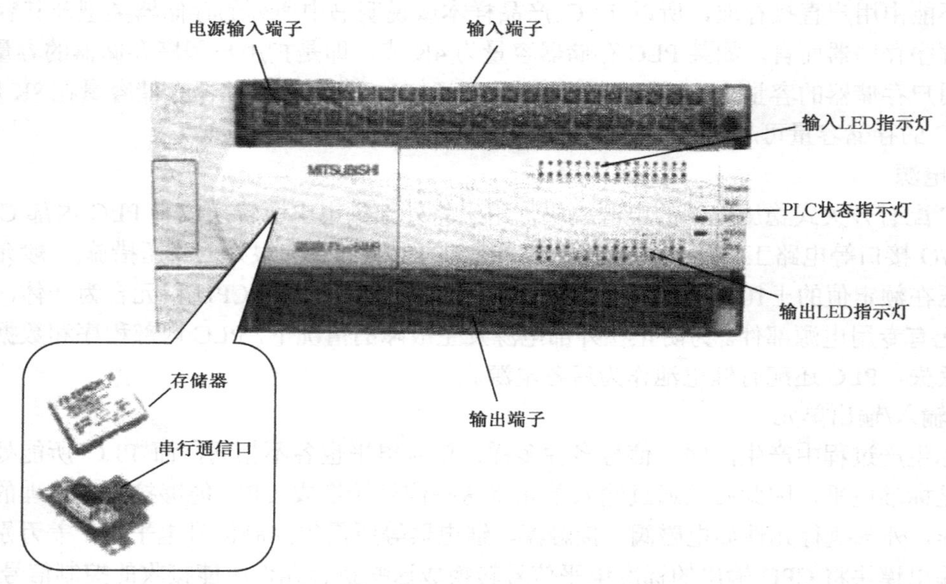

图 6-2　FX2N 系列 PLC 的外形结构

2）I/O 点的类别、编号及使用说明

I/O 端子是 PLC 与外部输入、输出设备连接的通道。输入端子（X）位于机器的一侧，而输出端子（Y）位于机器的另一侧。虽然 I/O 点的数量、类别随机器的型号不同而不同，但 I/O 点数量及编号规则完全相同。FX2N 系列 PLC 的 I/O 点编号采用八进制，即 000～007、010～017、020～027…，输入点前面加“X”，输出点前面加“Y”。扩展单元和 I/O 扩展模块，其 I/O 点编号应紧接在基本单元的 I/O 编号之后，依次分配编号。

I/O 点的作用是将 I/O 设备与 PLC 进行连接，使 PLC 与现场设备构成控制系统，以便从现场通过输入设备（元件）得到信息（输入），或将经过处理后的控制命令通过输出设备（元件）送到现场（输出），从而实现自动控制的目的。

输入回路的连接如图 6-3 所示。输入回路的实现是将 COM 通过输入元件（如按钮、转换开关、行程开关、继电器的触点、传感器等）连接到对应的输入点上，再通过输入点 X 将信息送到 PLC 内部。一旦某个输入元件状态发生变化，对应的输入继电器 X 的状态也就随之变化，PLC 在输入采样阶段即可获取这些信息。

输出回路就是 PLC 的负载驱动回路，输出回路的连接如图 6-4 所示。通过输出点，将负载和负载电源连接成一个回路，这样负载就由 PLC 输出的 ON/OFF 进行控制，输出点动作负载得到驱动。负载电源的规格应根据负载的需要输出点的技术规格进行选择。

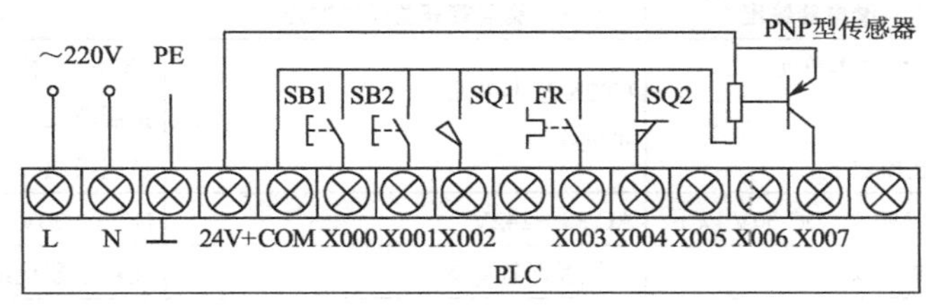

图 6-3　输入回路的连接

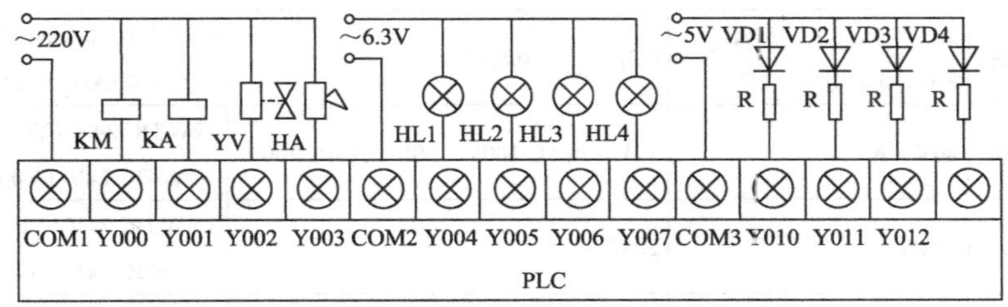

图 6-4　输出回路的连接

在实现输入/输出回路时，应注意的事项如下：

① I/O 点的共 COM 问题。一般情况下，每个 I/O 点应有两个端子。为了减少 I/O 端子的个数，PLC 内部已将其中一个 I/O 继电器的端子与公共端 COM 连接，如图 6-5 所示。输出端子一般采用每 4 个点共 COM 连接，如图 6-4 所示。

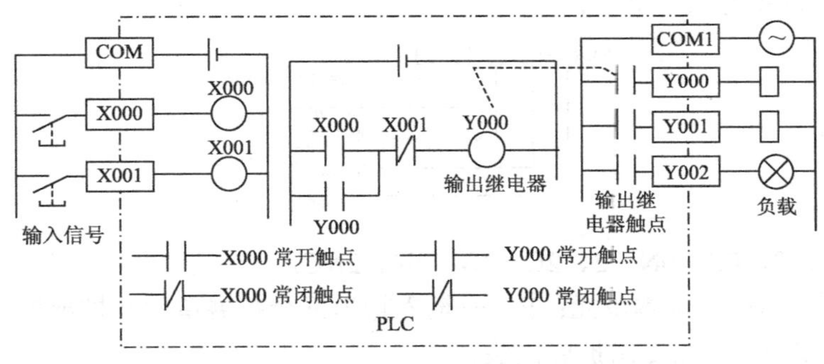

图 6-5　输入/输出继电器功能示意图

② 输出点的技术规格。不同的输出类别，有不同的技术规格。应根据负载的类别、大小、负载电源的等级、响应的时间等选择不同类别的输出形式，详见表 6-1。

③ 多种负载和不同负载电源共存的处理。在输出共用一个公共端子的范围内，必须用同一电压类型和同一电压等级；而不同公共点组可使用不同电压类型和电压等级的负载，如图 6-4 所示。

3）PLC 的 I/O 点类别、技术规格及使用说明

为了适应控制的需要，PLC 的 I/O 具有不同的类别，其输入分直流输入和交流输入两种形式；输出分继电器输出、可控硅输出和晶体管输出三种形式。继电器输出和可控硅输出适用于大电流输出场合；晶体管输出、可控硅输出适用于快速频繁动作的场合。相同驱动能力，继电器输出形式价格较低。三种输出形式技术规格见表 6-1。

表 6-1　三种输出形式技术规格

项目		继电器输出	晶闸管开关元件输出	晶体管输出
机型		FX2N 基本单元 扩展单元 扩展模块	FX2N 基本单元 扩展模块	FX2N 基本单元 扩展单元 扩展模块
内部电源		AC 250V、DC 30V 以下	AC 85～242V	DC 5～30V
电路绝缘		机械绝缘	光控晶闸管绝缘	光耦合器绝缘
动作显示		继电器螺线管通电时，LED 灯亮	光控晶闸管驱动时，LED 灯亮	光耦合驱动时，LED 灯亮
最大负载	电阻负载	2A/1 点、8A/4 点公用、8A/8 点公用	0.3A/1 点、0.8A/4 点	0.5A/1 点、0.8A/4 点、（Y000、Y001 以外）0.3A/1 点（Y000、Y001）
	感性负载	80V・A	15V・A/AC 100V、30V・A/AC 200V	12W/DC 24V（Y000、Y001 以外）、7.2W/DC 24V（Y000、Y001）
	灯负载	100W	20W	1.5W/DC 24V（Y000、Y001 以外）、0.9W/DC 24V（Y000、Y001）
开路漏电流		—	1mA/AC 100V、2mA/AC 200V	0.1mA/DC 30V
最小负载		DC 5V、2mA（参考值）	0.4V・A/AC 100V、1.6V・A/AC 200V	—
响应时间	OFF→ON	约 10ms	1ms 以下	0.2ms 以下
	ON→OFF	约 10ms	10ms 以下	0.2ms 以下

（3）FX2N 系列 PLC 型号

FX 系列 PLC 的型号表示如下：

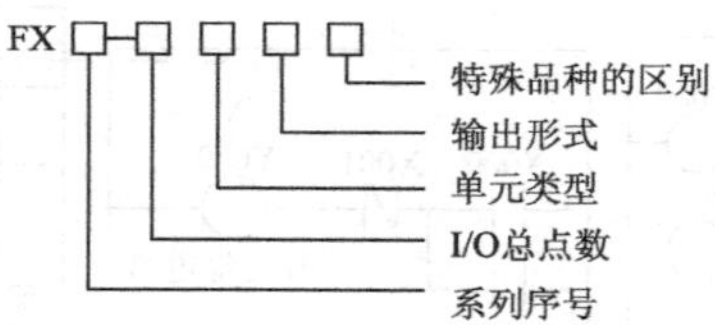

① 系列序号：0、0S、0N、2、2C、1S、2N、2NC。

② 单元类型：M——基本单元；E——输入输出混合扩展单元及扩展模块；EX——输入专用扩展模块；EY——输出专用扩展模块。

③ 输出形式：R——继电器输出；T——晶体管输出；S——晶闸管输出。

④ 特殊品种区别：D-DC 电源，DC 输入；A1——AC 电源，AC 输入；H——大电流输出扩展模块（1A/1 点）；V——立式端子排的扩展模块；C——接插口输入输出方式；F——输入滤波器 1ms 的扩展模块；L——TTL 输入扩展模块；S——独立端子（无公共端）扩展模块。

若特殊品种一项无符号，说明通指 AC 电源、DC 输入，横式端子排；继电器输出 2A/1 点；晶体管输出 0.5A/1 点；晶闸管输出 0.3A/1 点。

例如，FX2N-48MRD 含义为 FX2N 系列，输入输出总点数为 48 点，继电器输出，DC 电源，DC 输入基本单元。

FX 还有一些特殊的功能模块，如模拟量输入输出模块、通信接口模块及外围设备等，使用时可以参照 FX 系列 PLC 产品手册。

常用的 FX2N 系列 PLC 基本单元、扩展单元、特殊功能模块的型号及功能见表 6-2。

表 6-2　FX2N 系列 PLC 基本单元、扩展单元、特殊功能模块型号及功能

<table>
<tr><th rowspan="2">分类</th><th rowspan="2">型号</th><th colspan="2">I/0 点数</th><th rowspan="2">备注</th></tr>
<tr><th>I</th><th>0</th></tr>
<tr><td rowspan="6">基本单元（BU）</td><td>FX2N-16M</td><td>8</td><td>8</td><td rowspan="6">后缀：R——继电器输出；
T——晶体管输出；
S——晶闸管输出。
有内部电源、CPU、I/O、存储器，能单独使用（FX2N-16M、FX2N-128M 无晶闸管输出型）</td></tr>
<tr><td>FX2N-32M</td><td>16</td><td>16</td></tr>
<tr><td>FX2N-48M</td><td>24</td><td>24</td></tr>
<tr><td>FX2N-64M</td><td>32</td><td>32</td></tr>
<tr><td>FX2N-80M</td><td>40</td><td>40</td></tr>
<tr><td>FX2N-128M</td><td>64</td><td>64</td></tr>
<tr><td rowspan="2">扩展单元（EU）</td><td>FX2N-32ER/ET</td><td>16</td><td>16</td><td rowspan="2">有内部电源、I/O，无 CPU，不能单独使用，只能和 BU 合并使用</td></tr>
<tr><td>FX2N-48ER/ET</td><td>24</td><td>24</td></tr>
<tr><td rowspan="7">扩展模块（EB）</td><td>FX0N-8ER</td><td>4</td><td>4</td><td rowspan="7">无电源、CPU，仅提供 I/O，不能单独使用，电源从 BU 或 EU 获得</td></tr>
<tr><td>FX0N-8EX</td><td>8</td><td>—</td></tr>
<tr><td>FX0N-8EYR/T</td><td>—</td><td>8</td></tr>
<tr><td>FX0N-16EX</td><td>16</td><td>—</td></tr>
<tr><td>FX0N-16EYR/T</td><td>—</td><td>16</td></tr>
<tr><td>FX2N-16EX</td><td>16</td><td>—</td></tr>
<tr><td>FX2N-16EYR/T</td><td>—</td><td>16</td></tr>
<tr><td rowspan="8">特殊功能模块（SEB）</td><td>FX2N-CNV-IF</td><td colspan="2">—</td><td>FX2N 与 FX2 系列 SEB 连接的转换电缆</td></tr>
<tr><td>FX2N-4DA</td><td colspan="2">8</td><td>模拟量输出模块（4 路）</td></tr>
<tr><td>FX2N-4DA</td><td colspan="2">8</td><td>模拟量输出模块（4 路）</td></tr>
<tr><td>FX2N-4DA-PT</td><td colspan="2">8</td><td>温度控制模块（铂电阻）</td></tr>
<tr><td>FX2N-4DA-TC</td><td colspan="2">8</td><td>温度控制模块（热电偶）</td></tr>
<tr><td>FX2N-1HC</td><td colspan="2">8</td><td>50kHz 两相高速计数单元</td></tr>
<tr><td>FX2N-1PG</td><td colspan="2">8</td><td>100Kpps 脉冲输出模块</td></tr>
<tr><td>FX2N-232IF</td><td colspan="2">8</td><td>RS232 通信接口</td></tr>
<tr><td rowspan="2">特殊功能板</td><td>FX2N-8AV-BD</td><td colspan="2">—</td><td>容量适配器</td></tr>
<tr><td>FX2N-422-BD</td><td colspan="2">—</td><td>RS422 通信板</td></tr>
</table>

任务实施

一、实操器材

任务实施所需实训设备和元器件明细见表 6-3。

表 6-3　任务实施所需实训设备和元器件明细

名称	型号或规格	数量	名称	型号或规格	数量
可编程序控制器	FX2N-48MR	1 台	按钮	LA10-1	2 个
计算机	带三菱编程软件、编程电缆	1 套	三相电动机	1.1kW/380V	1 台
交流接触器	CJ20-10	1 个	导线		若干
指示灯	220V/15W	2 个			

二、实操过程

1. 输入/输出点分配

① 分析被控制对象的工艺条件和控制要求。
② 指出 PLC 各部分的结构组成；认识手持编程器、编程适配器、通信电缆等。
③ 分析模块化 PLC 各模块的名称和作用。
④ 根据被控对象对 PLC 系统的功能要求和所需要输入/输出的点数，选择适当类型的 PLC。输入和输出点分配见表 6-4。

表 6-4 输入和输出点分配

输入信号（I）			输出信号（O）		
名称	代号	输入点编号	名称	代号	输出点编号
停止按钮	SB1	X000	交流接触器	KM	Y000
启动按钮	SB	X001	指示灯 1	HL1	Y001
热继电器	FR	X002	指示灯 2	HL2	Y002

2. PLC 的 I/O 接线

PLC 的 I/O 接线如图 6-6 所示，图中没有标出 PLC 电源的接线，在实训接线时必须接上。

3. 程序设计

① 根据被控对象的工艺条件和控制要求，设计梯形图或状态转移图。
② 根据梯形图，编写指令程序，用编程器将指令程序录入 PLC。

4. 运行与调试程序

调试系统，首先按系统接线图连接好系统，然后根据控制要求对系统进行调试，直到符合要求。

按照图 6-7 提供的梯形图写入 PLC，并将计算机和 PLC 通信连接好，学员按照以下步骤观察。

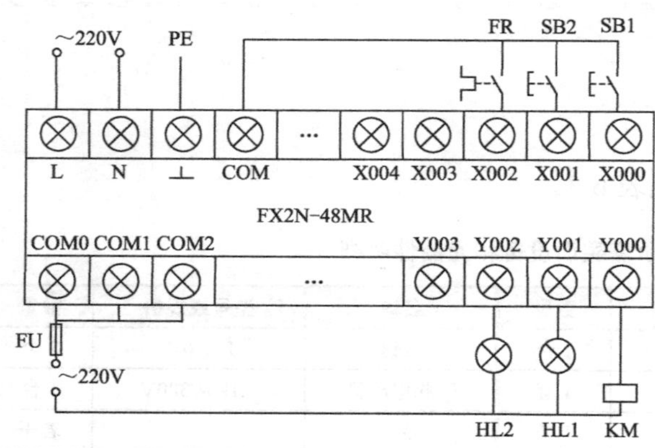

图 6-6 PLC 的 I/O 接线

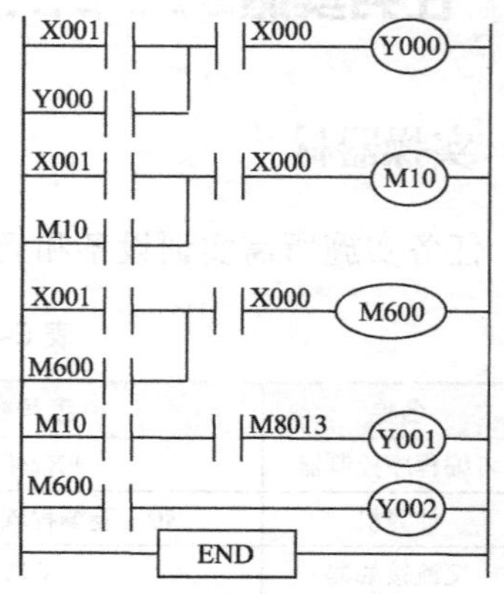

图 6-7 演示控制程序（梯形图）

① PLC 通电，但置于非运行（RUN）状态。观察 PLC 面板上的 LED 指示灯和计算机上显示程序中各触点和线圈的状态。

② PLC 置于运行（RUN）状态，按下启动按钮，观察接触器 KM 及指示灯状态和计算机上显示程序中各触点和线圈的状态。

③ 断开 PLC 的电源 5s 后，再通电（PLC 在运行状态），观察接触器 KM 及指示灯状态以及计算机上显示程序中各触点和线圈的状态。

任务二　PLC 程序执行过程和扫描工作方式

一、PLC 的工作原理

早期的 PLC 主要用于代替传统的“继电器－接触器”控制系统，但这两者的运行方式是不相同的。继电器控制装置采用硬逻辑并行运行的方式，即如果这个继电器的线圈通电或断电，该继电器所有的触点无论在继电器控制线路的哪个位置上都会立即同时动作。而 PLC 的 CPU 则采用顺序逻辑扫描用户程序的运行方式，即如果一个输出线圈或逻辑线圈被接通或断开，该线圈的所有触点不会立即动作，必须等扫描到该触点时才会动作。为了消除两者之间由于运行方式不同而造成的差异，考虑到继电器控制装置各类触点的动作时间一般在 100ms 以上，而 PLC 扫描用户程序的时间一般均小于 100ms，因此，PLC 采用了一种不同于一般微型计算机的运行方式——“扫描技术”。对于 I/O 响应要求不高的场合，PLC 与继电器控制装置的处理结果就没有什么区别了。

下面介绍 PLC 的扫描过程。当 PLC 投入运行后，其工作过程一般分为三个阶段，即输入采样、用户程序执行和输出刷新三个阶段，如图 6-8 所示。完成上述三个阶段称做一个扫描周期，在整个运行期间，PLC 的 CPU 以一定的扫描速度重复执行上述三个阶段。

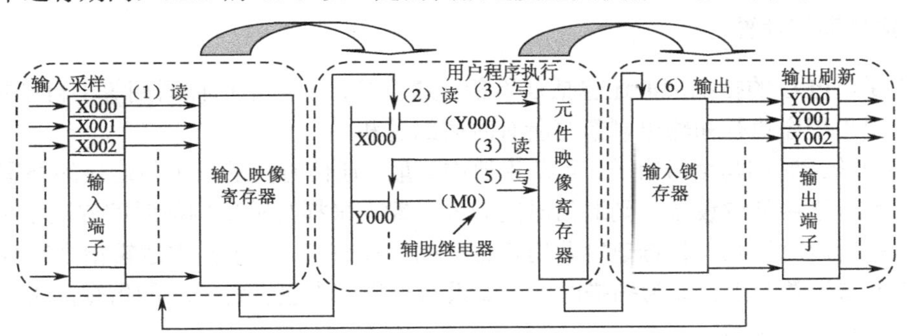

图 6-8　用户程序执行的三个过程

1. 输入采样阶段

在输入采样阶段，PLC 以扫描方式依次读入所有输入状态和数据，并将它们存入存储器中的相应单元（通常称作 I/O 映像区）内。输入采样结束后，转入用户程序执行和输出刷新阶段。

在这两个阶段中，即使输入状态和数据发生变化，I/O 映像区中的相应单元的状态和数据也不会改变。因此，如果输入是脉冲信号，则该脉冲信号的宽度必须大于一个扫描周期，才能保证在任何情况下，该输入均能被读入。

2. 用户程序执行阶段

在用户程序执行阶段，PLC 总是按由上而下的顺序依次地扫描用户程序。在扫描每一条程序时，又总是先扫描梯形图左边的由各触点构成的控制线路，并按先左后右、先上后下的顺序对由触点构成的控制线路进行逻辑运算，然后根据逻辑运算的结果，刷新该线圈在 I/O 映像区或系统存储区中对应位的状态。也就是说，在用户程序执行过程中，只有输入点在 I/O 映像区内的状态不会发生变化，而其他输出点以及软设备在 I/O 映像区或系统存储区内的状态和数据都有可能发生变化。而且，排在上面梯形图的执行结果会对排在下面的凡是用到这些线圈或数据的梯形图起作用。相反，排在下面的梯形图，其被刷新的逻辑线圈的状态或数据只能到下一个扫描周期才能对排在其上面的程序起作用。

3. 输出刷新阶段

当扫描用户程序结束后，PLC 就进入输出刷新阶段。在此期间，CPU 按照 I/O 映像区内对应的状态和数据刷新所有的输出线圈，再经输出电路驱动相应的外部设备，即真正意义上的 PLC 输出。

上述三个过程（输入采样、用户程序执行、输出刷新）构成了 PLC 工作的一个工作周期，PLC 按工作周期方式周而复始地循环工作，完成对被控对象的控制作用。但严格说来，PLC 的一个工作周期还包括下述四个过程，这四个过程都是在扫描过程之后进行的。

① 系统自监测：检查程序执行是否正确，如果超时则停止 CPU 工作。

② 与编程器交换信息：这在使用编程器输入和调试程序时才执行。

③ 与数字处理器交换信息：这只有在 PLC 中配置有专用数字处理器时才执行。

④ 网络通信：当 PLC 配置有网络通信模块时，应与通信对象（如磁带机、编程器和其他 PLC 或计算机等）作数据交换。

4. 扫描周期的计算

一般来说，PLC 的扫描周期还包括自诊断、通信等，即一个扫描周期等于自诊断、通信、输入采样、用户程序执行和输出刷新等所有时间的总和。

PLC 的自诊断时间与型号有关，可从手册中查取。通信时间的长短与连接的外围设备多少有关，如果没有连接外围设备，则通信时间为零。输入采样与输出刷新时间取决于 I/O 点数，扫描用户程序所用时间则与扫描速度及用户程序的长短有关。对于基本逻辑指令组成的用户程序，扫描速度与步数的乘积即为扫描时间。如果用户程序中包含特殊功能指令，还必须查手册确定执行这些指令的时间。

5. PLC 的 I/O 响应时间

为了增强 PLC 的抗干扰能力，提高其可靠性，PLC 的每个开关量输入端都采用了光电隔离等技术。为了实现类似于继电器控制线路的硬逻辑并行控制，PLC 采用了不同于一般微型计算机运行方式的“扫描技术”。

正是以上两个原因，使得 PLC 的 I/O 响应比一般微型计算机构成的工业控制系统慢得多。其响应时间至少等于一个扫描周期，一般均大于一个扫描周期甚至更长。为提高 I/O 响应速度，现在的 PLC 均采取了一定的措施。在硬件方面，选用了快速响应模块、高速计数模块等新型模块。在软件方面，则采用了中断技术、改变信息刷新方式、调整输入滤波器等措施。

6. PLC 对输入/输出的处理规则

总结上面分析的程序执行过程，可得出 PLC 对输入/输出的处理规则如下：

① 输入映像寄存器的数据，取决于输入端子在上一个工作周期的输入采样阶段所刷新的状态。

② 输出映像寄存器（包含在元件映像寄存器中）的状态，由程序中输出指令的执行结果决定。

③ 输出锁存电路中的数据，由上一个工作周期的输出刷新阶段存入到输出锁存电路中的数据来确定。

④ 输出端子上的输出状态，由输出锁存电路中的数据来确定。

⑤ 程序执行中所需的输入、输出状态（数据），由输入映像寄存器和输出映像寄存器读出。

二、FX2N 系列 PLC 的软件系统

1. 软件系统

硬件系统和软件系统组成了一个完整的 PLC 系统，它们相辅相成，缺一不可。没有软件的 PLC 系统称为裸机系统，不起任何作用。反之，如果没有硬件系统，软件系统也失去了基本的外部条件，程序根本无法运行。PLC 的软件系统是指 PLC 所使用的各种程序的集合，通常可分为系统程序和用户程序两大部分。

（1）系统程序

系统程序是每一个 PLC 成品必须包括的部分，由 PLC 生产厂家提供，用于控制 PLC 本身的运行。系统程序固化在 EPROM 存储器中。

系统程序可分为管理程序、编译程序、标准程序模块和系统调用三部分。管理程序是系统程序中最重要的部分，PLC 整个系统的运行都由它控制。编译程序用来把梯形图、语句表等编程语言翻译成 PLC 能够识别的机器语言。系统程序的第三部分是标准程序模块和系统调用，这部分由许多独立的程序模块组成，每个程序模块完成一种单独的功能，如输入、输出及特殊运算等，PLC 根据不同的控制要求，选用这些模块完成相应的工作。

（2）用户程序

用户程序就是由用户根据控制要求，用 PLC 编程的软元件和编程语言（如梯形图）编制的应用程序，用户通过编程器或 PC 写入 PLC 的 RAM 内存中，可以修改和更新。当 PLC 断电时被锂电池保持，以实现所需的控制目的，用户程序存储在系统程序指定的存储区内。

2. PLC 的编程语言

可编程控制器目前常用的编程语言有以下几种：梯形图语言、助记符语言、顺序功能图、功能块图和某些高级语言。手持编程器多采用助记符语言，计算机软件编程采用梯形图语言，也有采用顺序功能图、功能块图的。

（1）梯形图语言

梯形图表达式沿用了原电气控制系统中的继电器接触控制电路图的形式，两者的基本构思是一致的，只是使用符号和表达方式有所区别。

梯形图从上至下按行编写，每一行则按从左至右的顺序编写。CPU 将按自左到右，从上而下的顺序执行程序。梯形图的左侧竖直线称母线（输入公共线）。梯形图的左侧安排输入触点（如有若干个触点串联或并联，应将多的触点安排在最上端或最左端）和辅助继电器触点（运算中间结果），最右边必须是输出元素。

梯形图中的输入只有两种：常开触点（┤├）和常闭触点（┤├）。这些触点可以是 PLC 的外接开关对应的内部映像触点，也可以是内部继电器触点，或内部定时器、计数器的触点。每个触点都有自己的特殊的编号，以示区别。同一编号的触点可以有常开和常闭两种状态，使用次数不限。因为梯形图中使用的“继电器”对应 PLC 内的存储区某字节或某位，所用的触点对应于该位的状态，可以反复读取，故称 PLC 有无限对触点。梯形图中触点可以任意串联、并联。

梯形图中输出线圈对应 PLC 内存的相应位，输出线圈包括输出继电器线圈、辅助继电器线圈以及定时器、计数器线圈等，其逻辑动作只有线圈接通后，对应的触点才可能发生动作。用户程序运算结果可以立即为后续程序所利用。

（2）助记符语言

助记符语言又称命令语句表达式语言，它常用一些助记符来表示 PLC 的某种操作。它类似微机中的汇编语言，但比汇编语言更直观易懂。用户可以很容易地将梯形图语言转换成助记符语言。

【例如】某一过程控制系统中，工艺要求开关 1 闭合 40s 后，指示灯亮，按下开关 2 后灯熄灭，采用三菱 FX2N 系列 PLC 实现控制。图 6-9（a）为实现这一功能的梯形图程序，它是由若干个梯级组成，每一个输出元素构成一个梯级而每个梯级可由多条支路组成。图 6-9（b）是梯形图对应的用助记符表示的指令表。

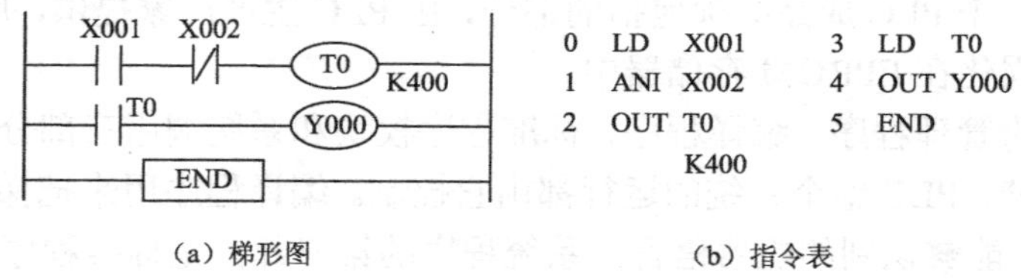

（a）梯形图　　（b）指令表

图 6-9　梯形图与助记符语言

这里要说明的是不同厂家生产的 PLC 所使用的助记符各不相同，因此同一梯形图写成的助记符语句不相同。用户在将梯形图转换为助记符时，必须弄清 PLC 的型号及内部各器件编号、使用范围和每一条助记符的使用方法。

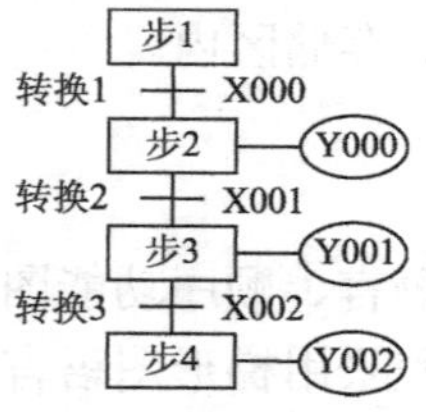

步1
转换1　X000
步2　Y000
转换2　X001
步3　Y001
转换3　X002
步4　Y002

图 6-10　顺序功能图

（3）顺序功能图

顺序功能图也是一种编程方法，这是一种图形说明语言，它用于表示顺序控制的功能，目前国际电工协会（IEC）正在实施发展这种新式的编程标准。现在，不同的 PLC 生产厂家对这种编程语言所用的符号和名称也是不一样的，三菱公司称其为功能图语言。图 6-10 表示一个顺序功能图的编程示例。采用功能图对顺序控制系统编程非常方便，同时也很直观，在功能图中用户可以根据顺序控制步骤执行条件的变化，分析程序的执行过程，可以清楚地看到在程序执行过程中每一步的状态，便于程序的设计和调试。

3．FX2N 系列 PLC 的软元件（内部继电器）

软元件简称元件，PLC 的内部存储器的每一个存储单元均称为元件，各个元件与 PLC 的监控程序、用户的应用程序合作，会产生或模拟出不同的功能。当元件产生的是继电器功能时，称这类元件为软继电器，简称继电器。它不是物理意义上的实际器件，而是一定的存储单元与程序结合的产物。后面介绍的各类继电器、定时器、计数器都是指此类软元件。

元件的数量及类别是由 PLC 的监控程序规定的，它的规模决定着 PLC 整体功能及数据处理能力。通常在使用时，主要查看相关的操作手册。

（1）输入继电器 X

输入继电器是 PLC 中用来专门存储系统输入信号的内部虚拟继电器。它又被称为输入映像区，可以提供无数个常开触点和常闭触点，供编程使用，编程使用次数不限。这类继电器的状态只能用输入信号驱动，不能用程序驱动。FX 系列 PLC 的输入继电器采用八进制的地址编号，地址为：X000～X007、X010～X017、X020～X027……X260～X267 共 184 个点。

（2）输出继电器 Y

输出继电器是 PLC 中专门用来将运算结果经输出接口电路及输出端子控制外部负载的虚拟继电器。它在内部直接与输出接口电路相连，可以提供无数个常开触点和常闭触点，供编程使用，编程使用次数不限。这类继电器的状态只能用程序驱动，外部信号无法直接驱动输出继电器。FX 系列 PLC 的输出继电器采用八进制的地址编号，地址为：Y000～Y267 共 184 个点。

（3）内部辅助继电器 M

PLC 内有很多辅助继电器，辅助继电器的线圈与输出继电器一样，由 PLC 内各软元件的触点驱动。辅助继电器的常开和常闭触点使用次数不限，在 PLC 内可以自由使用。但是，这些触点不能直接驱动外部负载，外部负载的驱动必须由输出继电器执行。在逻辑运算中经常需要一些中间继电器作为辅助运算用。这些元件不直接对外输入、输出，但经常用作状态暂存、移位运算等。它的数量比软元件 X、Y 多。内部辅助继电器中还有一类特殊辅助继电器，它有各种特殊功能，如定时时钟、进/借位标志、启动/停止、单步运行、通信状态、出错标志等。FX2N 系列 PLC 的辅助继电器按照其功能分成以下 3 类：

① 通用辅助继电器 M0～M499（500 点）。通用辅助继电器元件是按十进制进行编号的，FX2N 系列 PLC 有 500 点，其编号为 M0～M499。

② 断电保持辅助继电器 M500～M1023（524 点）。PLC 在运行中发生停电，输出继电器和通用辅助继电器全部成断开状态。再运行时，除去 PLC 运行时就接通的以外，其他都断开。但是根据不同控制对象要求，有些控制对象需要保持停电前的状态，并能在再运行时再现停电前的状态情形。断电保持辅助继电器完成此功能，停电保持由 PLC 内装的后备电池支持。

③ 特殊辅助继电器 M8000～M8255（256 点）。这些特殊辅助继电器各自具有特殊的功能，一般分成两大类。一类是只能利用其触点，其线圈由 PLC 自动驱动。例如：M8000（运行监视）、M8002（初始脉冲）、M8013（1s 时钟脉冲）。另一类是可驱动线圈型的特殊辅助继电器，用户驱动其线圈后，PLC 做特定的动作。例如，M8033 指 PLC 停止时输出保持，M8034 是指禁止全部输出，M8039 是指定时扫描。

（4）内部状态继电器 S

状态继电器是 PLC 在顺序控制系统中实现控制的重要内部元件。它与后面介绍的步进顺序控制指令 STL 组合使用，运用顺序功能图编制高效易懂的程序。状态继电器与辅助继电器一样，有无数的常开触点和常闭触点，在顺控程序内可任意使用。状态继电器的编号及点数如下：

初始状态：S0～S9（10 点）；

回零：S10～S19（10 点）；

通用：S20～S499（480 点）；

保持：S500～S899（400 点）；

报警：S900～S999（100 点）。

（5）内部定时器 T

定时器在 PLC 中相当于一个时间继电器，它有一个设定值寄存器（一个字）、一个当前值寄存器（字）以及无数个触点（位）。对于每一个定时器，这三个量使用同一个名称，但使用场合不一样，其所指意义也不一样。通常在一个可编程控制器中有几十个至数百个定时器，可用于定时操作。

（6）内部计数器 C

计数器是 PLC 的重要内部部件，它是在执行扫描操作时对内部元件 X、Y、M、S、T、C 的信号进行计数。当计数达到设定值时，计数器触点动作。计数器的常开、常闭触点可以无限使用。

（7）数据寄存器 D

可编程控制器用于模拟量控制、位置控制、数据 I/O 时，需要许多数据寄存器存储参数及工作数据。这类寄存器的数量随着机型不同而不同。

每个数据寄存器都是 16 位，其中最高位为符号位，可以用两个数据寄存器合并起来存放 32 位数据（最高位为符号位）。

① 通用数据寄存器 D0～D199。只要不写入数据，数据将不会变化，直到再次写入。这类寄存器内的数据，一旦 PLC 状态由运行（RUN）转成停止（STOP）时，全部数据均清零。

② 停电保持数据寄存器 D200～D7999。除非改写，否则数据不会变化。即使 PLC 状态变化或断电，数据仍可保持。

③ 特殊数据寄存器 D8000～D8255。这类数据寄存器用于监视 PLC 内各种元件的运行方式，其内容在电源接通（ON）时，写入初始化值（全部清零，然后由系统 ROM 安排写入初始化值）。

④ 文件寄存器 D1000～D7999。文件寄存器实际上是一类专用数据寄存器，用于存储大量的数据，例如采集数据、统计计数器数据、多组控制参数等。其数量由 CPU 的监视软件决定。在 PLC 运行中，用 BMOV 指令可以将文件寄存器中的数据读到通用数据寄存器中，但不能用指令将数据写入文件寄存器。

（8）内部指针（P、I）

内部指针是 PLC 在执行程序时用来改变执行流向的元件。它有分支指令专用指针 P 和中断指针 I 两类。

① 分支指令专用指针 P0～P63。分支指令专用指针在应用时，要与相应的应用指令 CJ、CALL、FEND、SRET 及 END 配合使用，P63 为结束跳转使用。

② 中断指针 I 是应用指令 IRET 的返回及 EI 开中断、DI 关中断配合使用的指令。

任务实施

一、实操器材

任务实施所需实训设备和元器件明细见表 6-5。

表 6-5　任务实施所需实训设备和元器件明细

名称	型号或规格	数量	名称	型号或规格	数量
可编程序控制器	FX2N-48MR	1 台	熔断器	15A、熔体 2A	2 个
计算机	带三菱编程软件、编程电缆	1 套	断路器	三极、25A	1 个
交流接触器	CJ20-10、线圈电压 380V	2 个	按钮	LA10-1	1 个
热继电器	JR16-20/3；20A、整定电流 8.8A	1 个	三相电动机	1.1kW/380V	1 台
熔断器	500V、60A、熔体 25A	3 个	导线		若干

二、实操过程

1. 控制要求

一小车自动往复控制系统如图 6-11 所示。其控制要求如下：

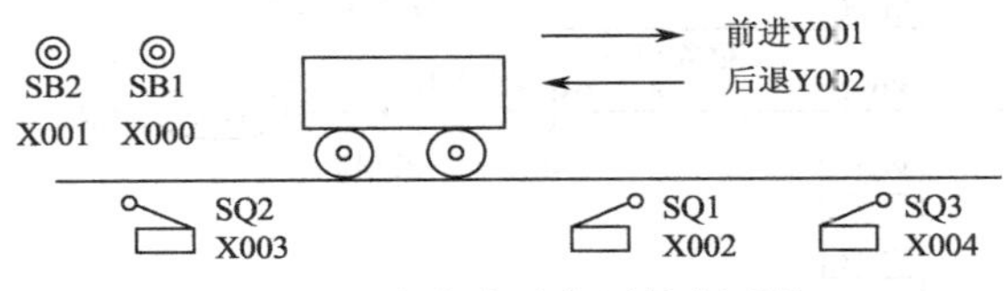

图 6-11　小车自动往返控制系统

① 按启动按钮 SB 台车电动机 M 正转，台车前进，碰到限位开关 SQ1 后，台车电动机 M 反转，台车后退。

② 台车后退碰到限位开关 SQ2 后，台车电动机停转，台车停止。暂停 5s 后，台车再转向前进，当碰到限位开关 SQ3 后，开始后退。

③ 台车后退，当再次碰到限位开关 SQ2 时，台车停止。延时 5s 后重复上述动作。

2. PLC 的 I/O 接线与程序设计

① 分析被控对象的工艺条件和控制要求、功能要求和所需输入/输出的点数，选择适当类型的 PLC。

② 分配输入/输出点，绘制控制系统的接线，如图 6-12 所示。

③ 根据被控对象工艺条件和控制要求，设计梯形图或状态转移图。

按下启动按钮 SB，X000 接通，Y001 得电并自锁，台车前进；台车前进至位置 1 解除 Y001 自锁，Y001 失电，台车停止前进；同时启用二次启动服务电路，使 M100 常开触点接通，为二次启动做准备；又通过 X001 常开触点使 Y002 得电并自锁，台车反向启动，台车后退。

台车后退至位置 2 解除 Y002 自锁，台车停止，并启用延时电路；经 5s 延时后，T0 常开触点接通，实现二次启动，Y001 得电并自锁，台车前进；台车前进至位置 3 解除 Y001 自锁，台车停止，同时解除二次服务电路的自锁；又通过 X003 常开触点使 Y002 得电并自锁，台车反向启动，台车后退。

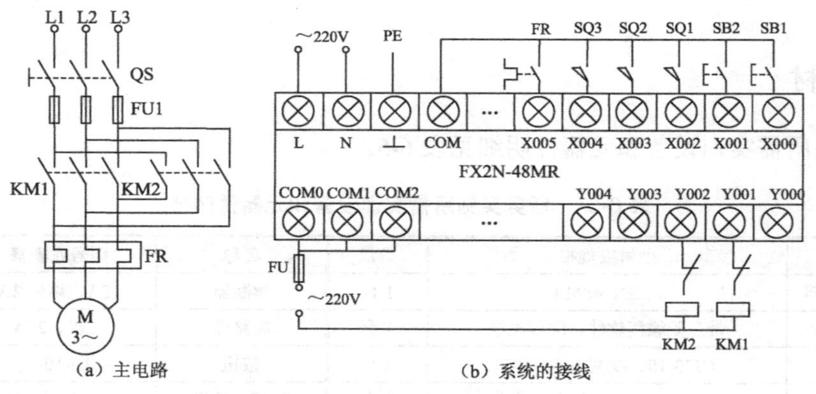

图 6-12　小车自动往返控制系统

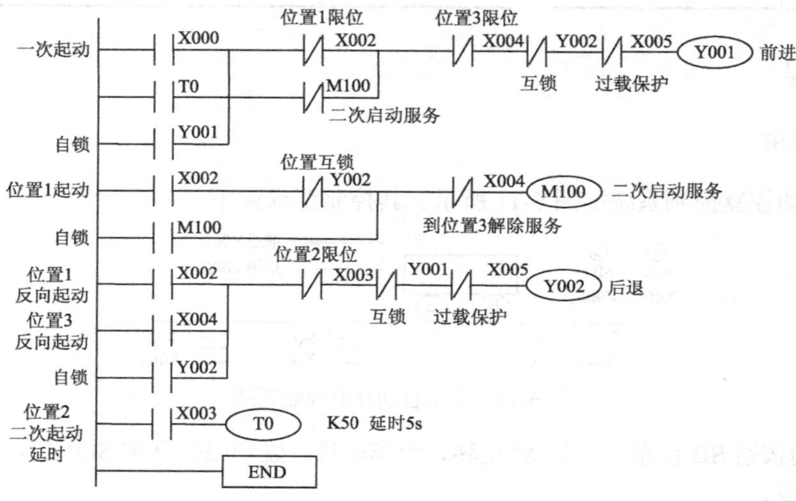

图 6-13　小车自动往返控制梯形图之一

为了使台车在二次返回途中经位置 1 时不启用二次启动服务电路，在该电路中增设 Y002 的常闭触点以实现位置互锁，这样可保证台车下次前进至位置 1 停而不是位置 3 停，以满足控制要求。

④ 按照图 6-13 所示小车自动往返控制梯形图，编写指令程序，见表 6-6。

表 6-6　图 6-13 所示梯形图对应的指令程序

指令程序	指令程序	指令程序	指令程序
0 LD X000	7 ANI Y002	14 OUT M100	21 OUT Y002
1 OR T0	8 ANI X005	15 LD X002	22 LD X003
2 OR Y001	9 OUT Y001	16 OR X004	23 OUT T0
3 LDI X002	10 LD X002	17 OR Y002	24 K50
4 OR M100	11 ANI Y002	18 ANI X003	25 END
5 ANB	12 OR M100	19 ANI Y001	
6 ANI X004	13 ANI X004	20 ANI X005	

⑤ 如果将台车控制的梯形图 6-13 设计成图 6-14 所示的梯形图，即将二次启动服务电路与后退电路的次序换了一下，由于 PLC 在程序执行阶段，总是按先左后右，先上后下的顺序对每条指令进行扫描，所以 PLC 在扫描时，二次启动服务电路中 X001 常开触点的动作滞后于后退电路中 X001 常开触点动作，由于 Y002 常闭触点首先实现了位置互锁，台车在位置 1 不能启用二次启动服务电路，所以台车二次启动后就不可能达到预定位置 3 了。

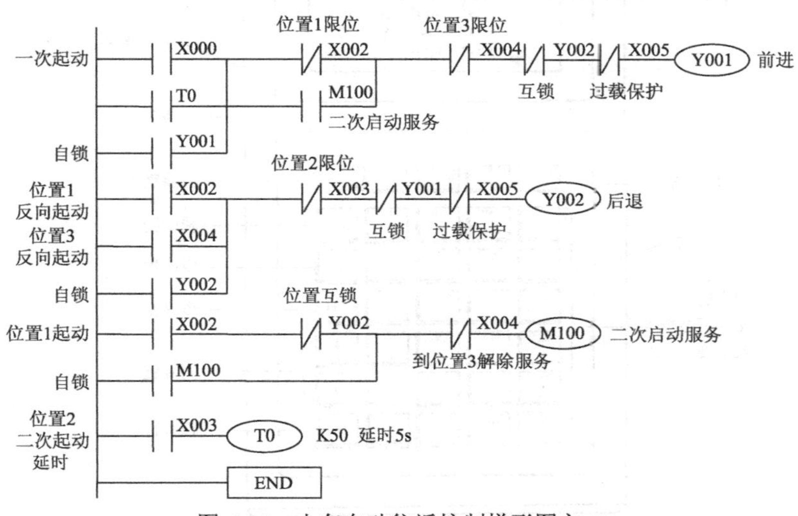

图 6-14　小车自动往返控制梯形图之二

3．运行与调试

按照图 6-12（b）接线图将系统连接好，分别将图 6-13 和图 6-14 的梯形图（参照表 6-6 编写指令表）所对应的指令程序写入 PLC，运行并调试程序。

注意观察运行结果，分析其差异，并深入体会 PLC 程序执行的观察和扫描工作方式。

任务三　程序的写入、调试及监控

程序的写入、调试及监控是通过编程器实现的。编程器是 PLC 必不可少的外部设备，它一方面对 PLC 进行编程，另一方面又能对 PLC 的工作状态进行监控。

本任务就是对给定的程序进行编程、监控、运行操作。

一、FX-20P-E 编程器

编程器是用来对 PLC 进行编程以及对其工作进行监视的重要设备。FX 系列 PLC 的编程设备有手持式简易编程器（FX-20P-E）、图形编程器（GP-80FX-E）及编程软件包 MELSEC-MEDOC、FX-PCS/WIN-C。此处重点介绍 FX-20P-E 编程器及其使用。

FX-20P-E 手持式简易编程器由液晶显示屏、ROM 写入器接口、存储卡盒的接口、功能键、指令键、元件符号键和数字键等组成，如图 6-15 所示。

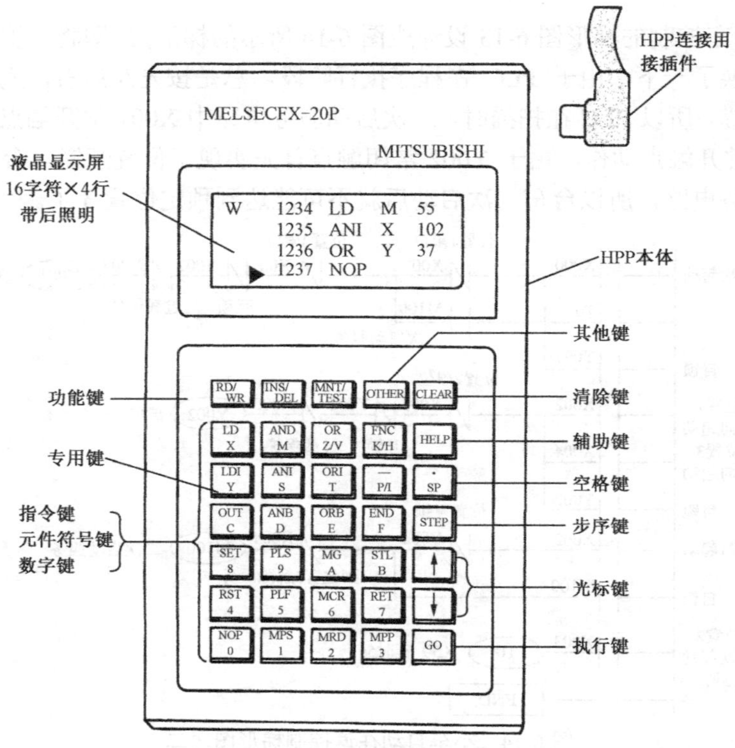

图 6-15　手持编程器面板

1．液晶显示屏

FX-20P-E 简易编程器的液晶显示屏很小，能同时显示 4 行，每行 16 个字符，在编程操作时，显示屏上显示的画面如图 6-16 所示。液晶显示屏左上角的黑三角提示符是功能方式说明，下面分别予以介绍。

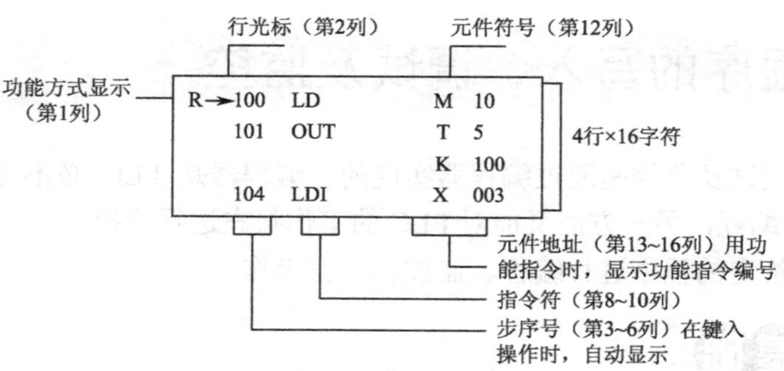

图 6-16　液晶显示屏

功能方式显示的含义：

R(Read)－读出；W(Write)－写入；I(Insert)－插入；D(Delete)－删除；M(Monitor)－监视；T(Test)－测试。

2．键盘

键盘由 35 个按键组成，包括功能键、指令键、元件符号键和数字键等。

① 功能键（RD/WR）：读出/写入键、（INS/DEL）插入/删除键、（MNT/TEST）监视/测试键　各功能键交替起作用，按一次时选择键左上方表示的功能；再按一次，则选择右下方表示的功能。

② 其他键（OTHER）：在任何状态下按此键，显示方式项目单（菜单）。安装 ROM 写入模块时，在脱机方式项目单上进行项目选择。

③ 清除键（CLEAR）：如在按（GO）键前（即确认前）按此键，则清除键入的数据。此键也可用于清除显示屏上的错误信息或恢复原来的画面。

④ 帮助键（HELP）：显示功能指令一览表。在监视时，进行十进制数和十六进制数的转换。

⑤ 空格键（SP）：在输入时，用此键指定元件号和常数。

⑥ 步序键（STEP）：设定步序号时按此键。

⑦ 光标键（↑）、（↓）：用该键移动光标和提示符，指定已指定元件前一个或后一个地址号的元件，作行滚动。

⑧ 执行键（GO）：此键用于指令的确认、执行、显示后面的画面和再搜索。

⑨ 指定键、元件符号键、数字键　这些都是复用键。每个键的上面为指令符号，下面为元件符号或者数字。上、下的功能是根据当前所执行的操作自动进行切换，其中下面的元件符号（Z/V）、（K/H）、（P/I）又是交替起作用，反复按键时，互相切换。指令键共有 26 个，操作起来方便、直观。

二、编程操作

编程操作不管是联机方式还是脱机方式，其基本编程操作相同，步骤如下：

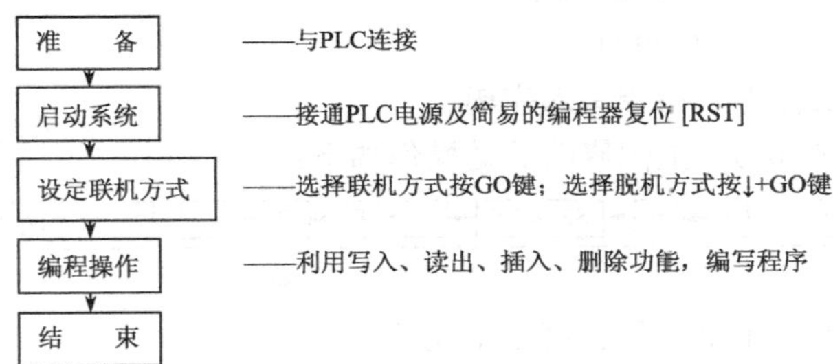

1. 程序写入

在写入程序之前，要将 PLC 内部存储器的程序全部清除（清零），使每个寄存器里的指令都变成 NOP，按键的操作顺序为

W:→NOP→A→GO→GO

（1）基本指令的写入

基本指令有三种情况：一是仅有指令助记符，不带元件；二是有指令助记符带 1 个元件；三是指令助记符带 2 个元件。在选择写入功能的前提下，写入上述三种基本指令的键操作如下：

① 写入功能→指令→(GO)（只需输入指令）；

② 写入功能→指令→元件符号→元件号→(GO)（需要指令和元件的输入）；

③ 写入功能→指令→元件符号→元件号→(SP)→元件符号→元件号→(GO)（需要指令、第 1 个元件和第 2 个元件的输入）。

【例如】要将图 6-17 所示的梯形图程序写入到 PLC 中，可按如下操作进行。

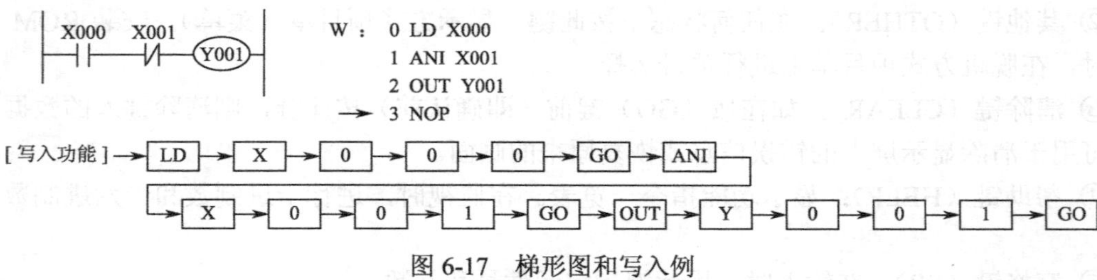

图 6-17 梯形图和写入例

在指令输入过程中，若要修改，可按图 6-18 所示的操作进行。

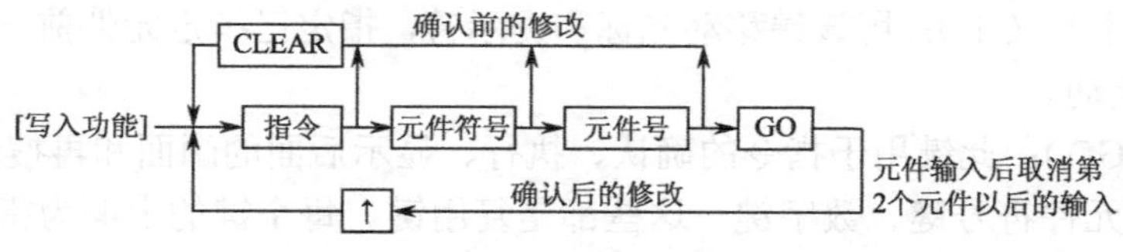

图 6-18 修改程序的基本操作

【例如】输入指令 OUT T0 K10，确认前（按 GO 键前），欲将 K10 改为 D9，其操作如下：

W: OUT → T → 0 → SP → K → 1 → 0 → CLEAR → D → 9 → GO

（OUT～0：①；CLEAR：②；D、9：③；GO：④）

① 按指令键，输入第 1 个元件和常数；

② 为取消常数，按 1 次 CLEAR 键；

③ 键入修改后的常数（用 D9 间接给定）；

④ 按 GO 键，确认输入，指令写入完毕。

若确认后（已按 GO 键），上例修改的键操作如下：

W: OUT → T → 0 → SP → K → 1 → 0 → GO → ↑ → D → 9 → GO

（OUT～0：①；GO：②；↑：③；D、9：④；GO：⑤）

① 按指令键，写入第 1 个元件、第 2 个元件；

② 按 GO 键，①的内容输入完毕；

③ 将行光标移到 K10 的位置上；

④ 键入修改后的第 2 个元件；

⑤ 按 GO 键，指令写入完毕。

（2）功能指令的写入

写入功能指令时，按 FNC 键后再输入功能指令号。这里不要像输入基本指令那样，使用元件符号键。

输入功能指令号有两种方法：一是直接输入指令号；二是借助于 HELP 键的功能，在所显示的指令一览表上检索指令编号后再输入。功能指令写入的基本操作如图 6-19 所示。

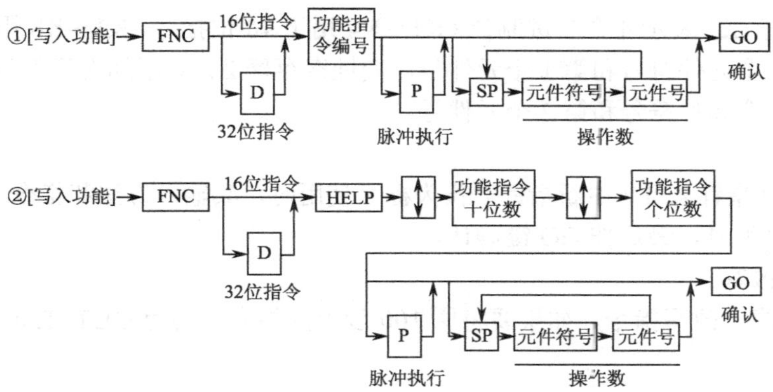

图 6-19　功能指令输入的基本操作

【例如】写入功能指令 (D) MOV (P) D0 D2，其键操作如下：

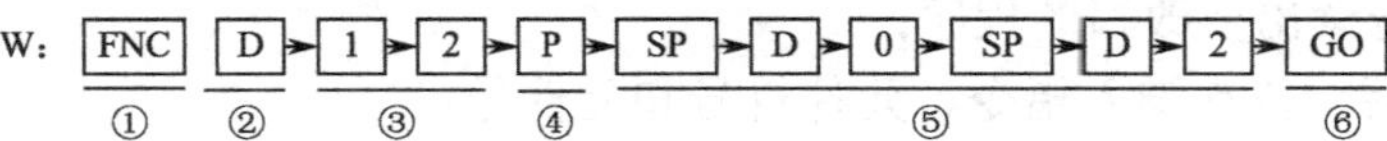

① 按 FNC 键，选择功能指令；

② 指定 32 位指令时，在键入指令号之前按 D 键；

③ 键入指令号；

④ 在指定脉冲指令时，键入指令号后按 P 键；

⑤ 写入元件时，按 SP 键，再依次键入元件符号和元件号；

⑥ 按 GO 键，确认输入。

上述操作完成后，显示屏的显示如下：

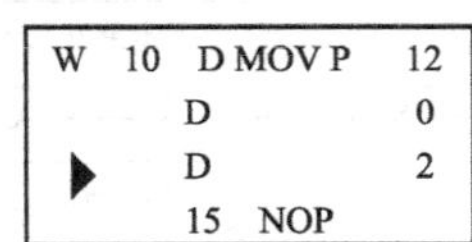

【例如】键入图 6-20 所示梯形图键，操作如下：

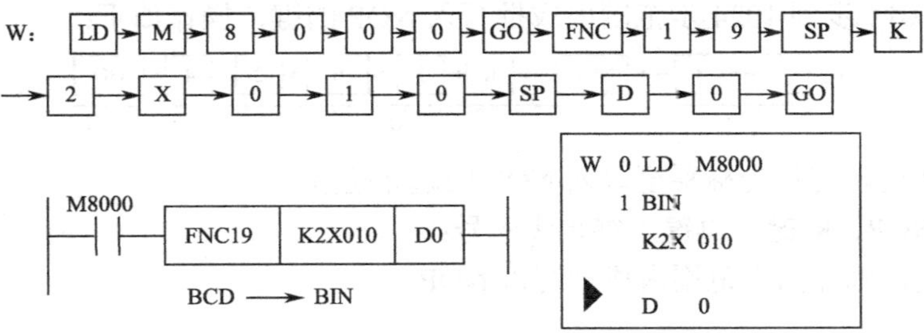

图 6-20　功能指令用梯形图及显示

(3) 元件的写入

在基本指令和功能指令的写入中，往往要涉及元件的写入。

【例如】写入功能指令 MOV　K1　X010　ZD1，其操作如下：

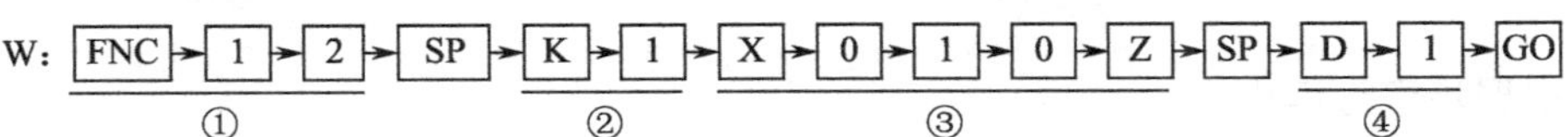

① 写入功能指令号；

② 指定位数，K1表示4个二进制位（K1～K4用于16位指令，K1～K8用于32位指令）；

③ 键入第1个元件符号和第1个元件号，变址寄存器Z、V附加在元件号一起使用；

④ 键入第2个元件符号和第2个元件号。

（4）标号的写入

在程序中P（指针）、I（中断指针）作为标号使用时，其输入方法和指令相同。即按P或I键，再键入标号编号，最后按GO键确认。

（5）程序的改写

在指定的步序上改写指令。如果要将原100步上的指令改写为OUT T50 K123，其键操作如下：

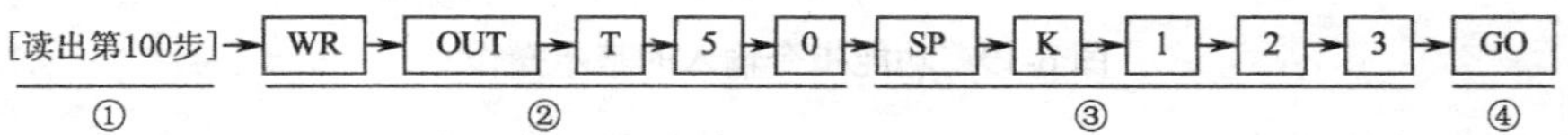

① 根据步序号读出要改写的程序；

② 按WR键后，依次键入指令、元件符号和元件号；

③ 按SP键，键入常数或第2个元件符号和第2个元件号；

④ 按GO键，确认重新写入的指令。

如果需要改写在读出步数中某些内容，可将光标直接移到需要改写地方。重新键入新的内容即可。

（6）NOP的成批写入

在指定范围内，将NOP成批写入的基本操作如图6-21所示。

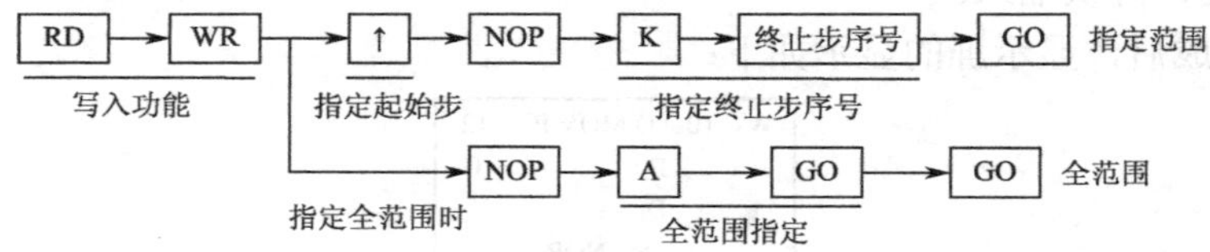

图6-21　NOP成批写入的基本操作

【例如】在1014步到1024步范围内成批写入NOP的键，操作如下：

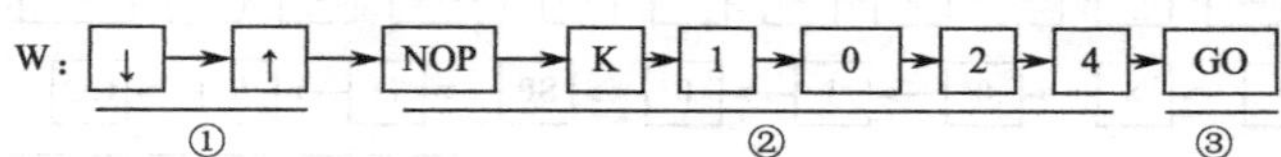

① 按↓或↑键，将行光标移至写入NOP的起始位置；

② 依次按NOP、K键，再键入终止步序号；

③ 按GO键，则在指定范围内成批写入NOP。

2. 读出程序R

从PLC的内存中读出程序，可以根据步序号、指令、元件及指针等几种方法读出。在联机方式时，PLC在运行状态时要读出指令，只能根据步序号读出；若PLC为停止状态时，还可以根据指令、元件以及指针读出。在脱机方式中，无论PLC处于何种状态，4种读出方式均可。

（1）根据步序号读出

指定步序号，从PLC用户程序存储器中读出并显示程序的基本操作如图6-22所示。

图 6-22　根据步序号读出的基本操作

【例如】要读出第 50 步的程序，其键操作如下：

→RD→STEP→5→0→GO

① 按 STEP 键，键入指定的步序号；

② 按 GO 键，执行读出。

（2）根据指令读出

指定指令，从 PLC 用户程序存储器中读出并显示程序（PLC 处于停止状态）的基本操作如图 6-23 所示。

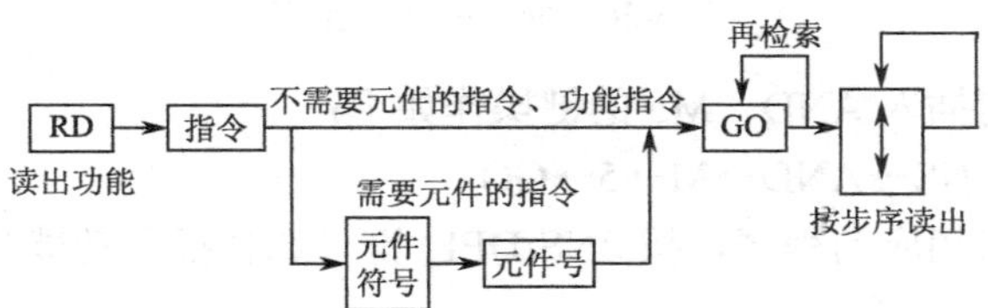

图 6-23　根据指令读出的基本操作

【例如】要读出指令 PLS　M104，其键操作如下：

→RD→PLS→M→1→0→4→GO

（3）根据指针读出

指定指针，从 PLC 用户程序存储器中读出并显示程序（PLC 处于停止状态）的基本操作如图 6-24 所示。

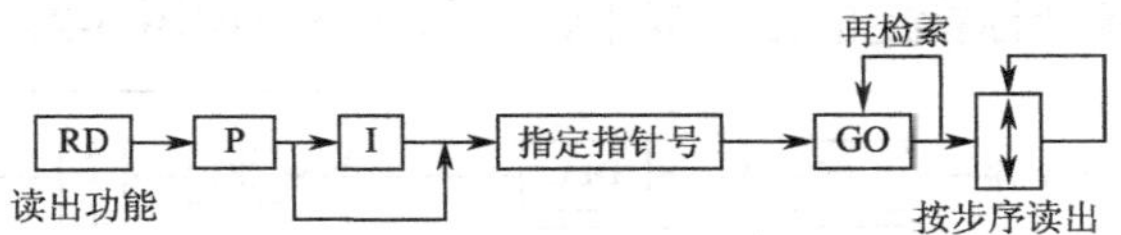

图 6-24　根据指针读出的基本操作

【例如】要读出指针号为 5 标号，其键操作如下：

→RD→P→5→GO

（4）根据元件读出

指定元件符号和元件号，从 PLC 用户程序存储器读出并显示程序（PLC 处于停止状态）的基本操作如图 6-25 所示。

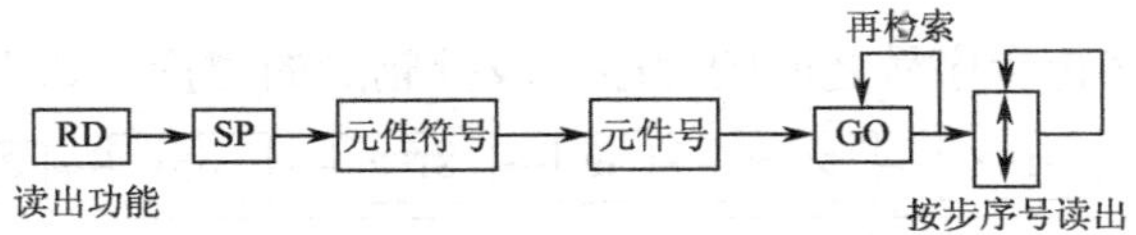

图 6-25　根据元件读出的基本操作

【例如】读出 Y140 的操作如下：

→RD→SP→Y→1→4→0→GO

3．插入程序 I

插入程序操作是根据步序号读出程序后，在指定的位置上插入指令或指针，其操作如图 6-26 所示。

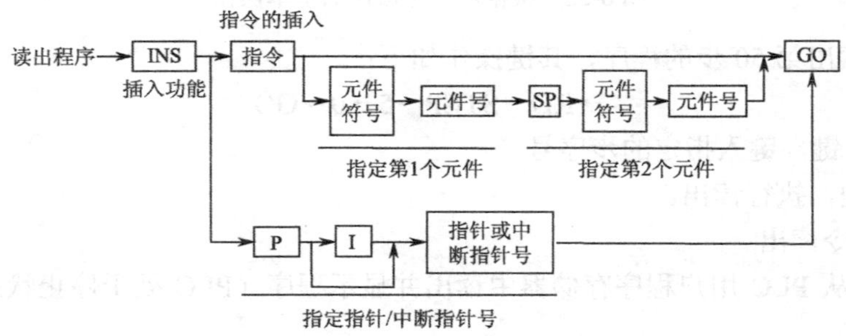

图 6-26　插入的基本操作

【例如】在 200 步前插入 AND　M5 的键操作如下：

[读出 200 步序] →INS→AND→M→5→GO

① 根据步序号读出相应的程序，按 INS/DEL 键（选择插入功能），设定在行光标指定步序处插入（无步序号的行不能插入）；

② 键入指令、元件符号、元件号（或指针符号和指针号）；

③ 按 GO 键后就可以把指令或指针插入。

4．删除程序 D

删除程序分为逐条删除、指定范围的删除和 NOP 式的成批删除。

（1）逐条删除

读出程序，逐条删除光标指定的指令或指针，基本操作如图 6-27 所示。

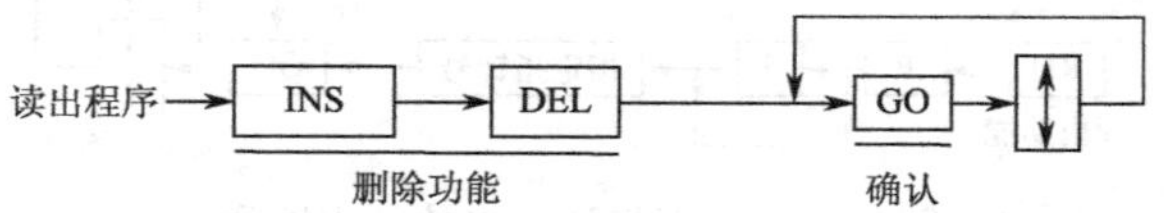

图 6-27　逐条删除的基本操作

【例如】要删除第 50 步 ANI 指令，其键操作如下：

[读出第 50 步程序]→INS→DEL→GO

① 根据步序号读出相应的程序，按 INS/DEL 键，选择删除功能；

② 按 GO 键后，即删除行光标所指定的指令或指针，而且以后的各步的步序号自动向前提。

（2）指定范围的删除

从指定的步序号到终止步序号之间的程序，成批删除的键操作如下：

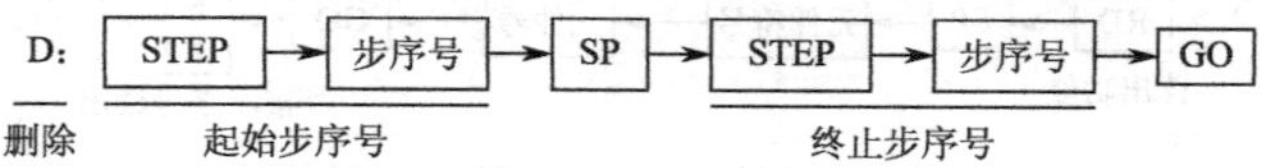

（3）NOP 的成批删除

将程序中所有的 NOP 一起删除的键操作如下：

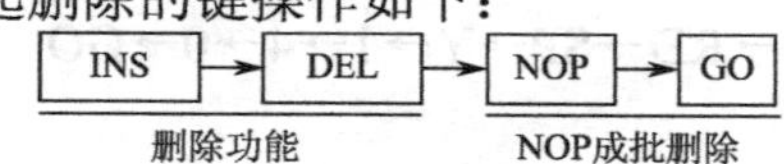

5. 监控操作 M

编程器的监视功能符号为 M，监视功能是在和 PLC 联机的方式下，利用编程器的显示屏监视用户程序中元件的 ON/OFF 状态，以及 T、C 元件当前值的变化。

（1）元件的监视

所谓元件监视是指监视指定元件的 ON/OFF 状态以设定值和当前值。元件监视的基本操作如图 6-28 所示。

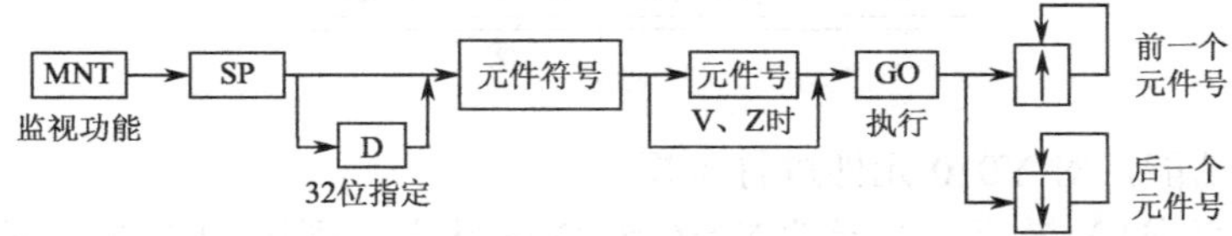

图 6-28 元件监视的基本操作

【例如】监视 X000 及其以后元件的操作和显示，如图 6-29 所示。

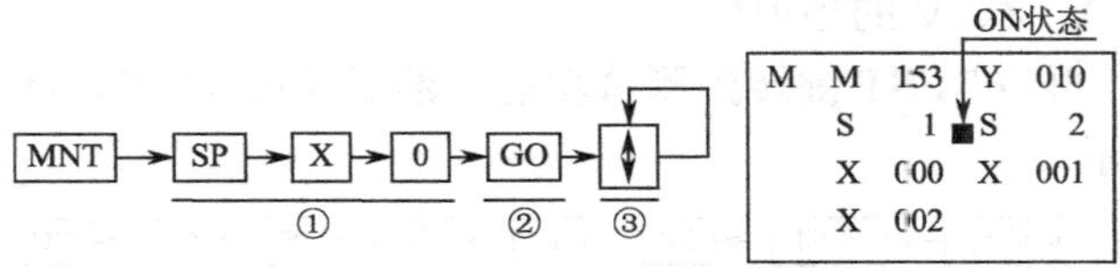

图 6-29 监视 X0 等元件的操作及显示

① 按 MNT 键后，按 SP 键，键入元件符号及元件号；

② 按 GO 键后，有■标记的元件，则为 ON 状态，否则为 OFF 状态；

③ 按↑或↓键，监视前后元件的 ON/OFF 状态。

（2）导通检查

根据步序号或指令读出的程序，监视元件触点的动作及线圈导通，基本操作如图 6-30 所示。

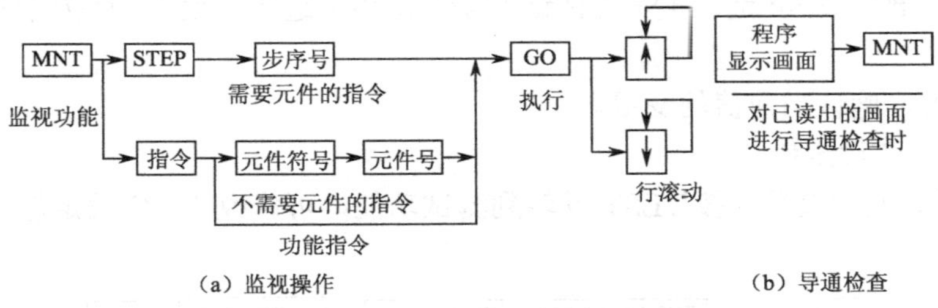

图 6-30 监视及导通检查基本操作

【例如】读出 126 步作导通检查的键操作如下：

MNT→STEP→1→2→6→GO

读出以指定步序号为首的 4 行指令后，根据显示在元件左侧的■标记，可监视触点的导通和线圈的动作状态。利用↑或↓键进行滚动监视。

（3）动作状态的监视

利用步进指令，监视 S 的动作状态（状态号从小到大，最多为 8 点）的键操作如下：

MNT→STL→GO

（4）强制 ON/OFF

元件强制 ON/OFF 的测试，要先进行元件监视，而后进行测试功能。基本操作如图 6-31 所示。

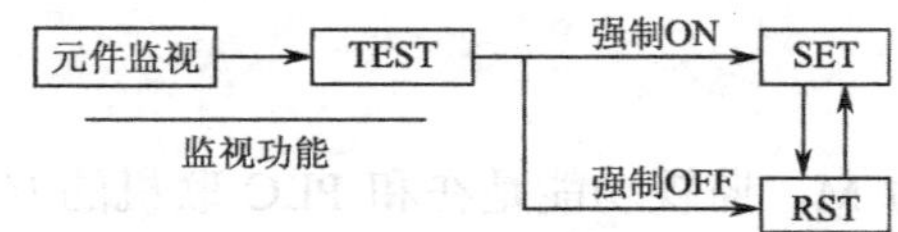

图 6-31 强制 ON/OFF 的基本操作

【例如】对 Y010 进行强制 ON/OFF 的键操作如下。

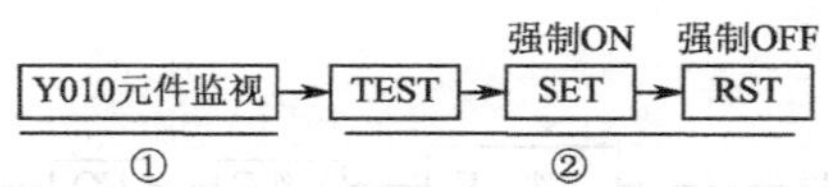

① 利用监视功能，对 Y010 元件进行监视；

② 按 TEST（测试）键后，若元件 Y010 为 OFF 状态，则按 SET 键，强制其处于 ON 状态；若 Y010 为 ON 状态，则按 RST 键，强制其处于 OFF 状态。

强制其 ON/OFF 操作只在一个运算周期内有效。

（5）修改 T、C、D、Z、V 的当前值

先进行元件监视，再按 TEST 键转到测试功能，然后修改 T、C、D、Z、V 等当前值，其基本操作如图 6-32 所示。

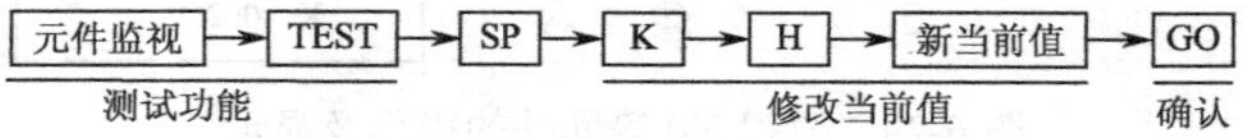

元件监视 → TEST → SP → K → H → 新当前值 → GO

测试功能　　修改当前值　　确认

图 6-32 修改 T、C 等当前值的基本操作

【例如】将 32 位计数器当前值寄存器（D1、D0）的当前值 K1234 修改为 K10，其键入操作如下：

D0 元件监视→TEST→SP→K→1→0→GO

① 应用监视功能，对设定值寄存器进行监视；

② 按 TEST 键后按 SP 键，再按 K/H 键（常数 K 为十进制数设定；H 为十六进制数设定），键入新的当前值；

③ 按 GO 键，确认当前值的变更。

（6）修改 T、C 设定值

元件监视或导通检查后，按 TEST 键转到测试功能，可修改 T、C 设定值，其基本操作如图 6-33 所示。

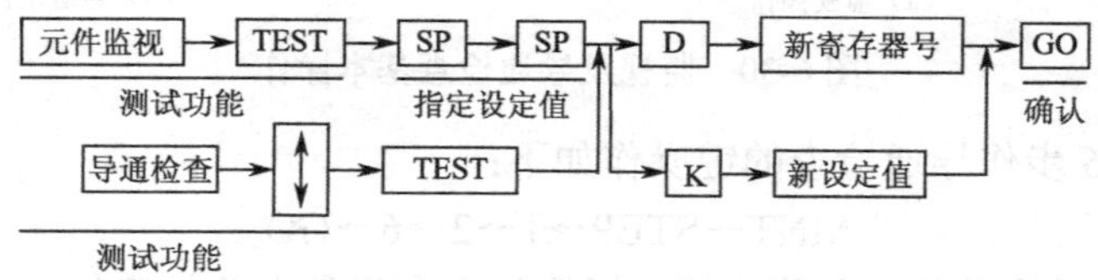

图 6-33 修改 T、C 等设定值的基本操作

【例如】将 T5 的设定值 K300 修改为 K500，其键入操作如下：

T5 元件监视→TEST→SP→SP→K→5→0→0→GO

① 利用监视功能对 T5 进行监视；

② 按 TEST 键后，按一下 SP 键，则提示符出现在当前值的显示位置上；

③ 再按一下 SP 键，提示符移到设定值的显示位置上；

④ 键入新的设定值，按 GO 键，设定值修改完成。

【例如】将 T10 的设定值 D123 变更为 D234，其键入操作如下：

T10 监视→TEST→SP→SP→D→2→3→4→GO

【例如】将第 251 步的 OUT T50 指令的设定值 K1234 变更为 K123，其键入操作如下：

251 步导通检查→↓→TEST→K→1→2→3→GO

① 利用监控功能，将 251 步 OUT T50 器件显示于导通检查画面；

② 将行光标移到设定值行；

③ 按 TEST 键后，键入新的设定值，再按 GO 键后，修改变更完毕。

任务实施

一、编程操作

1．接线

在主机的输入端子 X000～X007 与 COM 间接上开关或按钮；在电源端子“L”和“N”端接上 AC 220V 电源；将主机的运行开关置于“STOP”位置。

2．编程准备

① 将编程器与主机连接。

② 将主机运行开关断开，使主机处于“停机”状态。

③ 接通电源，主机面板上的“POWER”灯亮，即可进行编程。

3．编程操作

（1）程序“清零”

“清零”后显示屏上全为 NOP 指令，表明存储器 RAM 中的的程序已被全部清除。

（2）程序写入

【例如】将图 6-34 所示梯形图所对应的指令程序写入主机 RAM，并调试运行程序。

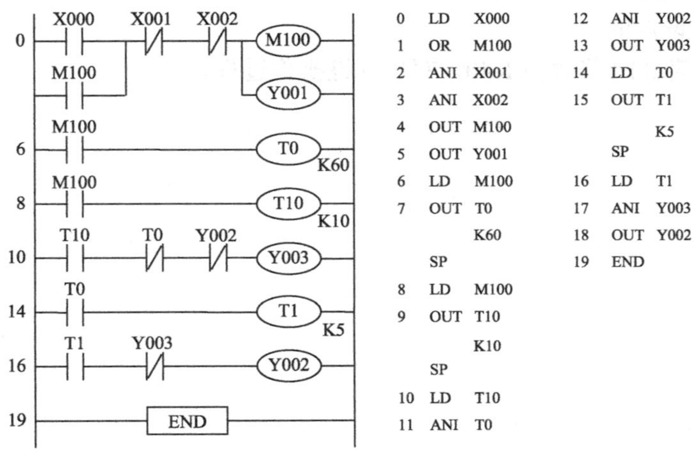

图 6-34　训练用梯形图及指令表

每键入一条指令，必须按一下 GO 键确认，输入才有效，步序号自动递增；每写完一条指令时，显示屏上将显示步序号、指令及元件号。

若输入出错，按 GO 键前，可用 CLEAR 键自动清除，重新输入；按 GO 键后，可用↑或↓键将光标移至出错指令前，重新输入或删除错误指令后，再插入正确指令。

（3）程序读出

将写入的指令程序读出校对，可逐条校对，也可根据步序号读出某条指令进行校对。

（4）程序修改

若要插入指令，应按 INS/DEL 键，首先选择插入功能，再用↑或↓键将光标移至要插入的位置，然后按程序写入的方法插入指令，后面的程序步自动加 1。

若要删除某条指令，应再按一次 INS/DEL 键，首先选择删除功能，再将光标移至要删除的指令前，然后按 GO 键，指令即被删除，后面的程序步自动减 1。

二、运行操作

① 将图 6-34 中的指令程序写入主机 RAM 后，可按以下操作步骤投入运行。

接通主机运行开关，主机面板上 RUN 灯亮，表明程序已投入运行；如果主机面板上“PROGE”灯闪烁，表明程序有错。此时应终止运行，并检查和修改程序中可能存在的语法错误或回路错误，然后重新运行。

② 在不同输入状态下观察输入、输出指示灯的状态。若输出指示灯的状态与控制程序的要求一致，则表明程序调试成功。

三、监视操作

① 元件监视。监视 X000～X002、Y001～Y003 的 ON/OFF 状态，监视 T0、T1、T10 的设定值及当前值。

② 导通检查。读出以第 4 步为首的 5 行指令，利用显示元件左侧的■标记，监视触点和线圈的动作状态。

③ 强制 ON/OFF。对 Y002、Y003 进行强制 ON/OFF 操作。

④ 修改 T、C、D、Z、V 的当前值。

⑤ 修改 T、C 设定值。

将 T10 的设定值 K10 修改为 K40，写出其键操作过程。

项目七　FX2N 系列 PLC 的基本指令及编程方法

项目目标

① 掌握 FX2N 系列 PLC 的基本逻辑指令和程序控制类等指令。

② 熟练应用所学的基本指令、常用指令的编程方法及使用。

③ 通过定时器/计数器简单电路的学习，要求学生能够建立编程思想，使学生具备解决实际问题的能力。

项目要求

通过学习，熟悉和掌握 FX2N 系列 PLC 的基本指令系统、编程语言及基本编程方法。通过项目训练，在软件方面要掌握 PLC 的基本指令、常用的编程方法和编程原则，并能灵活运用 PLC 的编程方法解决常见的逻辑控制问题。能根据被控对象的工艺条件和控制要求，分配 I/O 端口并进行接线，用合适的指令和编程方法设计梯形图程序，熟悉其对应的指令表程序，用编程器将程序下载到 PLC 调试运行，进而完成控制要求。

任务一　三相异步电动机的启、保、停控制

按照三相异步电动机控制原理图接线或用控制模板代替。设计一个三相异步电动机的控制程序，要求按下启动按钮，电动机启动并连续运转，按下停止按钮电动机停止转动。

本项目为用 FX2N 系列的可编程控制器实现对三相异步电动机的启、保、停的控制。试选择设备和元器件，配线并画出其继电器控制线路图和 PLC 的梯形图。通过 PLC 的接线、基本指令程序编写和输入，掌握 FX2N 系列基本指令系统及应用；通过 PLC 的接线实现三相异步电动机的启、保、停的控制。

FX2N 可编程控制器的基本逻辑指令有 27 条（本项目单元只介绍 18 条，其他的分别在后面的项目中描述），其指令助记符及其功能见表 7-1。

表 7-1　基本逻辑指令一览

指令助记符	功能	指令助记符	功能
LD	常开接点与母线连接	OUT	线圈驱动
LDI	常闭接点与母线连接	SET	置位（使动作保持）
LDP	上升沿控制运算开始	RST	复位（使动作解除或当前数据“清 0”）
LDF	下降沿控制运算开始	PLS	上升沿产生脉冲
AND	常开接点串联	PLF	下降沿产生脉冲
ANI	常闭接点串联	MC	主控（公用串联接点连接）
ANDP	上升沿控制串联连接	MCR	主控复位（公用串联接点解除）
ANDF	下降沿控制串联连接	MPS	进栈（运算存储）
OR	常开接点并联	MRD	读栈（读出存储）
ORI	常闭接点并联	MPP	出栈（读出存储或复位）
ORP	上升沿控制并联连接	INV	反向（运算结果的反向）
ORF	下降沿控制并联连接	NOP	空操作（程序清除或空格用）
ORB	电路块并联连接	END	结束（程序结束，返回 0 步）
ANB	电路块串联连接		

一、FX 系列 PLC 基本指令及编程方法

1．逻辑取指令和线圈驱动指令 LD、LDI、OUT

① 取指令 LD、取反指令 LDI：通常用于将常开、常闭触点与主母线连接，同时也与后面叙述的 ANB 指令组合在分支起点处使用。LD、LDI 指令使用器件：X、Y、M、T、C 和 S 的指令接点。

② 线圈驱动指令 OUT：用于驱动输出继电器、辅助继电器、状态寄存器、定时器、计数器，不能对输入继电器使用。OUT 指令使用器件：Y、M、T、C、S 和 F 的线圈。

以上 3 条指令使用方法如图 7-1 所示。

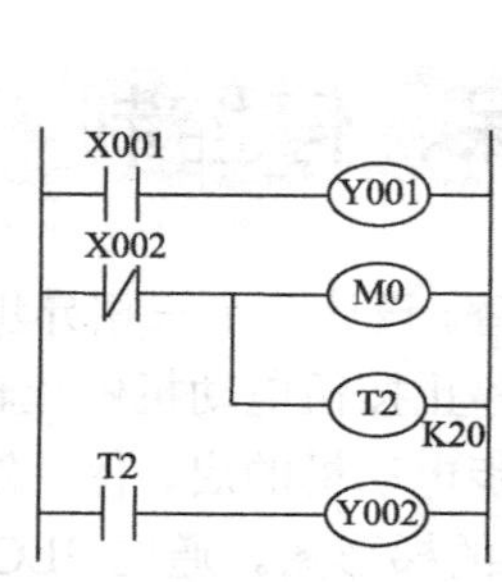

步序号	指令语句		注释
	助记符	器件号	
0	LD	X001	(X001)→R
1	OUT	Y001	(R)→Y001
2	LDI	X002	$(\overline{X2})$→R,(R)→S1
3	OUT	M0	(R)→M0
4	OUT	T2	(R)→T2
	K	20	定时器延时
5	LD	T2	(R)→Y002
6	OUT	Y002	

图 7-1　LD、LDI、OUT 指令的使用

2．触点串联指令 AND、ANI

与指令 AND、与非指令 ANI 为常开、常闭触点的串联指令。在使用时注意以下几点：

① AND 、ANI 指令是用于一个触点的指令，串联触点的数量不限，即可以多次使用 AND、ANI 指令，其目标元件是 X、Y、M、T、C 和 S 的接点。使用说明如图 7-2 所示。

② 在连续输出中不能采用图 7-2 所对应的指令语句，必须采用后面要讲到的堆栈指令，这样将使得程序步增多，因此不推荐使用图 7-3 中梯形图的形式。

0	LD	X002	(X002)→R
1	AND	M100	(R)·(M100)→R
2	OUT	Y004	(R)→Y004
3	LD	Y004	(Y004)→R, (R)→S1
4	AND	X003	(R)·(X003)→R
5	OUT	M100	(R)→M100
6	AND	T4	(R)·(T4)→R, (R)→S1, (S1)→S2
7	OUT	Y005	(R)→Y005

图 7-2　AND、ANI 指令的使用

3．触点并联指令 OR、ORI

或指令 OR、或非指令 ORI：为常开、常闭触点的并联指令，使用说明如图 7-4 所示。OR、ORI 仅用于并联连接的一个触点的指令。OR、ORI 指令是对其前面 LD、LDI 指令所规定的触点再并联一个触点，并联的次数不受限制，即可以连续使用。它的目标元件是 X、Y、M、T、C 和 S。

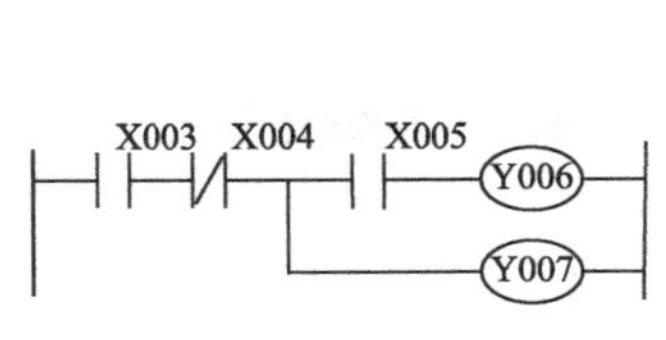

图 7-3　不推荐的梯形图形式

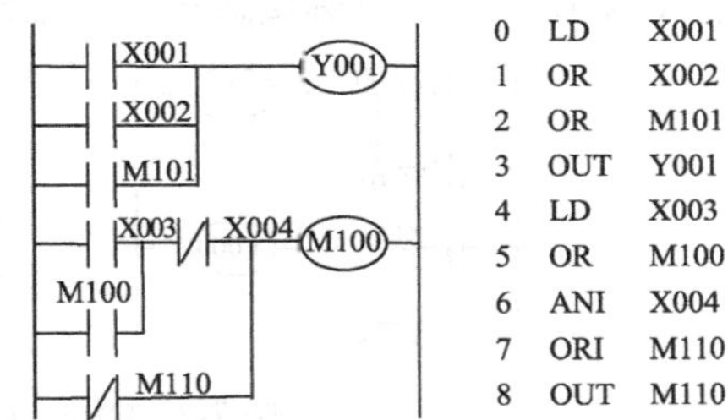

图 7-4　OR、ORI 指令的使用

4．上升沿和下降沿的取指令 LDP、LDF

上升沿的取指令 LDP 用于在输入信号的上升沿接通一个扫描周期；下降沿的取指令 LDF 用于在输入信号的下降沿接通一个扫描周期，指令后缀 P 表示上升沿有效，F 表示下降沿有效，在梯形图中分别用 ↑ 和 ↓ 表示。

LDP、LDF 指令的使用说明如图 7-5 所示。使用 LDP 指令，Y001 在 X001 的上升沿时刻（由 OFF 到 ON 时）接通，接通时间为一个扫描周期；使用 LDF 指令，Y002 在 X003 的下降沿时刻（由 OFF 到 ON 时）接通，接通时间为一个扫描周斯。

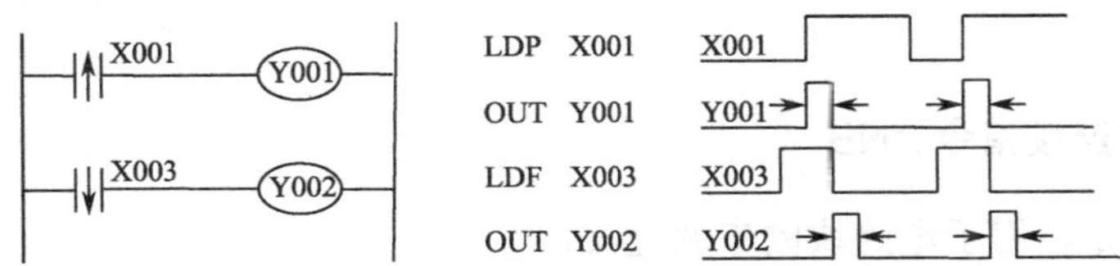

图 7-5　LDP、LDF 指令的使用

5．上升沿和下降沿的与指令 ANDP、ANDF

ANDP 为在上升沿进行与逻辑操作指令，ANDF 为在下降沿进行与逻辑操作指令。

ANDP、ANDF 指令的使用如图 7-6 所示。使用 ANDP 指令编程，使输出继电器 Y001 在辅助继电器 M1 闭合后，且在 X001 的上升沿（由 OFF 到 ON）时仅接通一个扫描周期；使用 ANDF 指令，使 Y002 在 X002 闭合后，且在 X003 的下降沿（由 ON 到 OFF）时仅接通一个扫描周期。即 ANDP、ANDF 与指令仅在上升沿和下降沿进行一个扫描周期与逻辑运算。

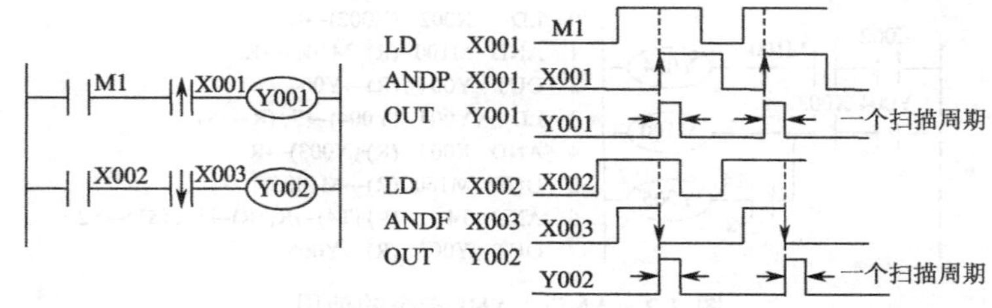

图 7-6　ANDP、ANDF 指令的使用

6．上升沿和下降沿的或指令 ORP、ORF

ORP 为在上升沿或逻辑操作指令，ORF 为在下降沿或逻辑操作指令。

ORP、ORF 指令的使用如图 7-7 所示。使用 ORP 指令，辅助继电器 M0 仅在 X000、X001 的上升沿（由 OFF 到 ON）时刻接通一个扫描周期；使用 ORF 指令，Y000 仅在 X004、X005 的下降沿（由 ON 到 OFF）时刻接通一个扫描周期。

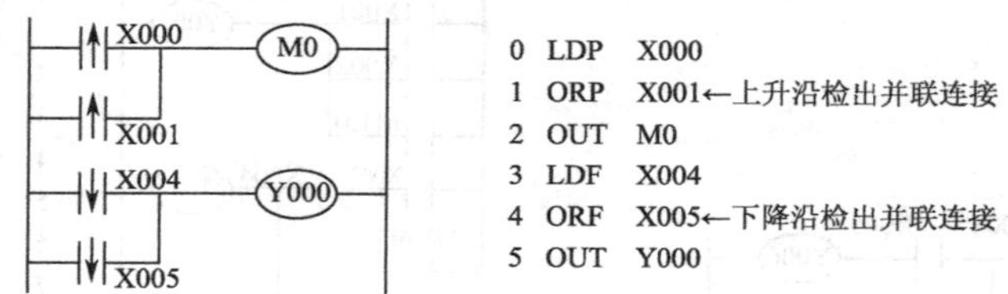

图 7-7　ORP、ORF 指令的使用

7．电路块的并联连接指令 ORB

ORB 是块或指令，用于电路块的并联连接。

两个或两个以上的触点串联连接的电路称为“串联电路块”，当并联连接“串联电路块”时，在支路起点要用 LD、LDI 指令，而在支路终点要用 ORB 指令。ORB 指令无操作目标元件。

在使用时有两种使用方法：一种是在要并联的两个块电路后面加 ORB 指令，即分散使用 ORB 指令，其并联电路块的个数没有限制，如图 7-8（b）所示；另一种是集中使用 ORB 指令，集中使用 ORB 的次数不允许超过 8 次，如图 7-8（c）所示。所以不推荐集中使用 ORB 指令的这种编程方法。

8．电路块串联连接指令 ANB

ANB 为块与指令，用于电路块的串联连接。

X001 X002 Y001
X003 X004
X005 X006

（a）梯形图

步	指令	元件
0	LD	X001
1	AND	X002
2	LDI	X003
3	AND	X004
4	ORB	
5	LD	X005
6	ANI	X006
7	ORB	
8	OUT	Y001

（b）编程方法

步	指令	元件
0	LD	X001
1	AND	X002
2	LDI	X003
3	AND	X004
4	LD	X005
5	ANI	X006
6	ORB	
7	ORB	
8	OUT	Y001

（c）编程方法

图 7-8　ORB 指令的使用说明

两个或两个以上的触点并联连接的电路称为“并联电路块”，将“并联电路块”与前面的电路串联连接时，梯形图分支的起点用 LD 或 LDI 指令，在并联电路块结束后使用 ANB 指令。ANB 无操作目标元件。ANB 指令和 ORB 同样有两种用法，不推荐集中使用的方法。ANB 指令的使用如图 7-9（a）所示，对图 7-9（b）所示的梯形图编程，应采用图 7-9（c）的形式编程，这样可以简化程序。

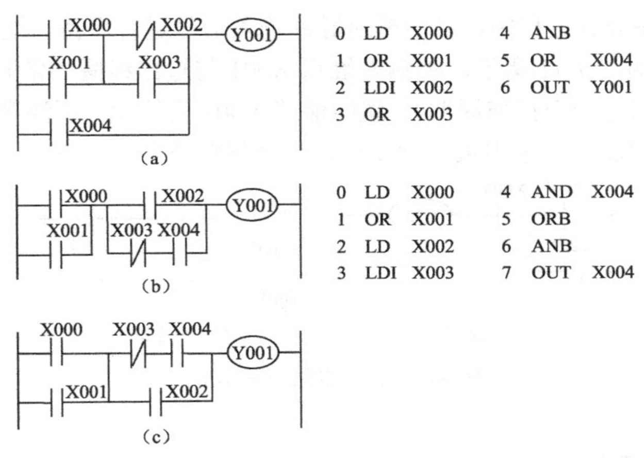

图 7-9　ANB 指令的使用说明

9. 空操作指令 NOP

NOP 为空操作指令。NOP 是一条无动作、无目标元件的程序步，它有两个作用：一是在执行程序全部清除后用 NOP 显示；二是用于修改程序，利用在程序中插入 NOP 指令，修改程序时可以使程序步序号的变化减少。

10. 逻辑取反指令 INV

INV 取反指令用于将运算结果取反。当执行到该指令时，将 INV 指令之前的运算结果（如 LD、LDI）都变为相反的状态，如由原来的 OFF 到 ON 变为由 ON 到 OFF 的状态。INV 指令的使用如图 7-10 所示，图中用 INV 指令实现将 X000 状态取反后驱动 Y000，在 X000 为 OFF 时 Y000 得电，在 X000 为 ON 时 Y000 失电。

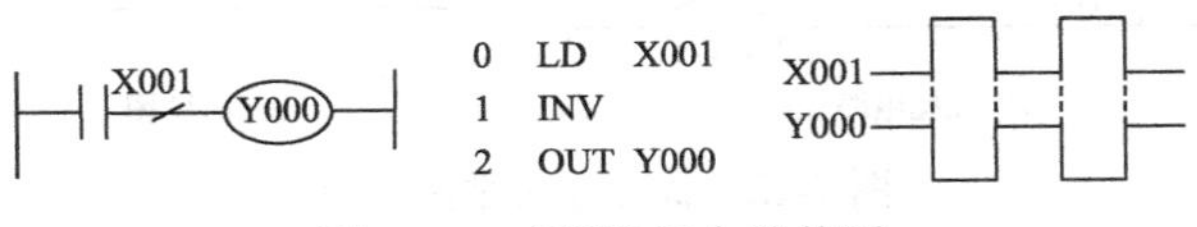

图 7-10　INV 指令的使用

在使用中应注意以下几点：

① 该指令是一个无操作数的指令；

② 该指令不能直接和主母线连接，也不能象 OR、ORI 单独使用。

11．程序结束指令 END

END 程序结束指令。END 是一个与元件目标无关的指令。PLC 的工作方式为循环扫描工作方式，即开机执行程序均由第一句指令语句（步序号为 0000）开始执行，一直执行到最后一条语句 END，依次循环执行，END 后面的指令无效（PLC 不执行）。所以利用在程序适当位置插入 END，可以方便地进行程序的分段调试。

二、启、保、停控制回路分析

1．自保持（自锁）电路

在 PLC 控制程序设计过程中，经常要对脉冲输入信号进行保持，这时常采用自锁电路。自锁电路的基本形式如图 7-11 所示。将输入触点 X001 与输出线圈的常开触点 Y001 并联，这样一旦有输入信号（超过一个扫描周期），就能保持 Y001 有输出。要注意的是，自锁电路必须有解锁设计，一般在并联之后采用某一常闭触点作为解锁条件。如图 7-11 中的 X000 触点。

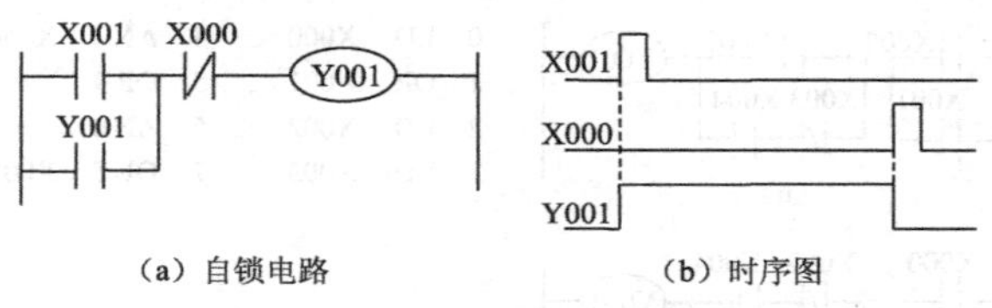

图 7-11　自锁电路的基本形式

2．优先（互锁）电路

如图 7-12 所示，输入信号 X000 和 X001，先到者取得优先权，后到者无效。例如在抢答器程序设计中的抢答优先，又如防止控制电动机的正、反转按钮同时按下的保护电路。若 X000 先接通，M100 自保持使 Y000 有输出，同时 M100 常闭接点断开，即使 X001 再接通，也不能使 M101 动作，故 Y001 无输出。若 X001 先接通，则情形正好与上述相反。优先电路在控制环节中可实现信号互锁。

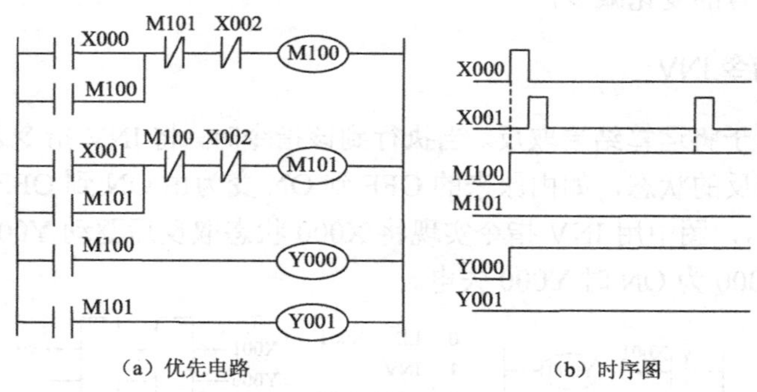

图 7-12　优先电路举例分析

但该电路存在一个问题：一旦 X000 或 X001 输入后，M100 或 M101 被自锁和互锁的作用，使 M100 或 M101 永远接通。因此，该电路一般要在输出线圈的前面串联一个用于解锁的常闭触点，如图 7-12（a）中所示的常闭触点 X002。

任务实施

一、实操器材

任务实施所需实训设备和元器件明细见表 7-2。

表 7-2 任务实施所需实训设备和元器件明细

序号	代号	名称	型号或规格	数量
1	QM	电动机专用断路器	GV3-M20 380V/20A	1 只
2	FR	热继电器	JR36-20/3D 13～21A 连续可调	1 只
3	KM	交流接触器	CJ20-10 220VAC/10A	1 只
4	SB1	停止按钮（红）	LA-25	1 只
5	SB2	启动按钮（绿）	LA-25	1 只
6	FU	熔断器	RT-32 2A	1 只
7		计算机	IBM PC/AT486 16MB 及以上配置	1 台
8		电缆	PC/PPL 通信电缆	1 根
9	PLC	可编程序控制器	FX2N-48MR	1 台
10	XT	端子排	JX-2-10-15	2 只
11	W	导线	BVR-2.5mm^2 和 BVR-1.5 mm^2	若干
12	M	三相异步电动机	Y100L-4 4kW	1 台

二、实操过程

根据控制要求可知，单级输送带电动机电路为启、保、停控制电路，即所谓的长动控制电路。按启动按钮，电动机全压启动后运行；按停止按钮，电动机停止运行。电动机运行过程中如果出现过载或断相，则热继电器（FR）动作，给 PLC 发出信号，使电动机停止运行。因此，该控制系统的梯形图程序的程序设计应以自锁电路为基础。

1. 输入/输出设备与 PLC 的 I/O 配置表

根据功能分析，确定并列出输入/输出设备与 PLC 的 I/O 配置见表 7-3。

表 7-3 输入/输出设备与 PLC 的 I/O 的配置

输入设备			输出设备		
符号	功能	PLC 输入继电器	符号	功能	PLC 输出继电器
SB2	启动按钮	X000	KM	电动机接触器	Y000
SB1	停止按钮	X001			
FR	热继电器	X002			

2．PLC 的接线图

选择好 PLC 的型号，进行接线端子和电源配置，画出电动机启、保、停运行与 PLC 的端子分配（I/O）接线，如图 7-13 所示。

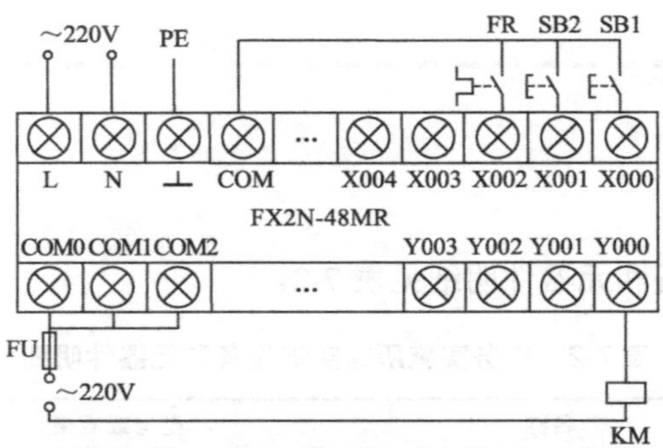

图 7-13　电动机启、保、停运行与 PLC 的端子分配（I/O）接线

按照图 7-13 完成 PLC 的接线，输入端的电源利用 PLC 提供的内部直流电源，也可以根据功率单独提供电源。若实验用 PLC 的输入端为继电器输入，也可以用 220V 交流电源。注意停止按钮采用常闭按钮。

3．程序设计

图 7-14 为电动机启动控制的梯形图。简单启动控制只用到正转按钮、停止按钮两个输入端，输出只用到 KM1 交流接触器。该程序采用典型的自保持电路。合上电源刀开关通电后，停止按钮接通，PLC 内部输入继电器 X000 的常开触点闭合。按正转按钮，输出继电器 Y000 导通，交流接触器 KM1 线圈带电，其连接在主控回路的主触点闭合，电动机通电转动，同时 Y000 的常开触点闭合，实现自锁。这样，即使松开正转按钮，仍保持 Y000 导通。按停止按钮，X000 断开，Y000 断开，KM1 线圈失电，主控回路的主触点断开，电动机失电而停转。

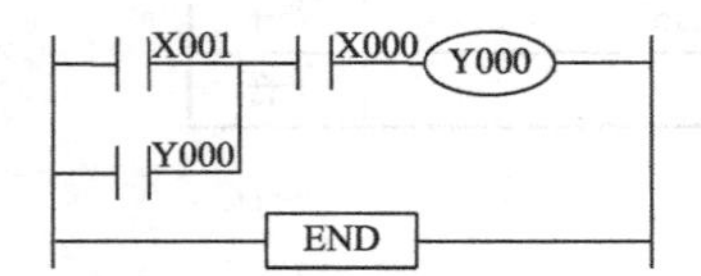

图 7-14　电动机启、保、停控制程序

任务二　三相异步电动机过载保护及报警的 PLC 控制

设计一电动机过载保护程序，要求电动机过载时能自动停止运转，同时发出 10s 的声光报警信号。设电动机只需要连续正转。

一、PLC 的常用指令

1．置位和复位指令 SET、RST

SET 为操作置位（保持）指令；RST 为操作复位指令。

SET、RST 指令的使用如图 7-15 所示，图中的 X000 为得电处于保持状态，即使再断开对 Y000 也无影响，Y000 得电的状态一直保持到 RST 复位信号到来。

SET 指令的目标元件是 Y、M、S，RST 指令的目标元件是 Y、M、S、D、V、Z、T、C。这两条指令占 1～3 个程序步，可以用 RST 指令对定时器、计数器复位；对数据寄存器、变址寄存器的内容清零。

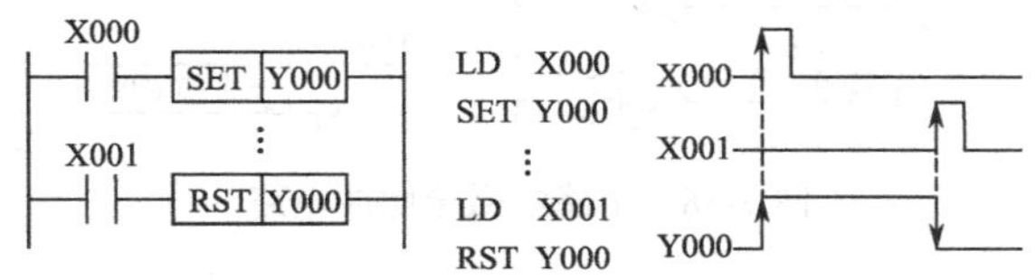

图 7-15　SET、RST 指令的使用

2. 脉冲指令 PLS、PLF

脉冲上微分指令 PLS 用于在输入信号的上升沿产生脉冲输出，脉冲下微分指令 PLF 用于在输入信号的下降沿产生脉冲输出。

这两条指令都占两个程序步，它们的目标元件是 Y 和 M，但特殊辅助继电器不能作为目标元件。PLS、PLF 指令的使用如图 7-16 所示。

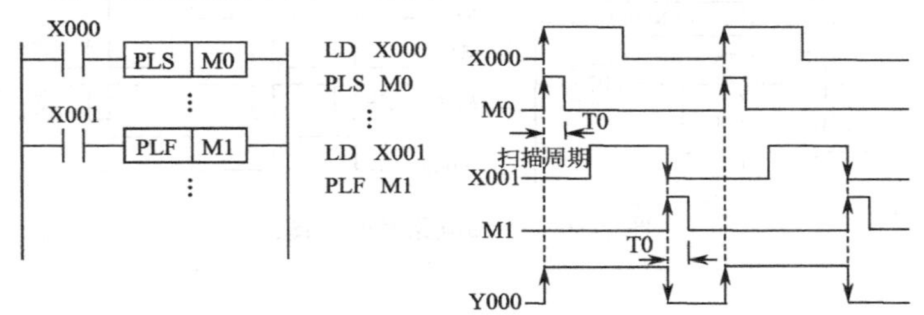

图 7-16　PLS、PLF 指令的使用

使用 PLS 指令，元件 Y、M 仅在驱动输入触点闭合的一个扫描周期内动作（置 1）；而使用 PLF 指令，元件 Y、M 仅在驱动输入触点断开后的一个扫描周期内动作。

使用这两条指令时，应特别注意目标元件。例如，在驱动输入触点闭合时，PLC 由运行→停止→运行，此时 M0 动作，但在 M600（断电时后备电池供电的辅助继电器）不动作。这是因为 M600 是特殊保持继电器，即使在断电停机时其动作也能保持。

（1）上升沿脉冲电路

PLC 是以循环扫描方式工作的，在 PLC 第一次扫描时，输入信号 X000 由 OFF→ON 时，M100、M101 线圈接通，但处在第 1 行的 M101 的常闭接点仍接通，因为该行已经扫描过了；等到 PLC 第二次扫描时，M101 的接点已断开，M100 已由 ON→OFF，所以 Y000 为 OFF。Y000 输出的脉冲为一个扫描周期，如图 7-17 所示。

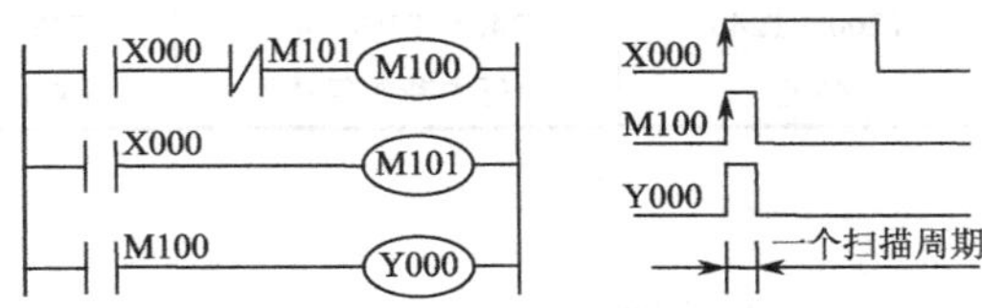

图 7-17　上升沿微分脉冲电路

（2）下降沿脉冲电路

当 X000 由 ON→OFF 时，M100 接通一个扫描周期，则 Y000 输出一个脉冲，如图 7-18 所示。

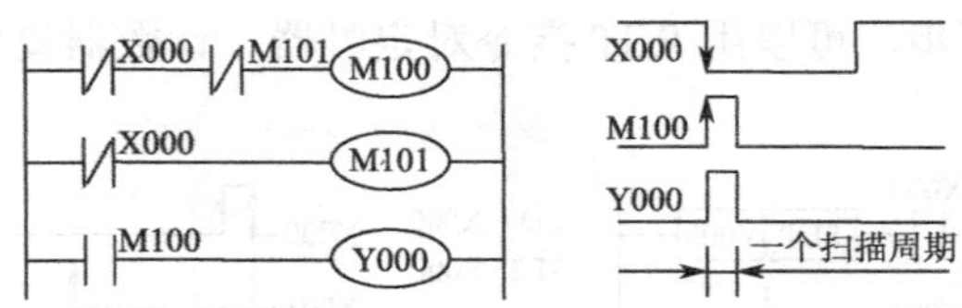

图 7-18　下降沿微分脉冲电路

（3）分频电路

用 PLC 可以实现对输入信号的任意分频。图 7-19 是一个 2 分频电路。将宽脉冲信号加到 X000 端，在第 1 个脉冲到来时，M100 产生一个扫描周期的单脉冲，使 M100 的常开接点闭合，Y000 线圈输出并自保持；第 2 个脉冲到来时，由于 M100 的常闭接点断开一个扫描周期，Y000 自保持消失，Y000 为 OFF；第 3 个脉冲到来时，M100 又产生单脉冲，Y000 线圈再次接通，输出信号又建立；在第 4 个脉冲的上升沿，输出信号再次消失。以后循环往复，不断重复上述过程。由图 7-19 可见，输出信号 Y000 是输入信号 X000 的 2 分频。

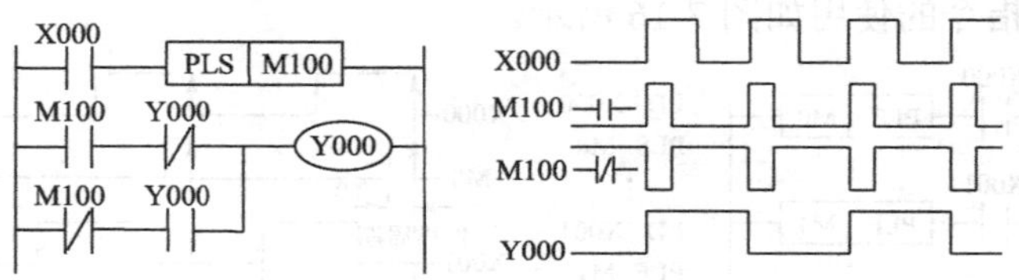

图 7-19　分频电路及时序图

二、定时器

PLC 中的定时器是 PLC 内部的软元件，其作用相当于继电器系统中的时间继电器，其内部有几百个定时器，定时器是根据时钟脉冲的累积计时的。时钟脉冲有 lms、10ms、100ms 三种，当所计时间达到设定值时，其输出触点动作。

常数 K 可以作为定时器的设定值，也可以用数据寄存器（D）的内容来设置定时器，当用数据寄存器的内容做设定值时，通常使用失电保持的数据寄存器，这样在断电时不会丢失数据。但应注意，如果锂电池电压降低，定时器及计算器均可能发生误动作。FX 系列 PLC 的定时器分为通用定时器和积算定时器。FX2N/FX2NC 系列定时器的编号见表 7-4。

表 7-4　FX2N/FX2NC 系列定时器的编号

种类	100ms 型 0.1～3276.7s	10ms 型 0.01～327.67s	1ms 累积型 0.001～32.767s	100ms 累积型 0.1～3276.7s	电位器型 0～255 的数值
编号	T0～T199 200 点	T200～T245 46 点	T246～T249　4 点 执行中断的保持用	T250～T255 6 点、保持用	功能扩展板 8 点

1. 通用定时器

FX2N 系列 PLC 内部有 100ms 定时器 200 点（T0～T199），时间设定值为 0.1～3276.7s；10ms 定时器 46 点（T200～T245），时间设定值为 0.01～327.67s。

如图 7-20 所示，如果定时器线圈 T200 的驱动输入 X000 为 ON，T200 用当前值计数器累积 10ms 的时钟脉冲。如果该值等于设定值 K123 时，定时器的输出触点在其线圈驱动后 1.23s 动作。若驱动输入 X000 断开或停电，则定时器复位，输出触点复位。

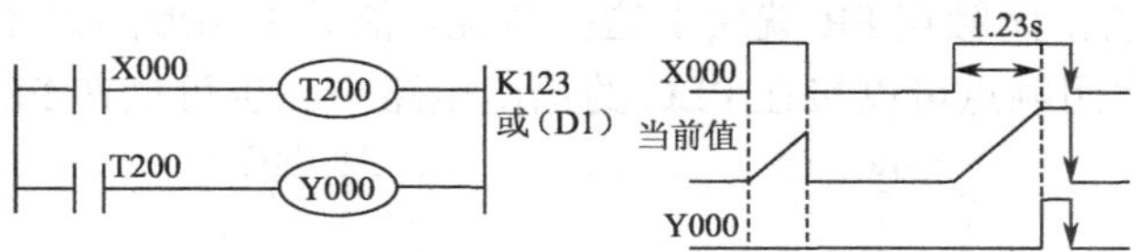

图 7-20 通用定时器的使用

通用定时器没有保持功能，相当于通电延时继电器，如果要实现断电延时，可采用图 7-21 所示电路。

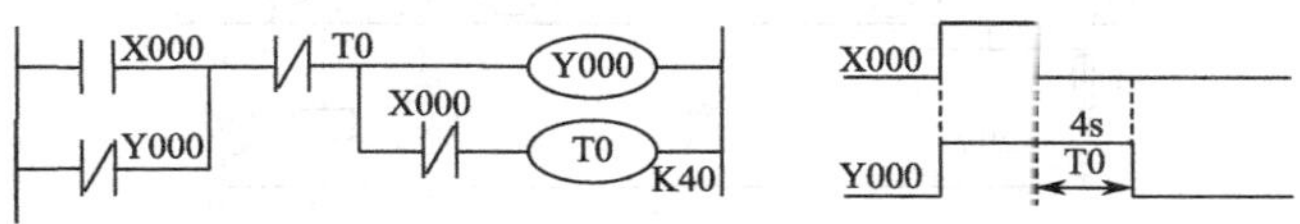

图 7-21 延时断开电路

2. 积算定时器

FX2N 系列 PLC 内部有 1ms 积算定时器 4 点（T246～T249），时间设定值为 0.001～32.767s；100ms 定时器 6 点（T250～T255），时间设定值为 0.1～3276.7s。

如图 7-22 所示，X001 的常开触点接通时，则 T250 用当前值计数器将累积 100ms 的时钟脉冲。如果该值达到设定值 K345 时，定时器的输出触点动作。在计算过程中，即使输入 X001 断开或停电时，当前值保持不变，再启动时，继续计算，其累积计算动作时间为 34.5s。如果复位输入触点 X002 接通，定时器复位，输出触点复位。

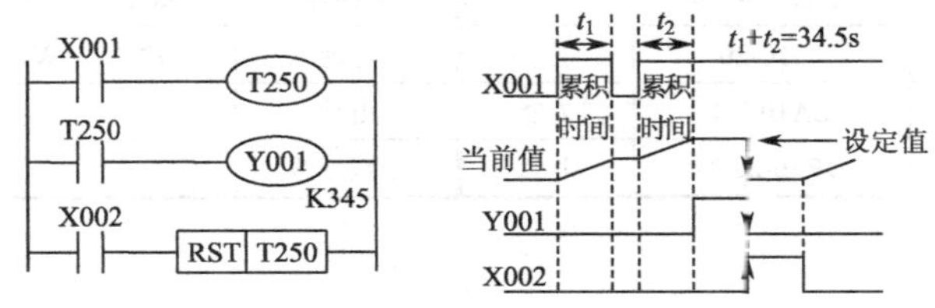

图 7-22 积算定时器的使用

3. 使用定时器注意事项

在子程序与中断程序内请采用 T192～T199 定时器。这种定时器既可在执行线圈指令时计时也可在执行 END 指令时计时，当定时器的当前值达到设定值时，其输出触点在执行线圈指令或 END 指令时动作。

普通的定时器只是在执行线圈指令时计时，因此，当它被用于执行中的子程序与中断程序时不计时，不能正常工作。

如果在子程序或中断程序内采用 1ms 累积定时器时，在它的当前值达到设定值后，其触点在执行该定时器的第一条线圈指令时动作。

4．热继电器过载信号的处理

如果热继电器属于自动复位型，其触点提供的过载信号必须通过输入电路提供给PLC，在图7-23中，热继电器的常闭触点FR就属于这种情况，借助于梯形图程序实现过载保护；如果属于手动复位型，其常闭触点可以接在PLC的输出电路中，也可接在PLC的输入电路中。

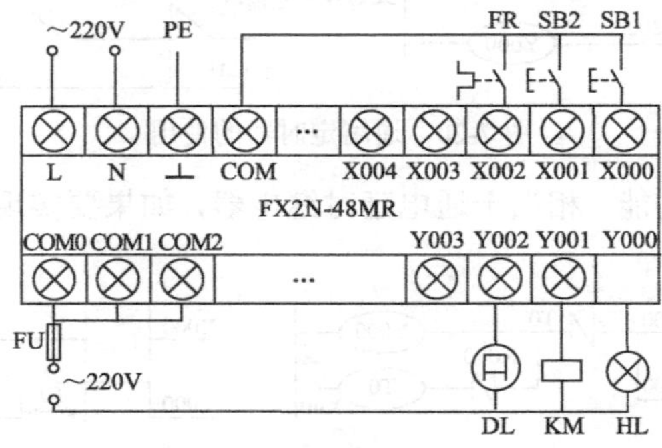

图7-23　PLC的端子分配（I/O）接线

任务实施

一、实操器材

任务实施所需实训设备元器件明细见表7-5。

表7-5　任务实施所需实训设备元器件明细

名称	型号或规格	数量	名称	型号或规格	数量
PLC	FX2N-48MR	1台	熔断器	RC1A-30/15	1个
交流接触器	CJ10-20	1个	灯泡	220V/15W	1个
按钮	LA10-3H	2个	电铃		1个
热继电器	JR16-20/3	1个	连接导线		若干

二、实操过程

1．输入和输出点分配

输入和输出点分配见表7-6。

表7-6　输入和输出点分配

输入信号			输出信号		
名称	代号	输入点编号	名称	代号	输出点编号
热继电器	FR	X002	报警灯	HL	Y000
启动按钮	SB2	X001	交流接触器	KM	Y001
停止按钮	SB1	X000	蜂鸣器	DL	Y002

2．PLC接线图

按照图7-23所示进行PLC的I/O端子接线。

3. 程序设计

采用 PLC 控制的梯形图如图 7-24 所示。电动机的连续运转控制采用 SET Y001 指令，按下 SB2，X001 常开触点闭合，使 Y001 通电自锁，KM 得电，电动机运行。电动机的停止控制采用 RST Y001 指令，按下 SB1，X000 常开触点闭合或热继电器动作（X002 常闭触点闭合）均可使 Y001 失电，导致接触器 KM 失电，电动机停止。

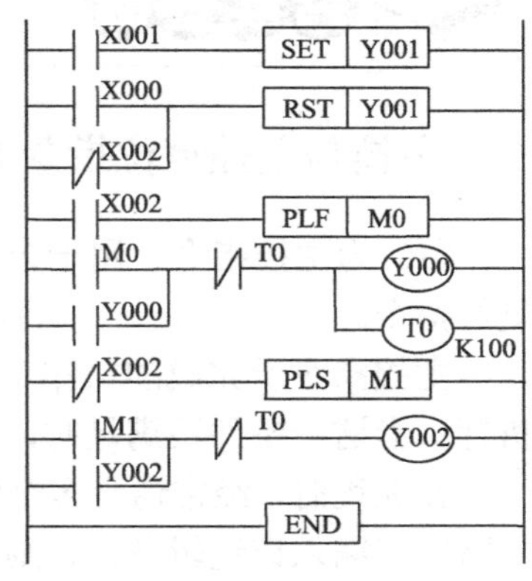

图 7-24 PLC 控制的梯形图

当电动机正常工作时，热继电器常闭触点 FR 闭合，使得输入继电器 X002 线圈得电，因而 X002 常开触点闭合，X002 常闭触点断开。X002 常开触点闭合，由于没有下降沿，不执行 PLF M0，故 Y000、T0 线圈不能得电，处于断开状态；又因为 X002 常闭触点断开，没有上升沿脉冲，不执行 PLS M1 指令，故 Y002、M1 线圈不能得电，处于断开状态。

当过载时，热继电器常闭触点 FR 断开，使得输入继电器 X002 线圈失电，因而 X002 常开触点断开，X002 常闭触点闭合。X002 常开触点断开瞬间，产生一个下降沿脉冲，PLF M0 指令使 M0 线圈得电一个扫描周期，M0 常开触点闭合一个扫描周期，使 Y000、T0 线圈同时得电，Y0 线圈得电后，使 Y000 常开触点闭合自锁，接通报警灯。与此同时，X002 常闭触点闭合瞬间，产生一个上升沿脉冲，PLS M1 指令使 M1 线圈得电一个扫描周期，M1 常开触点闭合一个扫描周期，使 Y002 线圈得电，Y002 线圈得电后，使 Y002 常开触点闭合自锁，接通报警铃，发出报警声音。当 T0 线圈得电 10s 后，其常闭触点 T0 断开，使 Y000、T0、Y002 同时失电，声光报警均停止。

4. 运行与调试程序

① 将梯形图程序输入到计算机。

② 对程序进行调试运行。先将 X002 置 ON，再将 X001 置 ON 时，观察 Y001 的动作情况；当 X002 为 ON 时，再观察 Y001 的动作情况。再将 X000 置 ON，X002 由 ON 改为 OFF（模拟热继电器动作）时，观察 Y000、Y002 的动作情况。

③ 调试运行记录。

任务三 三相异步电动机的正反转控制

三相异步电动机的正反转控制电路利用 PLC 实现，PLC 控制输入/输出（I/O）。电动机在正、反转切换时，由于 PLC 内部元件动作的快速性和接触器动作的滞后性，可能会造成相间短路，所以在输出回路利用接触器的常闭触点采取互锁措施。三相异步电动机的“正转、停止、反转”控制中，利用接触器的常闭触点采取互锁措施也称电气连锁控制；或者三相异步电动机的“正转、反转、停止”控制中，利用接触器的常闭触点和按钮常闭触点采取互锁措施也称双重连锁控制。

本项目就是利用 PLC 实现接触器的常闭触点和按钮常闭触点采取互锁措施的双重连锁控制——“正、反、停”控制。

一、主控与主控复位指令 MC、MCR

MC 为主控指令，用于公共串联触点的连接指令；MCR 为主控复位指令，即 MC 指令的复位指令。

主控指令所完成的操作功能是：当某一触点（或某一组触点）的条件满足时，按正常顺序执行；当这一条件不满足时，则不执行某部分程序，与这部分程序相关的继电器状态全为零。

在编程时，经常遇到多个线圈同时受一个或一组触点控制的情况，如果在每个线圈的控制电路中都编入该逻辑条件，则必然使程序变长，对于这种情况，可以采用主控指令来解决。主控指令利用在母线中串联一个主控触点来实现控制，其作用如控制一组电路的总开关。MC、MCR 指令的使用说明如图 7-25 所示，SP 表示编程输入时所需操作的空格键。

MC、MCR 两条指令的操作目标元件是 Y、M，但不允许使用特殊的辅助继电器。

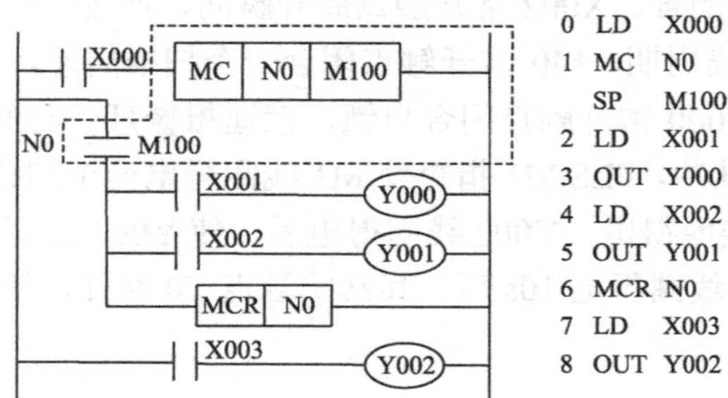

图 7-25　MC、MCR 指令使用之一

图 7-25 中 X000 为主控指令的执行条件，当 X000 为 ON 时，执行 MC 与 MCR 之间的指令；当 X000 为 OFF 时，不执行 MC 与 MCR 之间的指令。

在使用时注意以下几点：

① 与主控触点相连接的触点用 LD、LDI 指令；

② 编程时对于主母线中串联的触点不输入指令，如图 7-29 中的“N0 M100”，它仅是主控指令的标记。

③ 在 MC 指令内再使用 MC 指令时，嵌套级 N 的编号（0~7）顺次增大，返回时使用 MCR 指令，从大的嵌套级开始解除，如图 7-26 所示。

二、多重输出指令 MPS、MRD、MPP

栈指令 MPS、MRD、MPP 也称多重输出指令。

MPS 为进栈指令，将状态读入栈存储器；MRD 为读栈指令，读出用 MPS 指令记忆的状态；MPP 为出栈（读并清除）指令，读出用 MPS 指令记忆的状态并清除这些状态。

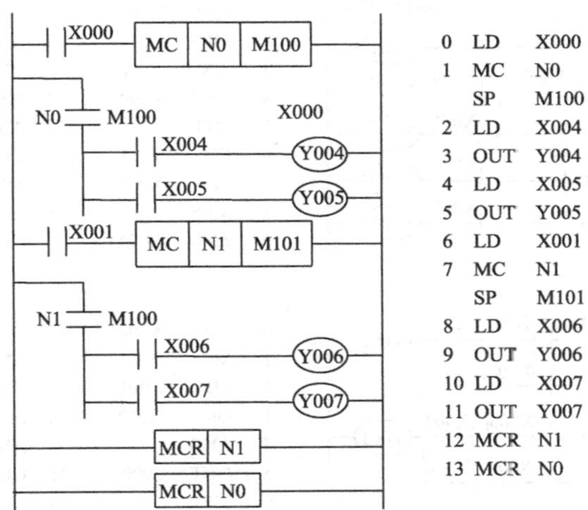

图 7-26　MC、MCR 指令使用之二

栈指令用于多输出电路，所完成的操作功能是将多输出电路中连接的状态先存储，以便连接后面电路的编程。FX 系列的 PLC 有 11 个存储中间结果的存储区域称为栈存储器。

MPS 存储该指令处的运算结果（压入堆栈），使用一次 MPS 指令，该时刻的运算结果就推入栈的第一单元。在没有使用 MPP 指令之前，若再次使用 MPS 指令，当时的逻辑运算结果推入栈的第一单元，先推入的数据依次向栈的下一单元推移。

MRD 读出堆栈，读出由 MPS 指令最新存储的运算结果（栈存储器第一单元数据），栈内数据不发生变化。

使用出栈 MPP 指令，将第一层的数据读出，同时其他数据依次上移，数据读出后，此数据就从栈中消失。

① MPS、MPP 必须成对使用，而且连续使用次数应少于 11 次。

② MPS、MPP、MRD 都是不带操作对象的指令。

MPS、MPP、MRD 指令的使用如图 7-27、图 7-28、图 7-29 所示。

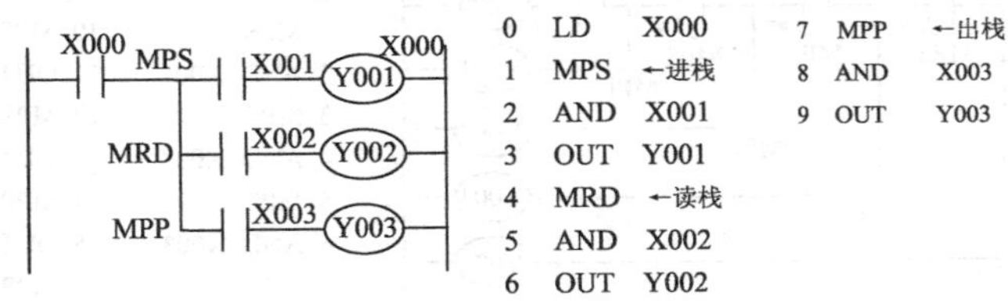

图 7-27　栈指令的使用说明

多重输出指令的入栈出栈工作方式是：后进先出、先进后出。

MPS、MPP 两指令必须成对出现，而 MPS、MPP 之间的 MRD 指令在只有两层输出时不用。而若输出的层数多，使用的次数就多。在利用梯形图编程的情况下，多重输出指令可以不用过分关注，而且也可以用其他指令取代多重输出指令。如图 7-30 所示的梯形图与图 7-27 的功能相同，也可将压入堆栈的运算结果用中间继电器记忆，将该继电器的常闭触点与 MPP、MRD 指令后的其他条件相“与”。

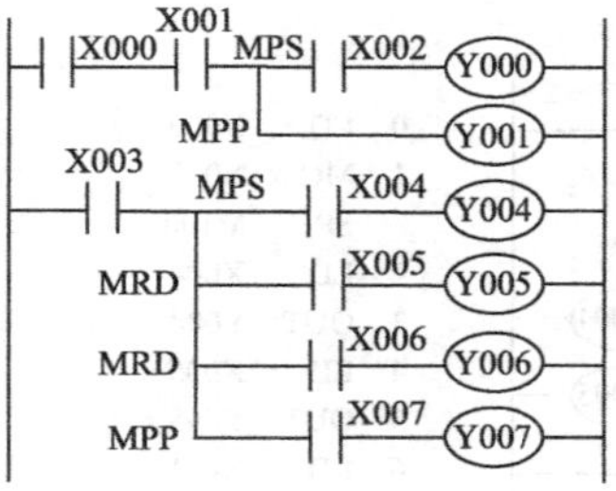

0	LD	X000	10	OUT	
1	AND	X001	11	MRD	
2	MPS		12	AND	X005
3	AND	X002	13	OUT	Y005
4	OUT	Y000	14	MRD	
5	MPP		15	AND	X006
6	OUT	Y001	16	OUT	Y006
7	LD	X003	17	MPP	
8	MPS		18	AND	X007
9	AND	X004	19	OUT	Y007

(a)

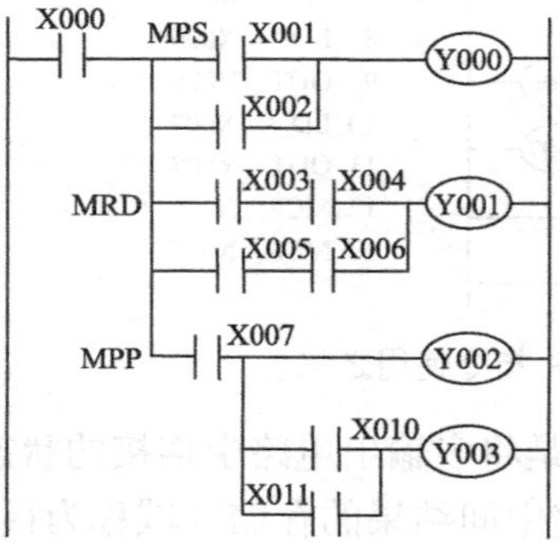

0	LD	X000	11	ORB	
1	MPS		12	ANB	
2	LD	X001	13	OUT	Y001
3	OR	X002	14	MPP	
4	ANB		15	AND	X007
5	OUT	Y000	16	OUT	Y002
6	MRD		17	LD	X010
7	LD	X003	18	OR	X011
8	AND	X004	19	ANB	
9	LD	X005	20	OUT	Y003
10	AND	X006			

(b)

图 7-28　栈指令使用之一

0	LD	X00	9	MPP	
1	MPS		10	AND	X004
2	AND	X001	11	MPS	
3	MPS		12	AND	X005
4	AND	X002	13	OUT	Y002
5	OUT	Y000	14	MPP	
6	MPP		15	AND	X006
7	AND	X003	16	OUT	Y003
8	OUT	Y001			

(a)

0	LD	X000	9	OUT	Y000
1	MPS		10	MPP	
2	AND	X001	11	OUT	Y001
3	MPS		12	MPP	
4	AND	X002	13	OUT	Y002
5	MPS		14	MPP	
6	AND	X003	15	OUT	Y003
7	MPS		16	MPP	
8	AND	X004	17	OUT	Y004

(b)

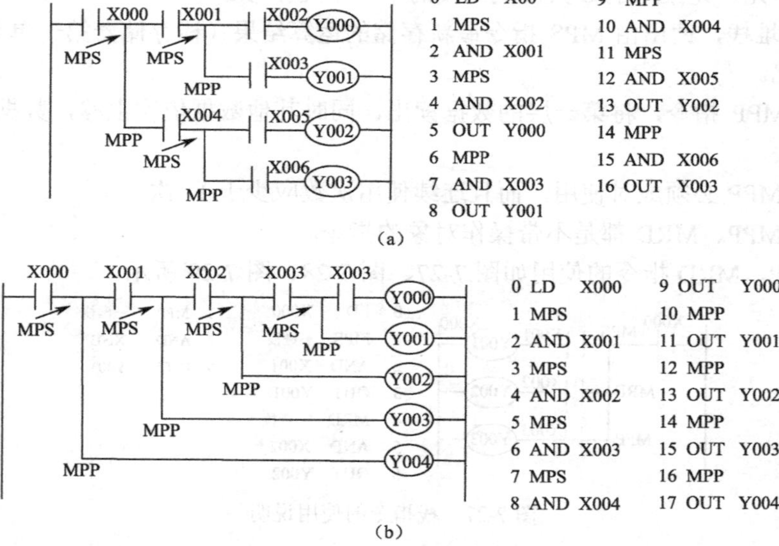

图 7-29　栈指令使用之二

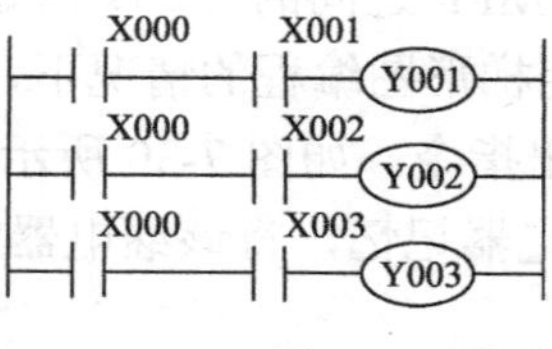

0	LD	X000	5	OUT	Y002
1	AND	X001	6	LD	X000
2	OUT	Y001	7	AND	X003
3	LD	X000	8	OUT	Y003
4	AND	X002			

图 7-30　多重输出指令表示方法

任务实施

一、实操器材

任务实施所需实训设备和元器件明细见表 7-7。

表 7-7　任务实施所需实训设备和元器件明细

名称	型号或规格	数量	名称	型号或规格	数量
可编程序控制器	FX2N-48MR	1 台	热继电器	JR16-20/3	1 个
交流接触器	CJ10-20	2 个	熔断器	RC1A-30/15	5 个
按钮	LA10-3H	3 个	连接导线		若干

二、实操过程

1．输入和输出点分配

输入和输出点分配见表 7-8。

表 7-8　输入和输出点分配

输入信号			输出信号		
名称	代号	输入点编号	名称	代号	输出点编号
热继电器	FR	X000	正转接触器	KM1	Y000
停止按钮	SB1	X001	反转接触器	KM2	Y001
正转按钮	SB2	X002			
反转按钮	SB3	X003			

2．PLC 的接线

按照图 7-31 所示进行 PLC 的 I/O 端子接线。

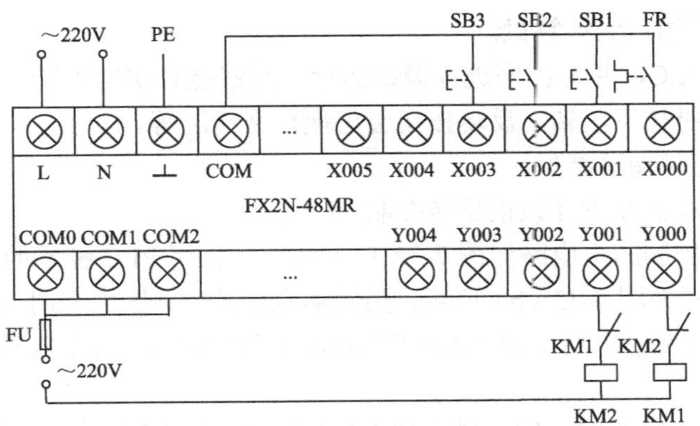

图 7-31　正反转控制电路 PLC 的 I/O 端子接线

3. 程序设计

（1）三相异步电动机“正、停、反”控制

图 7-32 为电动机正转、反转控制程序，采用电气自锁和互锁控制。在图 7-31 的接线图中，将两个交流接触器的常闭触点 KM1、KM2 分别连接在 KM2、KM1 的线圈回路中，形成硬件互锁，从而保证即使在控制程序错误或因 PLC 受到影响而导致 Y000、Y001 两个输出继电器同时有输出的情况下避免正、反转接触器同时带电而造成的主电路短路。

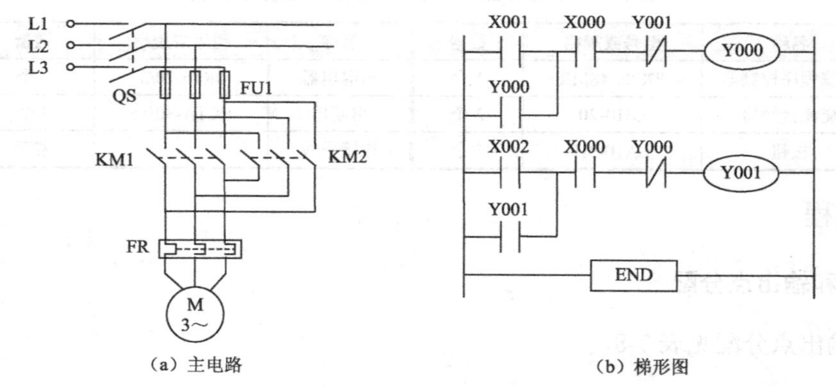

（a）主电路　　（b）梯形图

图 7-32　电动机正、反转控制程序

由于停止按钮 SB1 采用常闭按钮，在通电后，X000 常开触点闭合。若先按正转按钮 X002，Y000 导通并形成自锁电动机正转。同时，Y000 的常闭触点断开，即使按反转按钮 SB3，Y001 也无法接通，也就无法实现电动机反转。

在正转的情况下，要想实现反转，只有先按一下停止按钮 SB1，使 Y000 失电，从而正转接触器断电，即使松开停止按钮 Y000、Y001 仍失电。再按反转按钮后，由于 Y000 失电，其常闭触点闭合，Y001 导通，反转接触器 KM2 线圈带电。接在图 7-32 所示主控回路中主触点闭合，由于电源相序变化，电动机反转。

同样，在反转状态要正转，都需要先按停止按钮，所以称之为“正、停、反”控制。

运行与调试程序：

① 将梯形图程序输入到计算机。

② 下载程序到 PLC，并对程序进行调试运行。观察能否实现正转，在正转的情况下能否直接转换成反转，同时按下正转、反转按钮会出现什么情况等。

③ 调试运行并记录调试结果。

（2）三相异步电动机双重互锁正反转控制

电动机的正反停控制的主电路如图 7-32（a）所示。采用 PLC 控制的梯形图如图 7-33（a）所示，对应的指令程序如图 7-33（b）所示。类似继电器控制，图中利用 PLC 输入继电器 X002 和 X003 的常闭触点以及输出继电器 Y000 和 Y001 的常闭触点，实现双重联锁，以防止正反转换接时相间短路。

按下正向启动按钮 SB2 时，输入继电器 X002 的常开触点闭合，接通输出继电器 Y000 线圈（得电）并自锁，接触器 KM1 得电主触点吸合，电动机正向启动，并稳定运行。

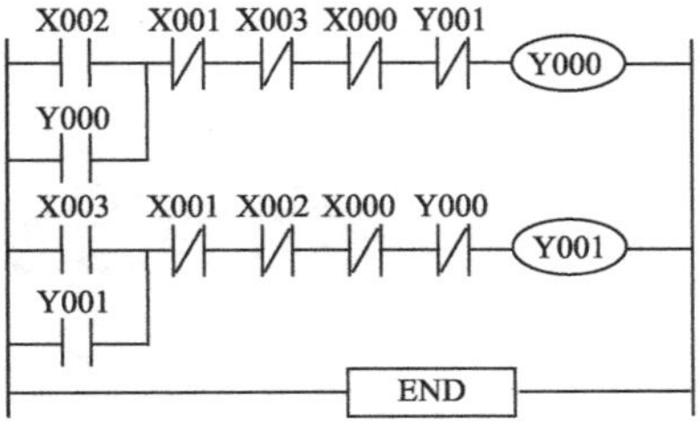

（a）梯形图

步	指令	元件	步	指令	元件
0	LD	X002	8	OR	Y001
1	OR	Y000	9	ANI	X001
2	ANI	X001	10	ANI	X002
3	ANI	X003	11	ANI	X000
4	ANI	X000	12	ANI	Y000
5	ANI	Y000	13	OUT	Y001
6	OUT	Y000	14	END	
7	LD	X003			

（b）指令表

图 7-33　三相异步电动机正、反、停控制的梯形图及指令表

按下反转启动按钮 SB3 时，输入继电器 X003 的常闭触点断开 Y000 线圈，使 KM1 失电释放；同时 X003 的常开触点闭合接通 Y001 线圈并自锁，接触器 KM2 得电吸合，电动机反向启动，并稳定运行。

按下停止按钮 SB1，或过载保护 FR 动作，都可使 KM1 和 KM2 失电释放，电动机停止运行。

运行调试程序：

① 按正转按钮 SB2，输出继电器 Y000 接通，电动机正转。

② 按反转按钮 SB3，输出继电器 Y001 接通，电动机反转。

③ 按停止按钮 SB1，输出继电器 Y000 断开，电动机停转。

④ 模拟电动机过载，使热继电器 FR 触点动作，电动机停转。

⑤ 使热继电器 FR 触点复位后，重复正、反、停操作。

⑥ 记录运行调试结果。

项目八　PLC 的程序设计

项目目标

① 掌握梯形图程序设计的经验设计方法。

② 掌握定时器和计数器、互锁及连锁控制、手动及自动控制、顺序控制和逻辑指令等编程方法。

③ 掌握编程技巧、步进指令和顺序功能图设计方法。

项目要求

PLC 的程序设计是采用编程语言描述控制任务的过程。PLC 设计常采用的方法有经验设计方法和顺序功能图法。本任务主要采用经验设计方法和顺序功能图法设计 PLC 的控制程序。

任务一　PLC 编程技巧和梯形图的经验设计法

本任务利用经验设计法设计一个 PLC 控制的三相异步电动机Y-△降压启动控制程序。

一、FX 系列 PLC 编程技巧

① 梯形图编程，要以左母线为起点，右母线为终点（可以省去右母线），从左至右，按每行绘出。每一行的开始是起始条件，由常开、常闭触点或组合组成，最右边的线圈是输出结果，一行写完，自上而下依次写下一行。

② 同一编号的输出元件在一个程序中使用两次，即形成双线圈输出，应尽量避免，因为前面的输出无效，而后面的输出是有效的。但不同编号的输出元件可以并行输出，因此对这类电路应该进行组合后编程，如图 8-1 所示。

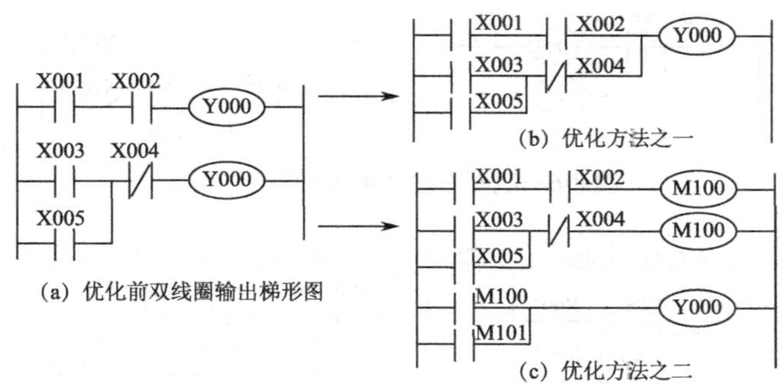

图 8-1　双线圈输出的优化处理

③ 线圈不能直接与左母线相连。如果需要，可以通过一个没有使用的元件的常闭触点或者特殊辅助继电器 M8000（常开 ON）来连接，如图 8-2 所示。

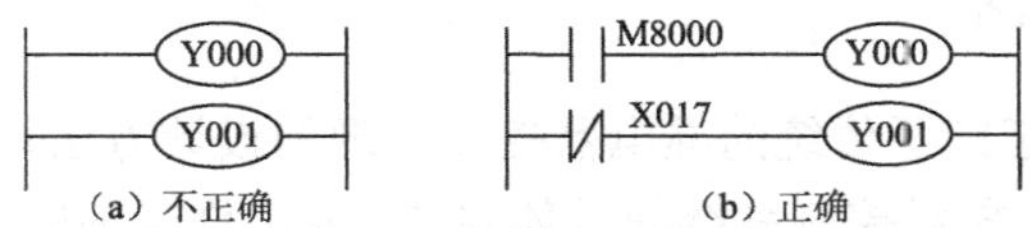

图 8-2　线圈与母线的连接

④ 适当安排编程顺序，以减少程序步数。应将触点串联多的支路尽量放在梯形图的上面，如图 8-3 所示。应将触点并联多的放在梯形图的左边，如图 8-4 所示。

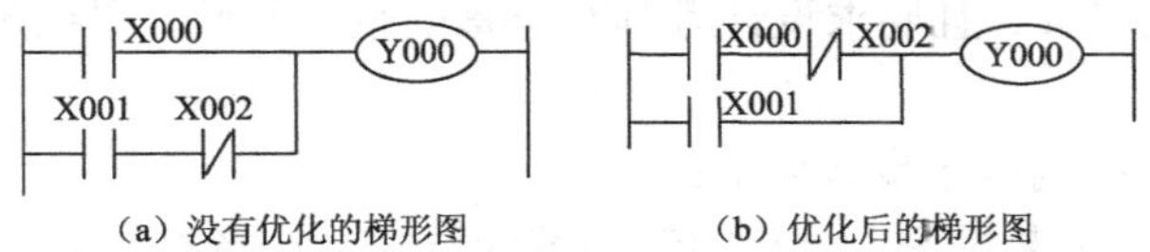

图 8-3　串联多的触点应放在上面

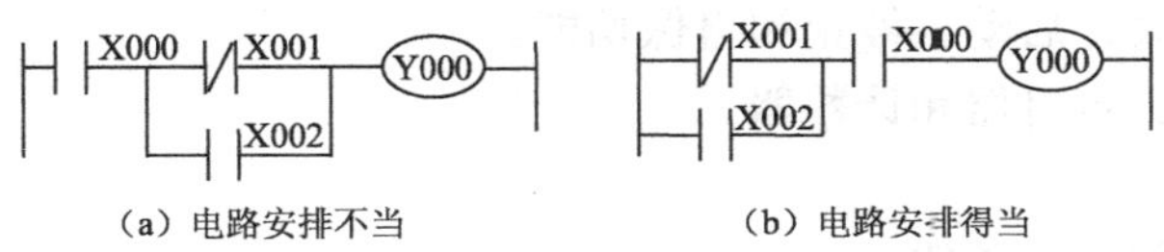

图 8-4　并联多的触点应放在左边

⑤ 触点应画在水平线上，不能画在垂直线上。图 8-5（a）所示的触点 X003 画在垂直线上，这很难正确识别它与其他触点的相互关系，应重新安排电路，如图 8-5（b）所示。

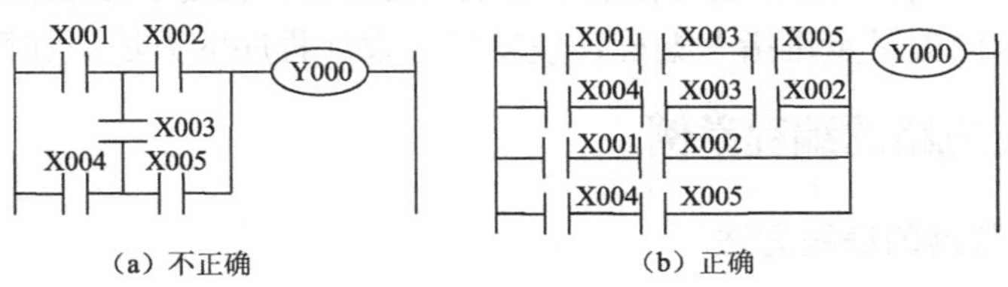

图 8-5　桥式电路的变换方法

⑥ 梯形图中线圈右边应无触点连接。设计梯形图时，只能把触点安排在线圈的左边才能编程，如图 8-6 所示。

⑦ 对复杂电路，用 ANB、ORB 等指令难以编程，可重复使用一些触点画出其等效电路，然后再进行编程，如图 8-7 所示。

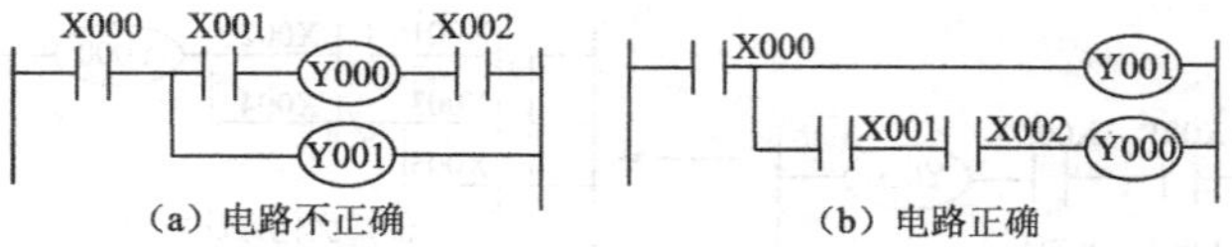

（a）电路不正确　　（b）电路正确

图 8-6　线圈右边的触点应置于左边

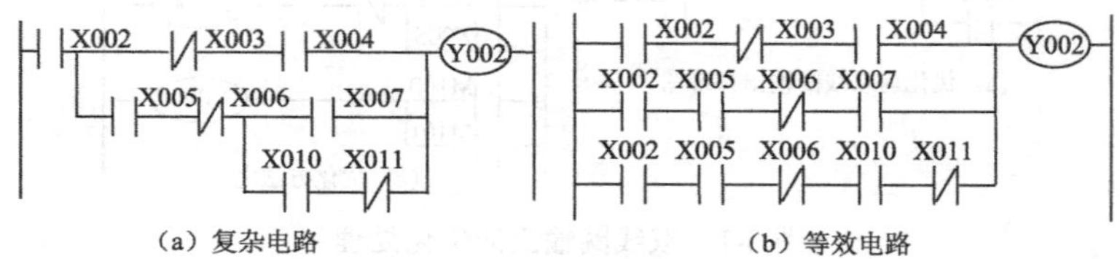

（a）复杂电路　　（b）等效电路

图 8-7　复杂电路编程技巧

二、梯形图的经验设计法

经验设计法实际上是延续了传统的继电器控制原理的设计方法，即在一些典型的控制单元电路的基础上，根据受控对象对控制系统的具体要求，采用许多辅助继电器来完成记忆、联锁、互锁功能。用这种设计方法设计的程序，要经过反复的修改和完善才能符合要求。此设计方法没有规律可以遵循，具有很大试探性和随意性，程序的调试时间长，编出的程序因人而异，不规范，会给使用和维护带来不便，尤其将对控制系统的改进带来很多困难。经验设计方法一般仅适用于简单的梯形图设计，且要求设计者具有丰富的设计经验，要熟悉许多基本的控制单元和控制系统的实例。

经验设计方法设计控制程序步骤如下：

① 了解受控设备及工艺过程，分析控制系统的要求，选择控制方案。

② 根据受控系统的工艺要求，确定主令元件、检测元件及辅助继电器等。

③ 利用输入信号设计启动、停止和自保功能。

④ 使用辅助元件、定时器和计数器。

⑤ 使用功能指令。

⑥ 加入互锁条件和保护条件。

⑦ 检查、修改和完善程序。

功能图设计程序的方法（顺序控制设计法）仅适用顺序控制系统。顺序控制功能图设计程序的方法易被初学者接受，设计的程序规范、直观、易阅读，也便于修改和调试。FX 系列 PLC 专为功能图程序设计设置了步进指令编程，使功能图设计程序的方法更加简便。

三、常用基本单元电路的编程举例

1．定时器和计数器的编程方法

（1）延时断开电路

图 8-8 所示为定时器构成的输入延时断开电路。当输入继电器 X002 为 ON 时，输出继电器 Y003 得电，并由本身的触点自保，调试由于 X002 的常闭触点断开，使 T50 线圈不能得电；当输入继电器 X002 为 OFF（常开触点断开）时，其 X002 常闭触点闭合，T50 线圈得电，开始定时，经过 15s 使设定值减为零，T50 的常闭触点断开，Y003 线圈断开，实现 Y003 在 X002 为 OFF 的时刻延时了 15s。

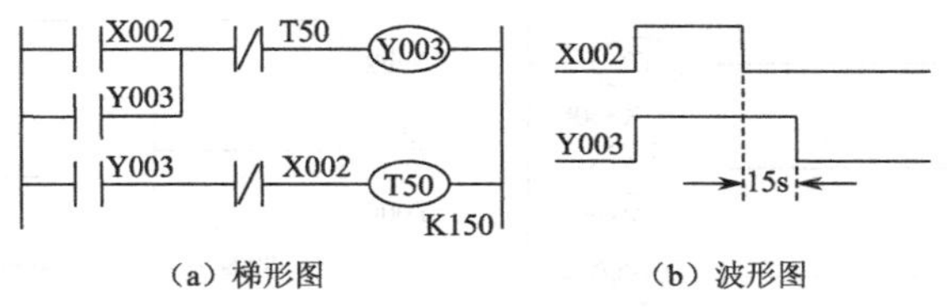

（a）梯形图　　（b）波形图

图 8-8　延时断开电路

（2）延时闭合/断开电路

图 8-9 所示为延时闭合/断开电路。图中，X000 为启动信号，两个定时器 T50 和 T51 用于延时闭合和延时断开的时间控制。当输入 X000 为 ON 时，T50 得电，延时 5s 后，T50 所带的常开触点闭合 Y004 得电自保；当输入 X000 为 OFF 时，其常闭触点闭合，T51 得电，延时 5s 后，T51 所带的常闭触点断开，Y004 线圈解除自保得电。

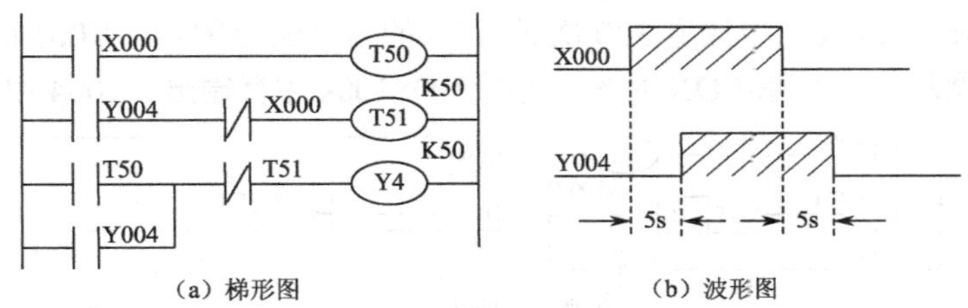

（a）梯形图　　（b）波形图

图 8-9　延时闭合/断开电路

（3）脉冲发生器电路

在 PLC 的内部虽然也有一些特殊的辅助继电器可以产生一定周期的脉冲信号，例如 M8011、M8012 的周期分别为 10ms、100ms，但在实际中经常需要其他周期和形式的脉冲信号发生器。图 8-10 所示脉冲振荡电路可以产生 50s 的脉冲信号，当 X000 闭合后，T50 线圈得电，经过 30s 后，其常开触点闭合，T51 线圈得电开始延时时，经过 20s 后 T51 触点动作，其常闭触点使 T50 线圈失电，T50 常开触点又使 T51 断开，一个周期结束。在一个周期中 T50 的触点闭合 20s，断开 30s；而 T51 的触点只闭合一个扫描周期的时间。T50 和 T51 的波形图如图 8-10（b）所示。只要 X000 接通，脉冲振荡电路就一直循环工作，直到 X000 断开，脉冲振荡电路才停止工作。

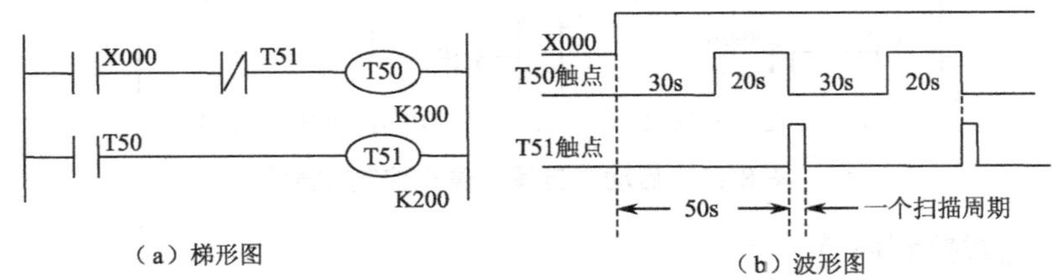

（a）梯形图　　（b）波形图

图 8-10　脉冲振荡电路

（4）定时器的扩展

将几个定时器串联使用，或者将定时器和计数器串联使用，可以实现扩充设定值的目的。图 8-11 为定时器的扩展电路。图中通过两个定时器的串联，可以实现 1300s 的延时。在图中，T0 的设定值为 800s，T1 的设定值为 500s。当 X000 为 ON 时，T0 就开始计时，当达到 800s 时，T0 所带的常开触点闭合，使 T1 达到开始计时，再延时 500s 后，T1 的常开触点闭合，Y000 线圈得电，获得延时 1300s 的输出信号。

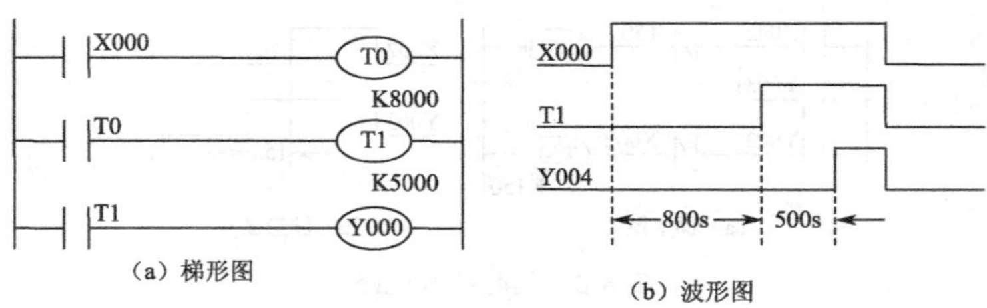

（a）梯形图　（b）波形图

图 8-11　定时器的扩展电路

（5）定时器和计数器的组合使用

图 8-12 所示为定时器和计数器的组合使用，该电路可以获得 30000s 的延时。图中 T0 的设定值为 100s，当 X000 为 ON 时，T0 线圈得电开始计时，当延时 100s 后，T0 的常闭触点断开，使 T0 自身复位，在 T0 线圈再次得电后又开始计时。在电路中，T0 的常开触点每隔 100s 闭合 1 次，计数器计 1 次数，当计道 300 次时，C0 的常开触点闭合，Y001 的线圈得电闭合，从而实现 Y001 线圈从 X000 到位 ON 时刻，延时 300×100s 才有输出。X004 用于给计数器复位。

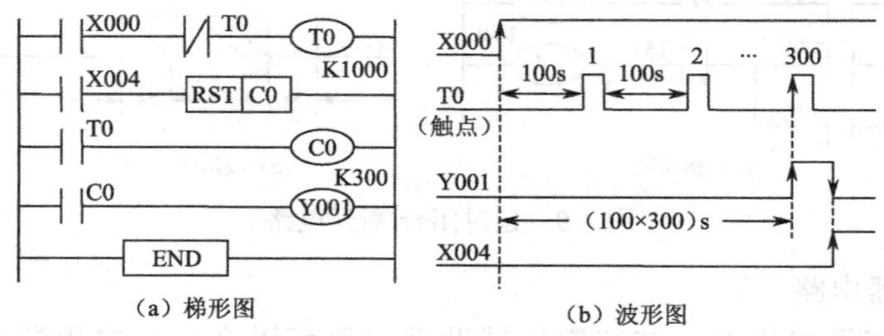

（a）梯形图　（b）波形图

图 8-12　定时器和计数器组合使用

2．启动、自保、停止扩展作用的编程方法

具有启动、自保、停止功能的电路，是 PLC 控制电路最基本的环节，它经常用于对内部辅助继电器和输出继电器进行控制。此电路有启动优先、停止优先两种不同的构成形式，如图 8-13 所示。

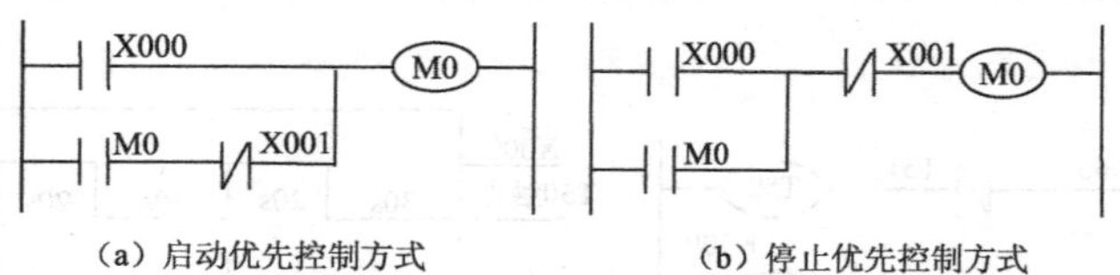

（a）启动优先控制方式　（b）停止优先控制方式

图 8-13　启动、自保、停止控制方式

（1）启动优先式控制环节

在图 8-13（a）中，当启动信号 X000 为 ON 时，无论关断信号 X001 的状态如何，M0 总被启动，并通过 X1 的常闭触点实现自保；当启动信号 X000 为 OFF 时，将停止信号 X001 的常闭触点断开，M2 断电。因为当启动信号 X000 与停止信号 X001 同时作用时，启动信号有效，所以称此电路为启动优先式。此电路常用于报警设备、安全防护及救援设备。它需要准确可靠的启动控制，无论停止按钮是否处于闭合状态，只要按下启动按钮，便可以启动设备。

（2）停止优先式控制环节

在图 8-13（b）中。当启动信号 X000 为 ON 时，M0 得电，通过停止信号 X001 的常闭触点使 M0 得电自保；当停止信号 X001 的常闭触点为 OFF 时，无论启动信号状态如何，M0 线圈始终失电。由于 X000 与 X001 同时作用时，停止信号有效，所以称此电路为停止优先式。此电路常用于需要紧急停车的场合。

3．互锁及连锁控制的编程方法

（1）互锁控制

在一些机械设备的控制中，经常见到存在某种互为制约的关系，在 PLC 控制电路中一般用反映某一运动的信号去控制另一运动，达到互锁控制的要求。图 8-14 为互锁控制的梯形图，图中为了使 Y001 和 Y002 不能同时得电，用 Y001 和 Y002 的常闭触点分别串接在对方的控制电路中，实现互锁功能。

当 Y001、Y002 中有任何一个启动时，另一个必须为常闭状态，即保证任何时候两者都不能同时启动，达到互锁控制要求。这种互锁控制方式，经常用于控制电动机的正转与反转、机床刀架的进给与快速移动、横梁升降与工作台走动、机床夹具的卡紧与放松等不能同时发生运动的控制。

（2）联锁控制

图 8-15 为联锁控制梯形图，线圈 Y000 的常开触点串接于线圈 Y001 的控制电路中，线圈 Y001 的得电是以 Y000 的接通为条件，只有 Y000 接通才允许 Y001 接通，Y000 关闭后 Y001 也被关闭。只有在 Y000 接通的条件下，Y001 才可以自行启动和停止。

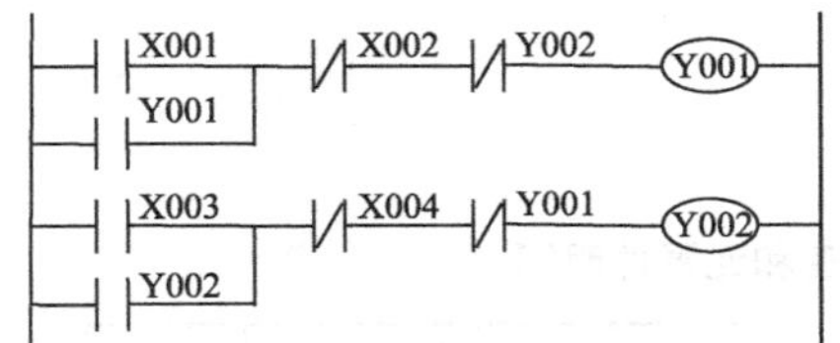

图 8-14 互锁控制

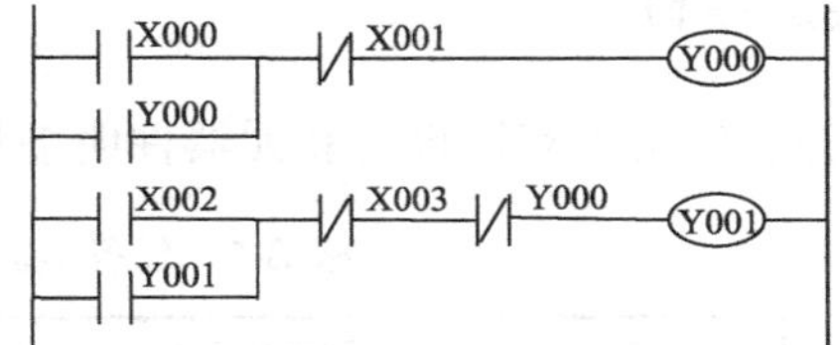

图 8-15 联锁控制

4．手动及自动控制的编程方法

自动控制系统的手动与自动切换梯形图如图 8-16 所示，输入信号 X000 为系统设置的手动/自动选择开关，当选择手动工作状态时，X000 为 ON 满足主控指令的执行条件，执行手动控制程序，同时满足跳转执行条件，不执行自动控制程序；相反当选择自动工作状态时，X000 为 OFF 时，不执行手动程序，执行自动程序。

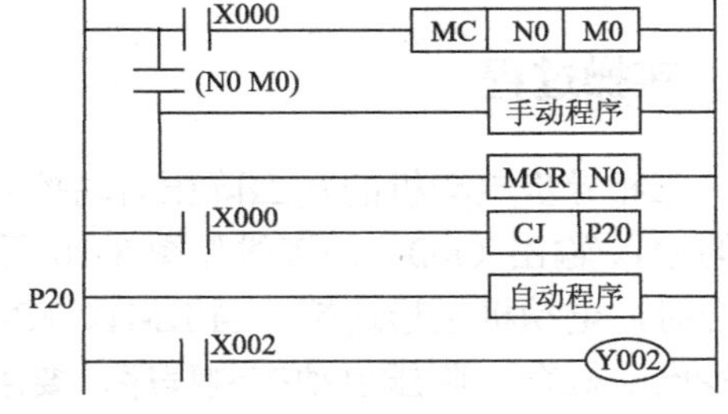

图 8-16 自动控制系统的手动与自动切换梯形图

5．顺序控制的编程方法

在 PLC 的顺序控制中，经常采用顺序步进控制，使控制系统能按照固定的步骤一步接着一步地执行。选择代表前一个运动的常开触点串联于后一个运动的启动电路中，作为后一个运动的发生条件（约束条件）；同时选择代表后一个运动的常闭触点串联于前一个运动的停止线路中，作为关闭条件。这样才能保证，只有在前一个运动发生了，才允许后一个运动产生；而一旦后一个运动发生，立即就使前一个运动停止，因此可以实现各个运动严格地按照固定顺序执行，从而达到顺序步进控制。图 8-17 所示为顺序步进控制线路，其中图 8-17（a）为采用停止优先控制方式，图 8-17（b）为采用启动优先控制方式。

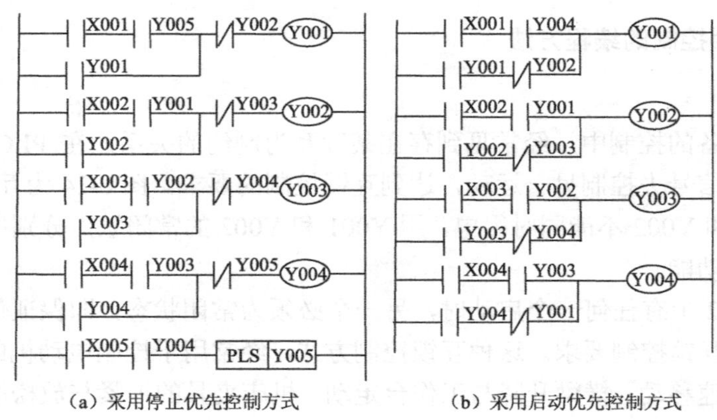

（a）采用停止优先控制方式　（b）采用启动优先控制方式

图 8-17　顺序步进控制

任务实施

一、实操器材

任务实施所需实训设备和元器件明细见表 8-1。

表 8-1　任务实施所需实训设备和元器件明细

名称	型号或规格	数量	名称	型号或规格	数量
可编程序控制器	FX2N-48MR	1 只	熔断器	RC1A-30/15W	2 个
交流接触器	CJ10-20	3 个	熔断器	RL1-60/25W	3 个
按钮	LA10-3H	3 个	三相异步电动机	4kW/380V △接法	1 台
热继电器	JR16-20/3	1 个	连接导线		若干

二、实操过程

三相异步电动机的Y-△降压启动控制的电路，主电路和控制电路如图 2-25 所示。PLC 控制的输入/输出（I/O）外接线如图 8-18 所示。图中的 QS 为电源刀开关，当 KMl、KM3 主触点闭合时，电动机星形连接：当 KM1、KM2 主触点闭合时，电动机三角形连接。设计一个三相异步电动机Y-△降压启动控制程序，要求合上电源刀开关，按下启动按钮 SB2 后，电动机以星形连接启动，开始转动 6s 后，KM3 断电，星形启动结束。

1．输入和输出点分配

输入和输出点分配见表 8-2。

表 8-2　输入和输出点分配

输入信号			输出信号		
名称	代号	输入点编号	名称	代号	输出点编号
停止按钮	SB1	X000	主电源交流接触器	KM1	Y001
启动按钮	SB2	X001	三角形交流接触器	KM2	Y002
热继电器	FR	X002	星形交流接触器	KM3	Y003

2. PLC 的接线

三相异步电动机Y-△降压启动控制的 PLC I/O 接线如图 8-18 所示。

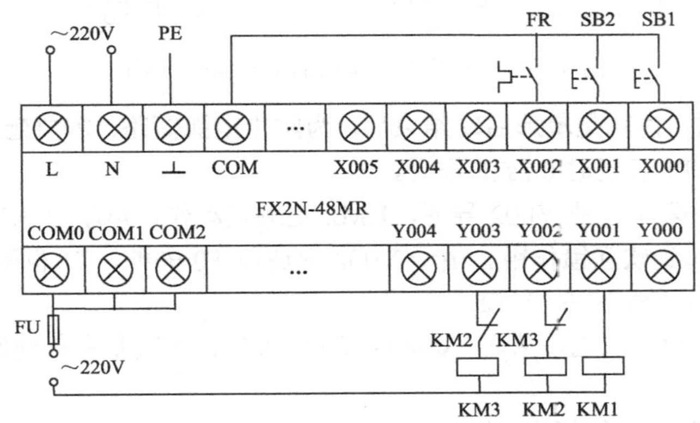

图 8-18　Y-△降压启动控制的 PLC I/O 接线

3. 程序设计

（1）用基本指令实现

若本项目描述改为：设计一个三相异步电动机Y-△降压启动控制程序，要求合上电源开关 QS，按下启动按钮 SB2 后，电动机以星形连接启动，开始转动 6s 后，KM3 断电，星形启动结束。为了有效防止电弧短路，要延时 200ms 后，KM2 接触器得电，电动机按照三角形连接转动，不考虑过载保护。

图 8-18 中，电路主接触器 KM1 和三角形接触器的常开触点作为输入信号接于 PLC 的输入端，便于程序中对这两个接触器的实际动作进行监视，通过程序以保证电动机实际运行的安全。PLC 输出端保留星形和三角形接触器线圈的硬互锁环节，程序中也要另设软互锁。

电动机Y-△降压启动控制的梯形图如图 8-19 所示，将 KM1 和 KM2 辅助触点连接到 PLC 的输入端 X002、X003，将启动按钮的常开触点 X001 和 X003 的常闭触点串联，作为电动机开始启动条件，其目的是为了防止电动机出现三角形直接全压启动。因为，若当接触器 KM2 发生故障时，如主触点烧死或衔铁卡死打不开时，PLC 的输入端的 KM2 闭合，也就使输入继电器 X003 处于导通状态，其常闭触点断开状态，这时即使按下启动按钮 SB2（X001 闭合），输出 Y001 也不会导通，作为负载的 KM1 就无法通电动作。

在正常情况下，按下启动按钮后，Y001 导通，KM1 主触点动作，这时如 KM1 无故障，则其常开触点闭合，X002 的常开触点闭合，与 Y001 的常开触点串联，对 Y001 形成自锁。同时，定时器 T0 开始计时，计时 6s。Y001 导通，其常开触点闭合，程序第 2 行中，后面的两个常闭触点处于闭合状态，从而使 Y003 导通，接触器 KM3 主触点闭合，电动机星形启动。当 T0 计时 6s 后，使 Y003 断开，星形启动结束。该行中的 Y002 常闭触点起互锁作用，保证进入三角形全压启动时，接触器 KM3 呈断开状态。

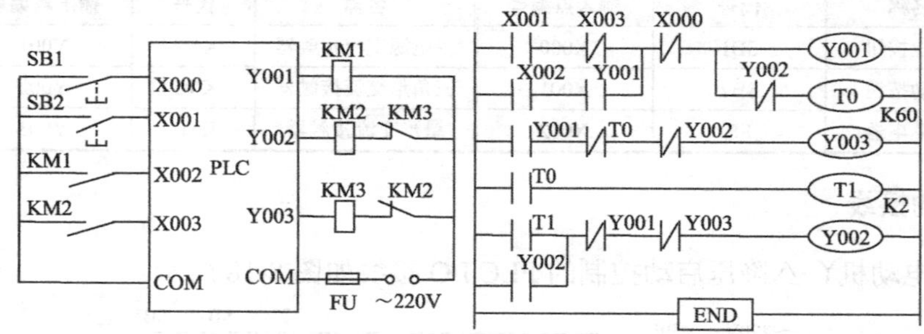

图 8-19　电动机Y-△降压启动控制的梯形图

T0 定时到的同时，也就是星形启动结束后，为防止电弧短路，需要延时接通 KM2，因此，程序第 3 行的定时器 T1 起延时 0.2s 的作用。

T1 导通后，程序第 4 行使 Y002 导通，KM2 主触点动作，电动机三角形全压启动。这里的 Y003 常闭触点也起到软互锁作用。由于 Y002 导通使 T0 失电，T1 也因 T0 而失电，因此，程序中用 Y003 常闭触点对 Y002 自锁。

按下停止按钮，Y001 失电，从而 Y002 或 Y003 失电，也就是在任何时候，只要按停止按钮，电动机都将停转。

（2）用堆栈指令配合一般指令实现

如图 8-20（a）所示，对应的指令程序如图 8-20（b）所示。

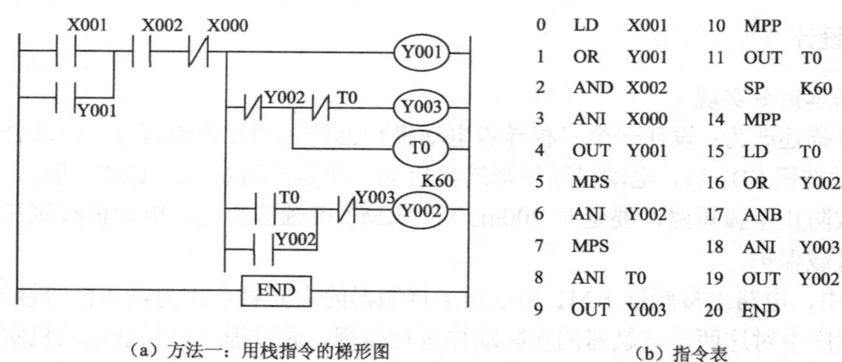

0	LD	X001	10	MPP	
1	OR	Y001	11	OUT	T0
2	AND	X002		SP	K60
3	ANI	X000	14	MPP	
4	OUT	Y001	15	LD	T0
5	MPS		16	OR	Y002
6	ANI	Y002	17	ANB	
7	MPS		18	ANI	Y003
8	ANI	T0	19	OUT	Y002
9	OUT	Y003	20	END	

（a）方法一：用栈指令的梯形图　　（b）指令表

图 8-20　电动机Y-△降压启动栈指令使用梯形图及指令表

（3）用主控指令配合基本指令实现

如图 8-21（a）所示，对应的指令程序如图 8-21（b）所示。

按下启动按钮 SB2 时，输入继电器 X000 的常开触点闭合，并通过主控触点（M100 常开触点）自锁，输出继电器 Y001 接通，接触器 KM3 得电吸合，接着 Y001 接通，接触器 KM1 得电吸合，电动机在星形接法方式下启动；同时定时器 T0 开始计时，6s 后动作使 Y001 断开，Y001 断开后 KM3 失电释放，互锁解除使输出继电器 Y002 接通，接触器 KM2 得电吸合，电动机便在三角形接法方式下运行。

按下停止按钮 SB1 或过载保护 FR 动作，不论是启动或运行都可使主控接点断开，电动机停止运行。

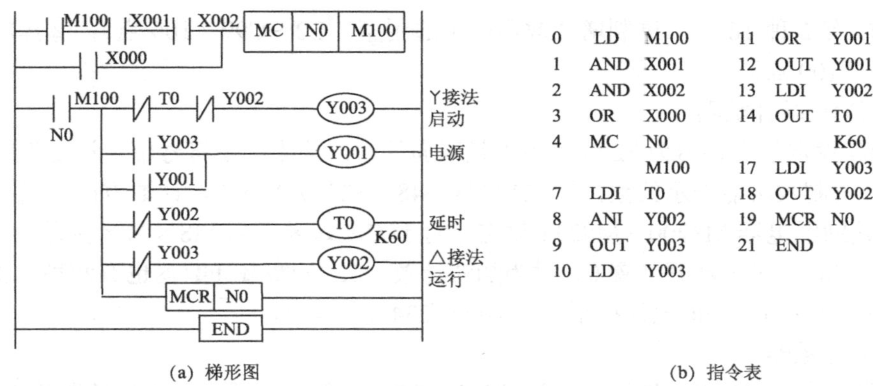

0	LD	M100	11	OR	Y001
1	AND	X001	12	OUT	Y001
2	AND	X002	13	LDI	Y002
3	OR	X000	14	OUT	T0
4	MC	N0			K60
		M100	17	LDI	Y003
7	LDI	T0	18	OUT	Y002
8	ANI	Y002	19	MCR	N0
9	OUT	Y003	21	END	
10	LD	Y003			

(a) 梯形图　　　　(b) 指令表

图 8-21　电动机Y-△降压启动 MC、MCR 指令使用的梯形图及指令表

4. 运行调试程序

① 按启动按钮 SB2，输出继电器 Y001、Y003 接通，电动机定子绕组接成星形降压启动，延时 6s 后，输出继电器 Y003 断开，Y002 继电器接通，电动机接成三角形接法全压运行。

② 按停止按钮 SB1，主控触点断开，电动机停转。

③ 重新启动电动机。

④ 模拟电动机过载，使热继电器 FR 常闭触点断开，电动机停转。

⑤ 重复上述操作。

⑥ 记录运行调试结果。

任务二　交通灯的 PLC 控制

某交通信号灯采用 PLC 控制。信号灯分东西、南北两组，分别有红黄绿三种颜色。交通信号灯受开关总体控制，按下启动按钮，信号灯系统开始工作，并周而复始地循环动作；按下停止按钮，所有信号灯熄灭。

一、计数器

计数器在程序中用作计数控制。FX 系列 PLC 计数器可分为内部计数器及外部计数器，内部计数器对 PLC 内部器件（X、Y、M、S、T 和 C）的信号进行计数，外部计数器对外部信号进行计数。机内信号的频率低于扫描频率，因而是低速计数器，高于机器扫描频率的信号计数需用高速计数器。

计数器也分为普通计数器和掉电保持型计数器两种；按照存储单元的位数，计数器还可分为 16 位和 32 位两种。

（1）16 位增计数器

增计数器的含义为每接到一个脉冲，计数器加 1，到达设定值后动作，其触点状态反转。16 位指其设定值及当前值寄存器为二进制 16 位寄存器，其设定值在 K1～K32767 范围内有效。

FX 系列 PLC 有 2 种 16 位二进制增计数器：①通用型：C0～C99（100 点）；②掉电保持型：C100～C199（100 点）。

（2）32 位增/减计数器

32 位指其设定值寄存器为 32 位，由于是双向计数，除去一个符号位，设定值的最大绝对值为 31 位二进制数所能表示的数，即−2147483648～+2147483647。计数方向（增计数或减计数）由特殊辅助继电器 M8200～M8234 设定。对于 C×××，当 M8×××接通（置 1）时为减法计数，当 M8×××断开（置 0）时为加法计数。32 位增/减计数器也有两种：①通用型：C200～C219（20 点）；②掉电保持型：C220～C234（15 点）。

（3）高速计数器

高速计数器共有 21 点，地址编号为 C235～C255。但由于适用高速计数器的 PLC 输入端子只有 X000～X005 等 6 点，最多只能有 6 个高速计数器同时工作。除高速计数功能外，高速计数器还可用作比较、直接输出等高速应用功能。

【例 1】计数程序的编程及运行

① 将图 8-22 所对应的指令程序写入主机 RAM 中。

② 运行程序。用输入开关产生计数输入信号，当 X000 由 OFF→ON 时，向 C0 送入一计数脉冲，计数器计数 1 次，其当前值增 1。当送入的脉冲数等于计数器的设定值时，计数器接点动作，使输出继电器 Y000 接通，对应的指示灯亮。

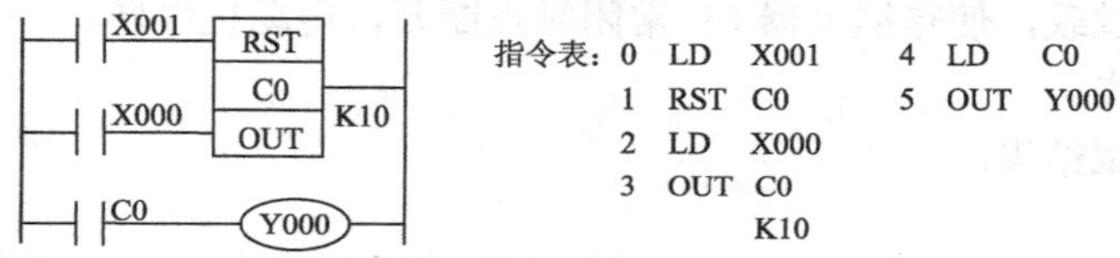

图 8-22 计数电路

将 X001 接通，使计数器复位，其当前值回零；同时输出继电器 Y000 为 OFF，对应的指示灯熄灭。

将 X001 断开时，计数器又可重新开始计数，重复一次前面的操作。

【例 2】长延时电路的编写及运行

① 将图 8-23 所对应的指令程序写入主机 RAM 中。

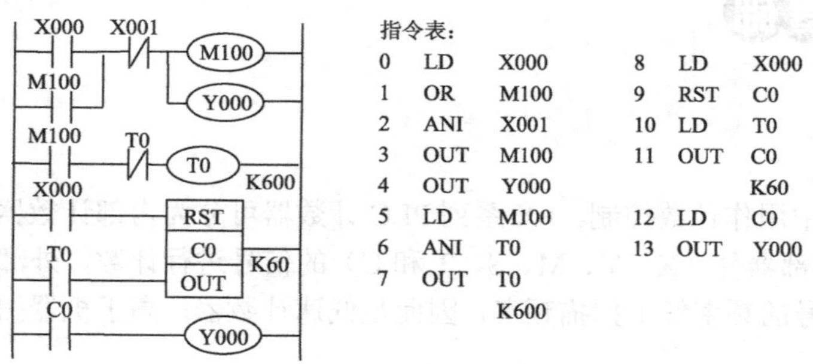

图 8-23 长延时电路

② 运行程序。启动输入 X000，Y000 指示灯亮，表明长延时电路开始工作。开始计时，60s 后计时到位，其常开触点接通一次，给计数器 C0 一个输入信号；其常闭触点断开，使 T0 复位，T0 复位后，其常开触点断开，常闭触点闭合，T0 又重新开始计时。当计数器 C0 对 T0 的反复动作计够 60 次后，C0 常开触点接通，Y001 输出，表明长延时电路计时到位，其总延

时时间 T=60s×60=3600s，即 1h。

二、顺序功能图与顺序控制设计法

1. 顺序功能图与顺序控制设计法

如果一个控制系统可以分解成几个独立的控制动作或工序，且这些动作或工序必须严格按照一定的先后次序执行才能保证生产的正常进行，这样的控制系统称为顺序控制系统。其控制总是一步一步按顺序进行。顺序功能图 SFC 就是描述控制系统的控制过程、功能及特性的一种图形。顺序功能图的三要素是步、转换条件与动作。初始步用双线框表示，一般步用矩形框表示，矩形框中用数字表示步的编号。转换条件用短画线表示，在旁边可用文字标注。动作用矩形框表示，矩形框可用文字或符号表示，如图 8-24 所示。

一个顺序控制过程可分为若干个阶段，这些阶段称为步或状态，可用辅助继电器 M 和状态继电器 S 表示。每个步都有不同的动作（但初始步有可能没有动作）。当相邻两步之间的转换条件满足时，就将实现步与步之间的转换，即上一个步的动作结束而下一个步的动作开始。步与步之间实现转换应该同时满足两个条件：前级步必须是活动步，对应的转换条件成立。

常用顺序功能图来描述这种顺序控制过程，如图 8-24 所示。在图中，M0 为初始步，M0、M1、M2 为三个不同的步，M8002、X000、X001、X002 的常开触点分别为它们的转换条件。当 PLC 运行时，M8002 瞬间接通，M0 成为活动步，Y000 接通。X000 闭合时，步由 M0 转换到 M1，即 Y001 接通，M0 成为不活动步，M1 成为活动步；同理当 X001 闭合时，步由 M1 转换到 M2，M1 成为不活动步，M2 成为活动步。顺序控制设计法就是根据系统的工艺过程绘出顺序功能图，再根据顺序功能图设计出梯形图的方法。它是一种先进的设计方法，很容易被用户所接受，程序的调试修改及阅读都很容易，设计周期短，设计效率高。

根据系统的顺序功能图设计出梯形图的方法，称为顺序控制梯形图的编程方法。目前常用的编程方法有三种，即使用启保停电路、以转换为中心、使用 STL 指令进行编程。项目七已介绍使用启保停电路进行编程的方法，在项目八中介绍使用 STL 指令进行编程的方法，本项目介绍以转换为中心的编程方法。

2. 以转换为中心的编程方法

图 8-25 是单序列的顺序功能图，由 M0 步转换到 M1 步必须满足两个条件，即前级步 M0 是活动步，M0 为 1；转换条件满足，X000 为 1。在梯形图中，用 M0 及 X000 的常开触点组成串联电路来表示上述条件。当该电路接通时，且两个条件同时满足，应完成两个操作，即通过使用 SET 指令将后序步 M1 变为活动步，使用 RST 指令将前级步 M0 变为不活动步。这种方法设计特别有规律，即使是设计复杂的顺序功能图的梯形图时，也既易掌握又不易出错。

对于选择性序列的顺序功能图，其编程方法与单序列的编程方法完全相同。

并行序列的顺序功能图如图 8-26（a）所示，其编程方法如图 8-26（b）所示。这里要注意并行序列的分支与合并的编程方法，如 M1 为活动步时，只要 X001 转换条件成立，则 M2、M4 要同时变为 ON。M6 步前有一个并行序列的合并，该转换实现的条件是所有的前级步（M3、M5）都是活动步且 X004 转换条件满足，因此应将它们串联作为启动条件。最后可集中编写执行动作控制程序，用每步号驱动对应的执行装置。如果某个动作必须持续到几个动作以后，则需要自锁。

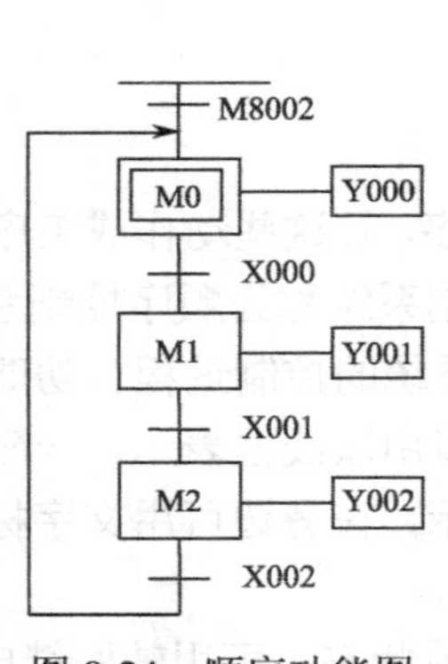

图 8-24　顺序功能图

图 8-25　以转换为中心编制的梯形图

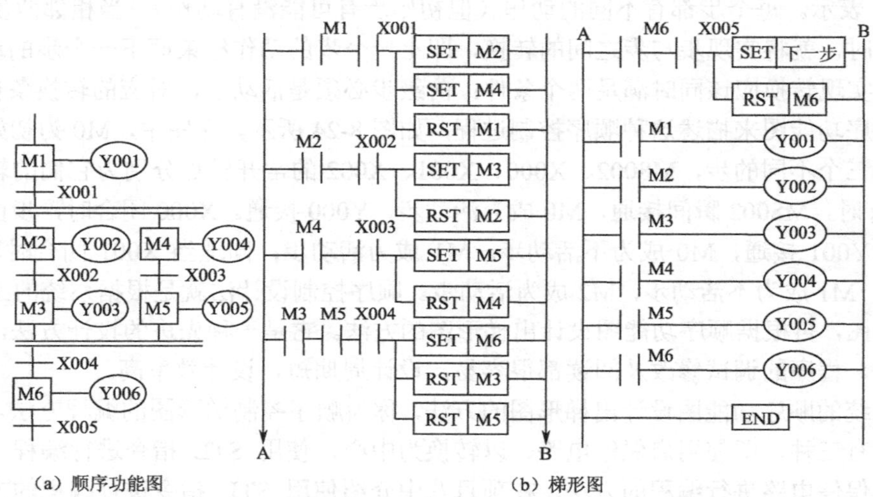

图 8-26　并行序列顺序功能图与以转换为中心编制的梯形图

任务实施

一、实操器材

任务实施所需实训设备和元器件明细见表 8-3。

表 8-3　任务实施所需实训设备和元器件明细

名称	型号或规格	数量	名称	型号或规格	数量
可编程序控制器	FX2N-48MR	1 个	计算机	内置三菱软件	1 台
交通灯演示板	自制	1 个	连接导线		若干
信号灯	红、黄、绿	各 4 盏			

二、实操过程

十字路口交通信号灯受开关总体控制，按一下启动按钮，信号灯系统开始工作，并周而复始地循环动作；按一下停止按钮，所有信号灯熄灭。十字路口交通信号灯控制的具体要求见表 8-4。

表 8-4 十字路口交通信号灯控制的具体要求

东西	信号	绿灯亮	绿灯闪亮	黄灯亮	红灯亮		
	时间	25s	3s	2s	30s		
南北	信号	红灯亮			绿灯亮	绿灯闪亮	黄灯亮
	时间	30s			25s	3s	2s

1. 输入和输出点分配

十字路口交通信号灯控制的 PLC 输入和输出点分配见表 8-5。

表 8-5 十字路口交通信号灯控制的 PLC 输入和输出点分配

输入信号			输出信号		
名称	代号	输入点编号	名称	代号	输出点编号
启动按钮	SB1	X000	东西绿灯	HL2	Y000
停止按钮	SB2	X001	东西黄灯	HL3	Y001
白天/黑夜开关	S	X002	东西红灯	HL4	Y002
			南北绿灯	HL5	Y004
			南北黄灯	HL6	Y005
			南北红灯	HL1	Y006

2. PLC 的 I/O 接线

根据信号控制要求进行 I/O 分配，十字路口交通信号灯 PLC 接线如图 8-27 所示，图中用一个输出点驱动两个信号灯，如果 PLC 输出点的输出电流不够，可以用一个输出点驱动一个信号灯，也可以在 PLC 输出端增设中间继电器，再通过中间继电器去驱动信号灯。按启动按钮 SB1，信号系统启动，东西、南北两侧信号灯周期性地工作；按下停止按钮 SB2，信号系统停止运行，所有信号灯熄灭。其中，脉冲发射器产生周期为 1s（通 0.5s，断 0.5s）的方波脉冲，供信号灯闪光控制。

3. 程序设计

（1）方法一：用基本逻辑指令编程

十字路口交通信号灯控制的时序图如图 8-28 所示。用基本逻辑指令设计的信号灯控制梯形图如图 8-29 所示。

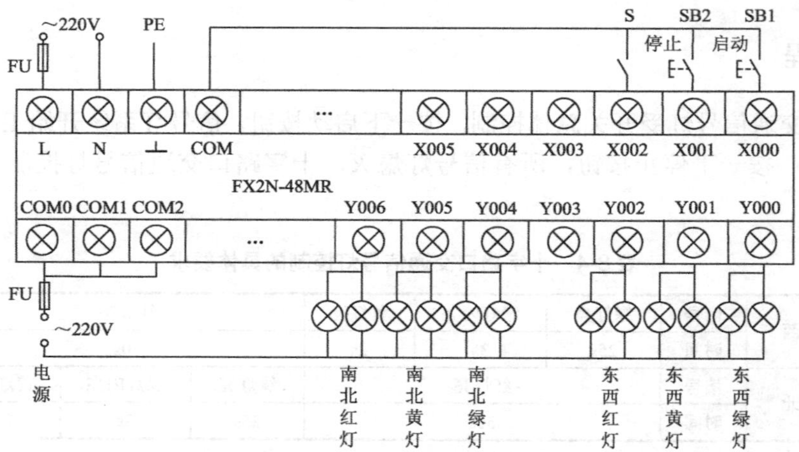

图 8-27　十字路口交通信号灯 PLC 接线

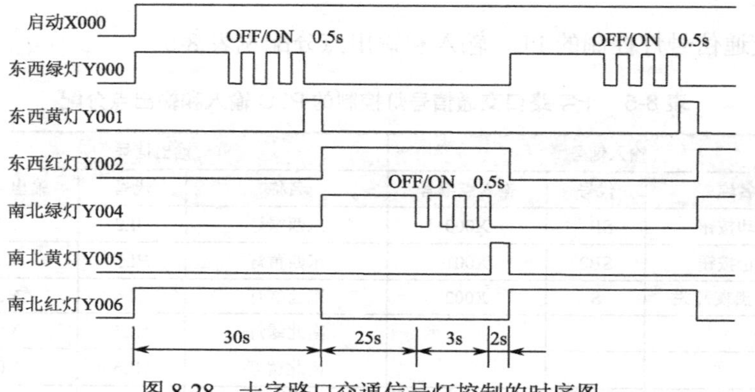

图 8-28　十字路口交通信号灯控制的时序图

图 8-29 中脉冲发生器产生周期为 1s（通 0.5s，断 0.5s）的方波脉冲，供信号等闪光控制用。

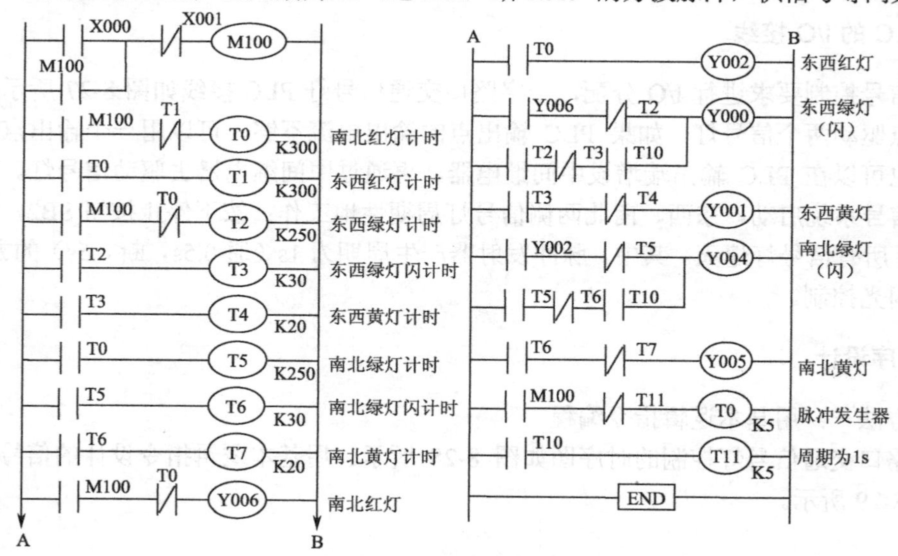

图 8-29　十字路口交通信号灯控制的梯形图

按照图 8-29 所示交通信号灯控制的梯形图，编写指令程序见表 8-6 并写入 PLC 的 RAM 中，运行并调试程序。

表 8-6　图 8-29 所示梯形图对应的指令程序

指令程序	指令程序	指令程序	指令程序
0 LD X000	19 OUT T3	40 OUT Y006	56 ANI T6
1 OR M100	K30	41 LD T0	57 AND T10
2 ANI X001	22 LD T3	42 OUT Y002	58 ORB
3 OUT M100	23 OUT T4	43 LD Y006	59 OUT Y004
4 LD M100	K20	44 ANI T2	60 LD T6
5 ANI T1	26 LD T3	45 LD T2	61 ANI T7
6 OUT T0	27 OUT T5	46 ANI T3	62 OUT Y005
K300	K250	47 AND T10	63 LD M100
9 LD T0	30 LD T5	48 ORB	64 ANI T11
10 OUT T1	31 OUT T6	49 OUT Y000	65 OUT T10
K300	K30	50 LD T3	K5
13 LD M100	34 LD T6	51 ANI T4	68 LD T10
14 ANI T0	35 OUT T7	52 OUT Y001	69 OUT T11
15 OUT T2	K20	53 LD Y002	K5
K250	38 LD M100	54 ANI T5	72 END
18 LD T2	39 ANI T0	55 LD T5	

按启动按钮 SB1，信号系统启动，东西、南北两侧信号灯周期性地工作；按停止按钮 SB2，信号系统中止运行，所有信号灯熄灭。

※（2）方法二：用顺序功能图编程

根据交通信号灯控制的时序图如图 8-28 所示，画出交通信号灯控制的顺序功能图如图 8-30 所示。

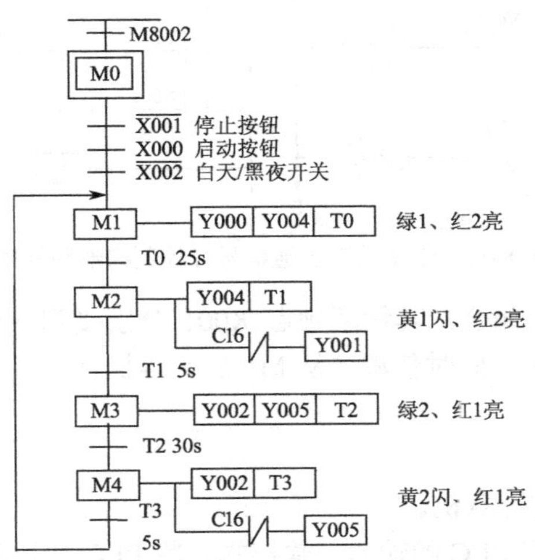

图 8-30　交通灯控制顺序功能图

当 PLC 进入 RUN 状态，M0 得电自锁。当白天/黑夜开关 S 断开，此时常闭触点 X002 闭合，因停止按钮是断开的，X001 常闭触点闭合，此时按下启动按钮，常开触点 X000 闭合，因此状态由 M0 转到 M1，Y000、Y004 得电，红 2、绿 1 灯亮。延时 25s 后，状态由 M1 转到 M2，红 2 亮、黄 1 闪（闪烁由图 8-30 中的 C16 实现）。又延时 5s 后，状态由 M2 转到 M3，红 1、绿 2 灯亮。延时 30s 后，状态由 M3 转到 M4，红 1 亮、黄 2 闪。又延时 5s 后，状态由 M4 转回到 M0，执行下一循环。

当白天/黑夜开关 S 闭合时，只有黄灯的闪烁。问题是这样解决的：M8012（PLC 机内部产生 100ms 时钟脉冲的特殊辅助继电器），其线圈由 PLC 自动驱动，即 PLC 通电后 M8002 保持 100ms 的周期振荡，利用其常开触点驱动计数器线圈 C16。当 C16 累计到 10 个脉冲时（1s 时间），计数器 C16 动作，C16 常开触点驱动时间继电器 T4，T4 定时 ls 后动作，T4 常开触点闭合将 C16 复位。其后周而复始，使 C16 线圈接通 1s 后又断开 ls，常闭触点 C16 接到控制线圈 Y001 和 Y004 回路，使 Y001 和 Y005 时而接通 ls 时而断开 1s，从而产生了在黑夜开关 S 闭合时黄灯闪烁的效果，其梯形图程序如图 8-31 所示。

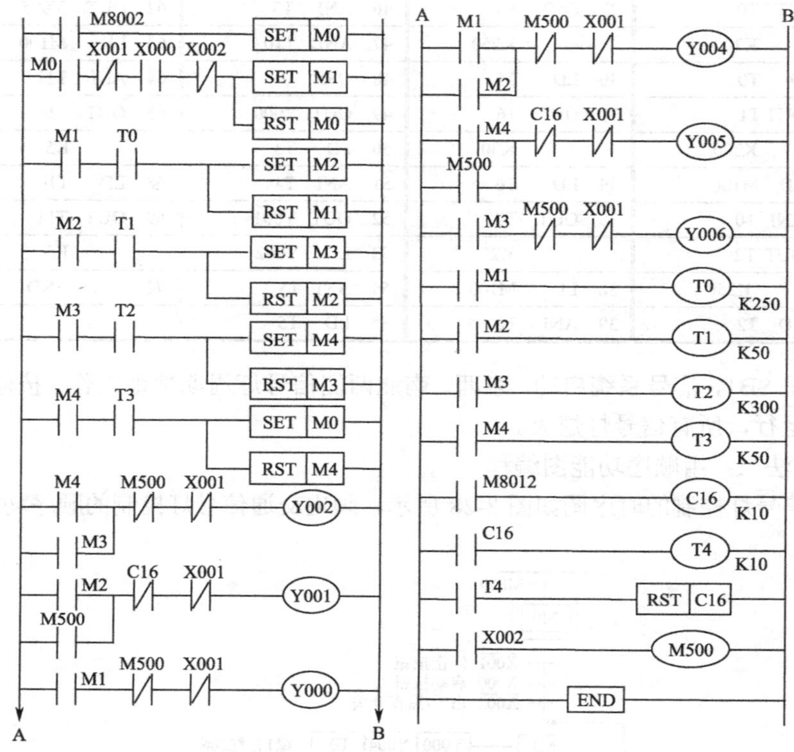

图 8-31 十字路口交通信号灯控制梯形图程序

当按下停止按钮，X001 闭合，其常闭触点 X001 分别接到 Y000～Y005 的线圈回路，使 Y000～Y005 断电，所有灯灭。同时使程序从 M0 后不再执行。

4．运行与调试程序

① 将梯形图程序输入到计算机。

② 按图 8-27 所示连接好 PLC 的输入与输出端，将 PLC 与计算机连接好。

③ 对程序进行调试运行。将 S 闭合，按下启动按钮 SBl，观察 HLl～HL6 的指示状态。将 S 打开，按下启动按钮 SBl，观察 HLl～HL6 的指示状态。按下停止按钮，再观察 HL1～HL6 的指示状态。

④ 调试运行记录。

任务三　步进指令及编程方法与控制程序设计举例

本任务介绍使用步进指令的编程方法，它是设计顺序控制程序的专用指令，易于理解，使用方便，建议优先采用它来设计顺序控制程序。

机械手能实现手动、回原位、单步、单周期和连续等 5 种工作方式。手动工作方式时，用各按钮的点动实现相应的动作；回原位工作方式时，按下“回原位”按钮，则机械手自动返回原位；单步工作方式时，每按一次启动按钮，机械手向前执行一步；单周期工作方式时，每按一次启动按钮，机械手只运行一个周期就停下；连续工作方式时，机械手在原位，只要按下启动按钮，机械手就会连续循环动作，直到按下停止按钮，机械手才会最后运行到原位并停下；而在传送工件的过程中，机械手必须升到最高位置才能左右移动，以防止机械手在较低位置运行时碰到其他工件。

一、步进指令

在 FX2N 系列 PLC 中只有两条步进指令：STL 步进指令和 RET 步进结束指令。采用步进指令进行编程，不仅可以大大地简化 PLC 程序设计的过程，降低编程的出错率还可以提高系统控制的及时性。

步进指令 STL 用于状态继电器的常开触点（不用常闭触点）与母线的连接。在 FX2N 系列 PLC 中共有 1000 个状态继电器（S0～S999），其中 S0～S9 共 10 个为初始状态继电器，S10～S19 为回零状态继电器，S20～S499 为一般状态继电器，S500～S899 为保持状态继电器，S900～S999 为报警状态继电器。状态继电器的使用次数不受限制。当状态继电器不用于步进顺序控制时，它也可作为辅助继电器使用。

STL 和 RET 指令必须和状态继电器 S 配合使用才具有步进功能。STL 也称为步进触点指令（占 1 步），STL 的梯形图符号用—[|]—表示，称为 STL 触点，它没有常闭触点。STL S20 和 STL S21 都是 STL 触点。使用 STL 指令后，母线移至触点右侧，其后需用 LD、LDI、OUT 等指令，直至出现下一条 STL 指令或出现 RET 指令。STL 指令使新状态继电器置位，而前一状态继电器自动复位．其触点断开。图 8-32 表明了顺序功能图、梯形图、语句表三者之间的严格对应关系。步进结束指令 RET 也称为步进返回指令，在一系列 STL 指令之后必须使用 RET 指令，以表示步进指令功能结束，母线恢复至原位。

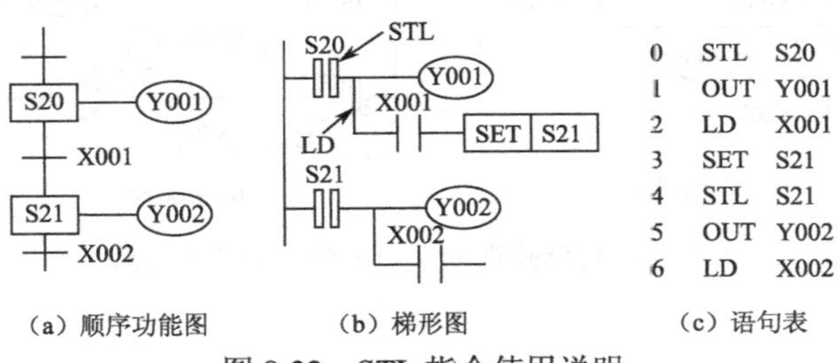

图 8-32　STL 指令使用说明

二、步进指令的编程技巧

运用步进指令编写顺序控制程序时，首先应确定整个控制系统的流程，然后将复杂的任务或过程分解成若干个工序(状态)，最后弄清各工序成立的条件、工序转移的条件和转移的方向，这样就可画出顺序功能图。根据控制要求，采用 STL、RET 指令的步进顺序控制可以有多种方式。如图 8-33 所示是单流程顺序功能图。图中 M8002 是特殊辅助继电器，仅在运行开始时瞬间接通，产生初始脉冲。可选择性分支与汇合状态转移方式如图 8-34 所示。并行分支与汇合状态转移方式如图 8-35 所示。

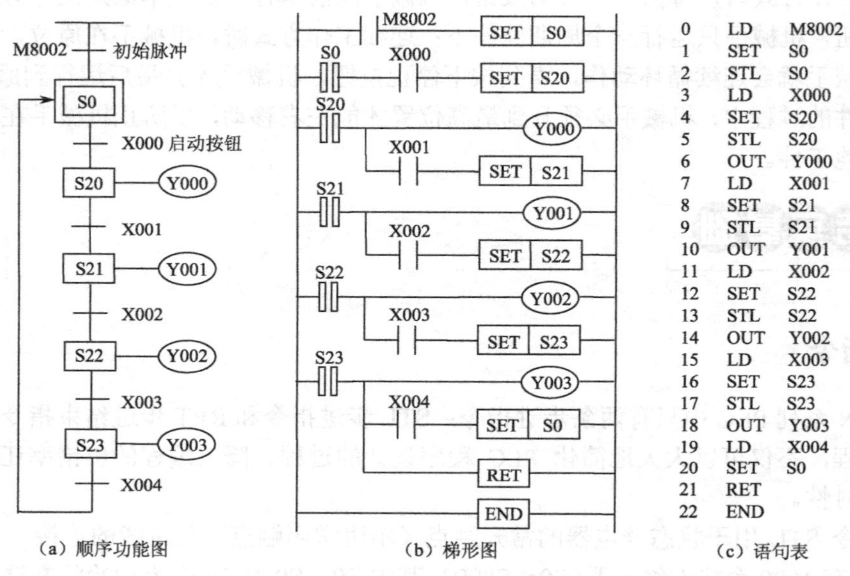

图 8-33 STL、RET 指令使用

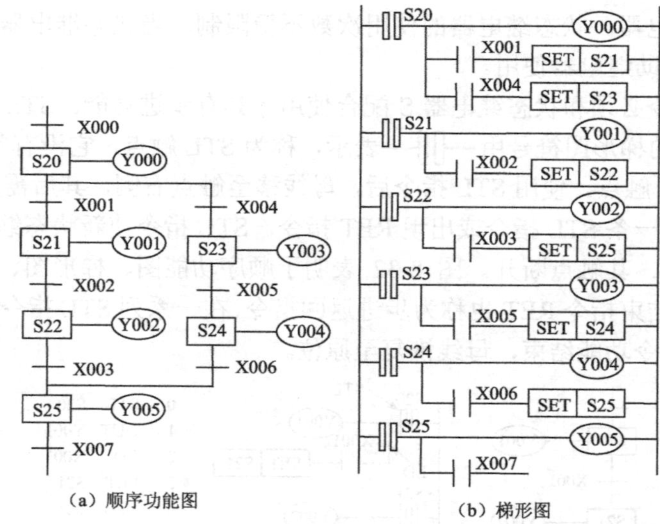

图 8-34 可选择性分支与汇合状态转移方式

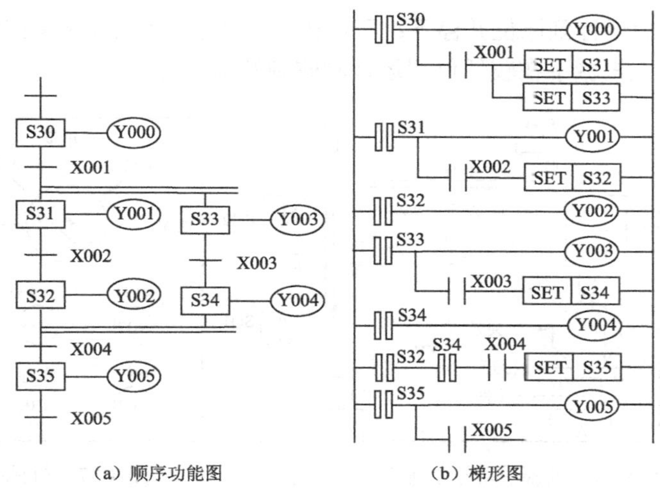

（a）顺序功能图　　（b）梯形图

图 8-35　并行分支与汇合状态转移方式

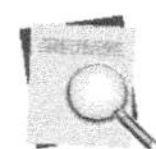

任务实施

一、实操器材

任务实施所需设备和元器件明细见表 8-7。

表 8-7　任务实施所需设备和元器件明细

名称	型号或规格	数量	名称	型号或规格	数量
可编程序控制器	FX2N-48MR	1 台	限位开关	LX19-111	4 个
双线圈电磁阀	VF3230	2 个	转换开关	LW6-5	1 个
单线圈电磁阀	VF3130	1 个	熔断器	RC1A-30/15	1 个
按钮	LA10H-1H	9 个	连接导线		若干

二、实操过程

机械手动作示意图如图 8-36 所示。其功能是将工件从 A 处移送到 B 处。气动机械手的升降和左右移行分别使用了双线圈的电磁阀，在某方向的驱动线圈失电时能保持在原位，必须驱动反方向的线圈才能反向运动。上升、下降对应的电磁阀线圈分别是 YV2、YVl，右行、左行对应的电磁阀线圈分别是 YV3、YV4。机械手的夹钳使用单线圈电磁阀 YV5，线圈通电时夹紧工件，断电时松开工件。通过设置限位开关 SQl、SQ2、SQ3、SQ4 分别对机械手的下降、上升、右行、左行进行限位，而夹钳不带限位开关，它是通过延时 1.7s 来表示夹紧、松开动作的完成的。

机械手操作面板示意图如图 8-37 所示，机械手能实现手动、回原位、单步、单周期和连续五种工作方式。手动工作方式时，用各按钮的点动实现相应的动作；回原位工作方式时，按下“回原位”按钮，则机械手自动返回原位；单步工作方式时，每按一次启动按钮，机械手向前执行一步；选择单周期工作方式时，每按一次启动按钮，机械手只运行一个周期就停下；连续工作方式时，机械手在原位，只要按下启动按钮，机械手就会连续循环动作，直到按下停止按钮，机械手才会最后运行到原位并停下；而在传送工件的过程中，机械手必须升到最高位置才能左右移动，以防止机械手在较低位置运行时碰到其他工件。

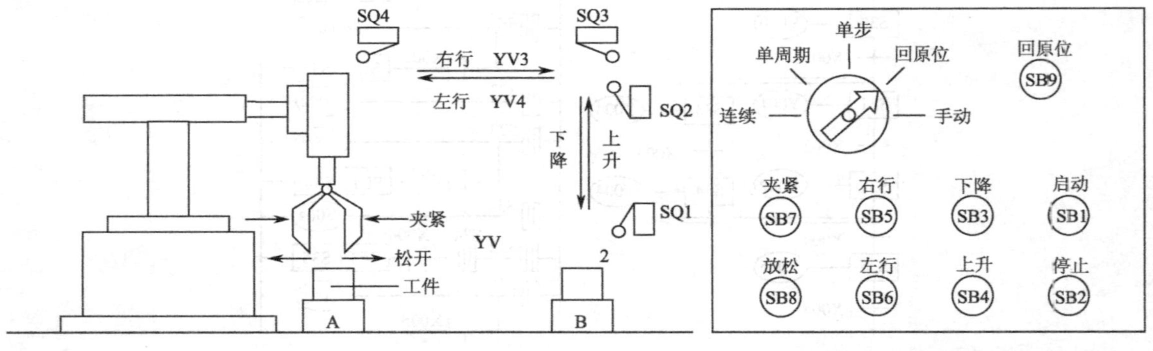

图 8-36 机械手动作示意图　　　　图 8-37 机械手操作面板示意图

1. 输入及输出点分配

PLC 输入及输出点分配见表 8-8。

表 8-8 PLC 输入/输出点分配

输入信号			输入信号		
名称	代号	输入点编号	名称	代号	输入点编号
手动挡	SA	X000	松开按钮	SB8	X015
回原位挡	SA	X001	下限位开关	SQ1	X016
单步挡	SA	X002	上限位开关	SQ2	X017
单周期挡	SA	X003	右限位开关	SQ3	X020
连续挡	SA	X004	左限位开关	SQ4	X021
回原位按钮	SB9	X005			
启动按钮	SB1	X006	输出信号		
停止按钮	SB2	X007	名称	代号	输出点编号
下降按钮	SB3	X010	下降电磁阀线圈	YV1	Y000
上升按钮	SB4	X011	上升电磁阀线圈	YV2	Y001
右行按钮	SB5	X012	右行电磁阀线圈	YV3	Y002
左行按钮	SB6	X013	左行电磁阀线圈	YV4	Y003
夹紧按钮	SB7	X014	松紧电磁阀线圈	YV5	Y004

2. PLC 接线图

机械手控制系统 PLC 的 I/O 接线如图 8-38 所示。

3. 程序设计

（1）方法一：基本指令编程（自动程序部分采用启、保、停电路编程）

机械手系统的程序总体结构如图 8-39 所示，分为公用程序、自动程序、手动程序和回原位程序等四部分。其中自动程序包括单步、单周期和连续运行的程序，因它们的工作顺序相同，所以可将它们合编在一起。CJ（FNC00）是条件跳转应用指令，指针标号 P 口是其操作数。

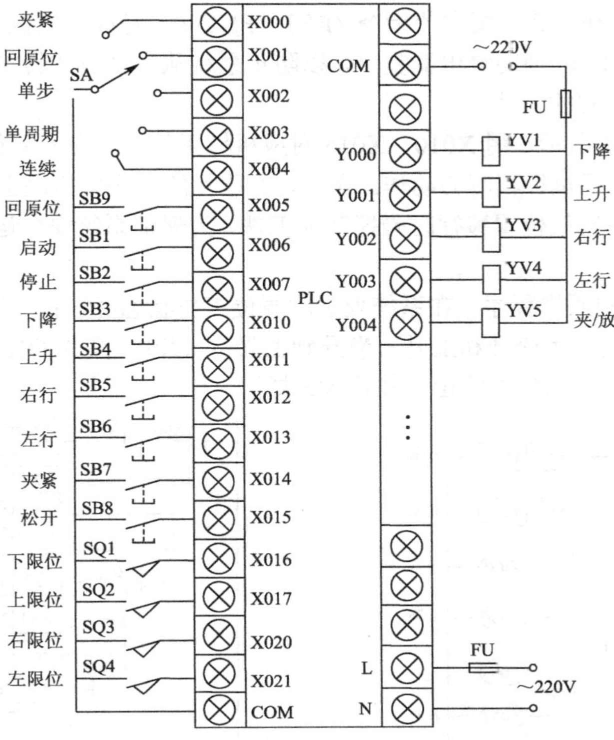

图 8-38　机械手控制系统 PLC 的 I/O 接线

该指令用于某种条件下跳过 CJ 指令和指针标号之间的程序，从指针标号处继续执行，以减少程序执行时间。如果选择“手动”工作方式，即 X000 为 ON、X001 为 OFF，则 PLC 执行完公用程序后，将跳过自动程序到 P0 处。由于 X0 常闭触点断开，所以直接执行“手动程序”。由于 P1 处的 X001 的常闭触点闭合，所以又跳过回原位程序到 P2 处。如果选择回原位工作方式，同样只执行公用程序和回原位程序。如果选择“单步”或“连续”方式，则只执行公用程序和自动程序。

公用程序如图 8-40 所示，当 Y004 复位（即松紧电磁阀松开）、左限位 X021 和上限位 X017 接通时，辅助继电器 M0 变为 ON，表示机械手在原位。这时，如果开始执行用户程序（M8002 为 ON），系统处于手动或回原位状态（X000 或 X001 为 ON），那么初始步对应的 M10 被置位，为进入单步、单周期、连续工作方式作好准备。如果 M0 为 OFF，M10 被复位，系统不能进入

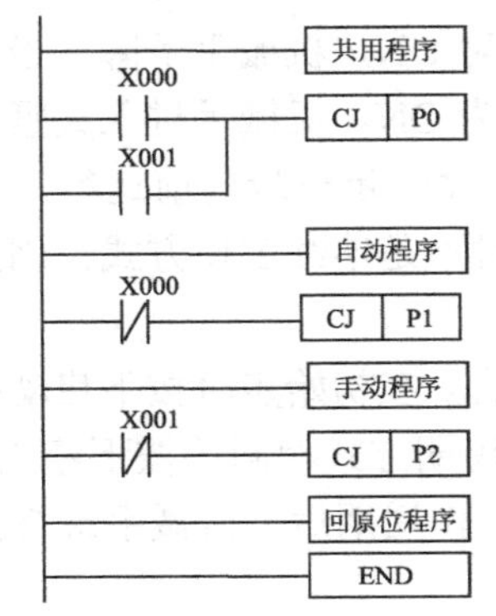

图 8-39　机械手系统的程序总体结构

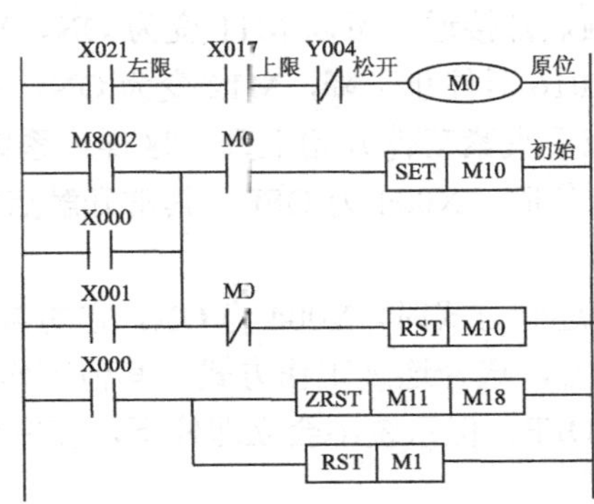

图 8-40　公用程序

单步、单周期、连续工作方式。图中的指令 ZRST（FNC40）是成批复位的应用指令，当 X000 为 ON 时，对 M11～M18 的辅助继电器复位，以防止系统从自动方式转换到手动方式，再扳回自动方式时出现两种不同的活动步。

手动程序如图 8-41 所示，用 X010～X015 对应机械手的上下左右移行和夹钳松紧的按钮。按下不同的按钮，机械手执行相应的动作。在左、右移行的程序中串联上限位置开关的常开触点是为了避免机械手在较低位置移行时碰撞其他工件。为保证系统安全运行，程序之间还进行了必要的联锁。

如图 8-42 所示为回原位程序，在系统处于回原位工作状态时，按下回原位按钮（X005 为 ON），M3 变为 ON，机械手松开和上升，当升到上限位（X017 变为 ON），机械手左行，直到移至左限位（X021 变为 ON）才停止，并且 M3 复位。

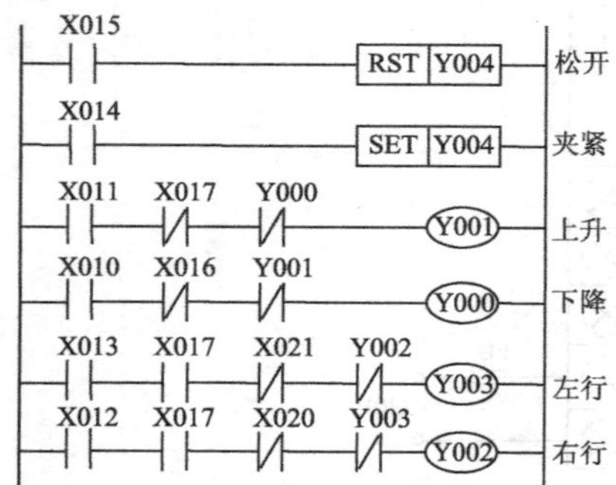

图 8-41　基本指令编程手动程序

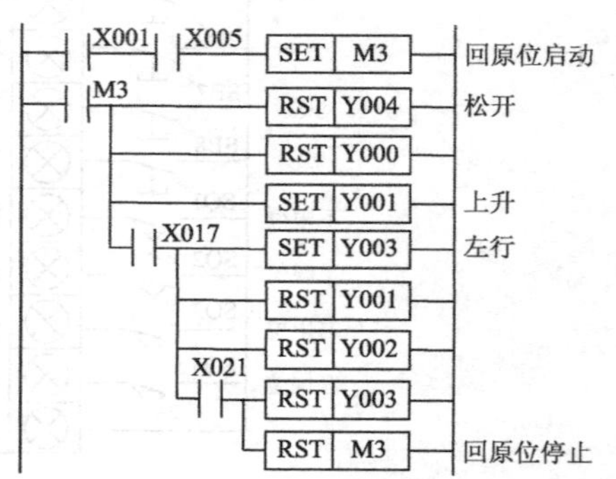

图 8-42　基本指令编程回原位程序

自动程序如图 8-43 所示，系统工作为单步方式时，X002 为 ON，其常闭触点断开。辅助继电器一般情况下 M2 为 OFF。X003、X004 都为 OFF，“单周期”和“连续”工作方式被禁止。假设系统处于初始状态，M10 为 ON，当按下启动按钮 X006 时，M2 变为 ON，使 M11 为 ON，Y000 线圈得电，机械手下降。放开启动按钮后，M2 立即变为 OFF。当机械手下降到下限位时，与 Y000 线圈串联的 X016 常闭触点断开，Y000 线圈失电，机械手停止下降。此时，M11、X16 均为 ON，其常开触点接通，再按下启动按钮 X006 时，M2 又变为 ON，M12 得电并自保持，机械手进入夹紧状态，同时 M11 也变为 OFF。在完成某一步的动作后，必须按一次启动按钮，系统才能进入下一步。

如果选择的是单周期工作方式，此时 X003 为 ON，X002 的常闭触点接通，M2 为 ON，允许转换。在初始步时按下启动按钮 X006，在 M11 电路中，因 M10、X006、M2 的常开触点和 M12 的常闭触点都接通，所以 M11 变为 ON，Y000 也变为 ON，机械手下降。当机械手碰到下限位开关 X016 时停止下降，M12 变为 ON，Y004 也变为 ON，机械手进入夹紧状态，经过 1.7s 后，机械手夹紧工件开始上升。这样，系统就会按工序一步一步向前运行。当机械手在 M18 步返回原位时，X004 为 OFF，其常开触点断开，此时不是连续工作方式，因此机械手不会连续运行。

系统处于连续方式时，X004 为 ON，它的常开触点闭合。在初始步时按下启动按钮 X006，M1 得电自保持，选择连续工作方式，其他工作过程与单周期方式相同。按下停止按钮 X007 后，M1 变为 OFF，但系统不会立即停下，在完成当前的工作周期后，机械手最终停在原位。

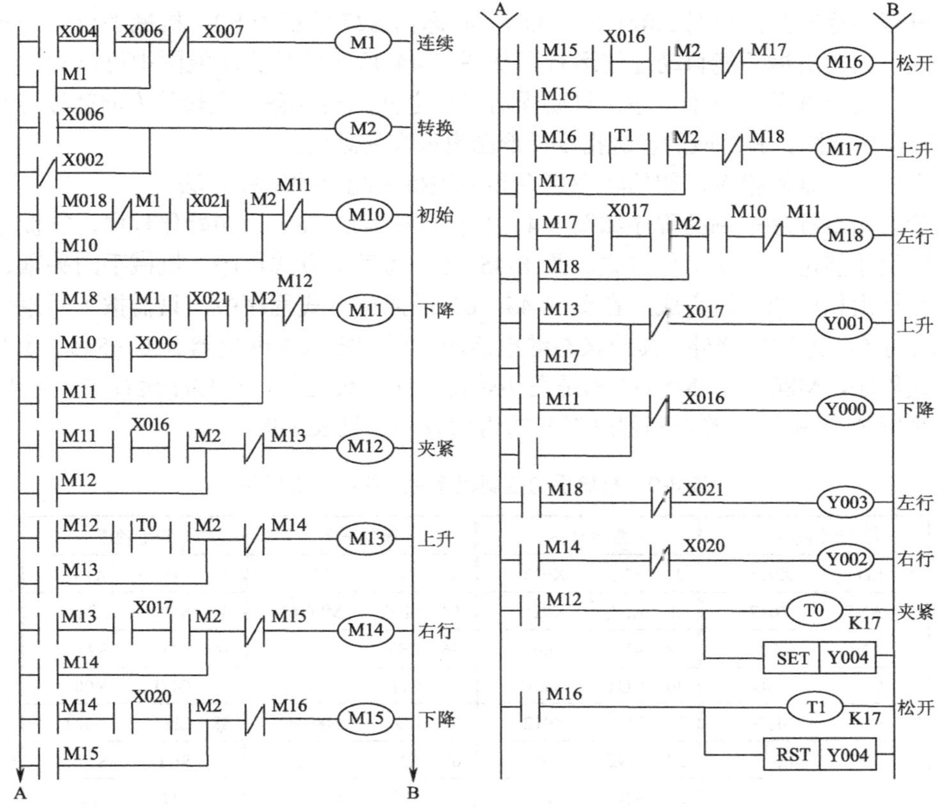

图 8-43　基本指令编程的机械手自动程序

※（2）方法二：基本指令配合步进指令的编程方法

运用步进指令编写机械手顺序控制的程序比用基本指令更容易、更直观。在机械手的控制系统中，手动和回原位工作方式用基本指令很容易实现，这里不重复，只介绍图 8-44 所示的顺序功能图，该图实现了机械手的自动连续运行。

图 8-44 中特殊辅助继电器 M8002 仅在运行开始时接通。S0 为初始状态，对应回原位的程序。在选定连续工作方式后，X004 为 ON，按下回原位按钮 X005，能保证机械手的初始状态在原位。当机械手在原位时，夹钳松开 Y004 为 OFF，上限位 X017、左限位 X021 都为 ON，这时按下启动按钮 X006，状态由 S0 转换到 S20，Y000 线圈得电，机械手下降。当机械手碰到下限位开关 X016 时，X016 变为 ON，状态由 S20 转换为 S21，Y000 线圈失电，机械手停止下降，Y004 被置位，夹钳开始夹持，定时器 T0 启动，经过 1.7s 后，定时器的触点接通，状态由 S21 转换为 S22，机械手上升。系统如此一步一步按顺序

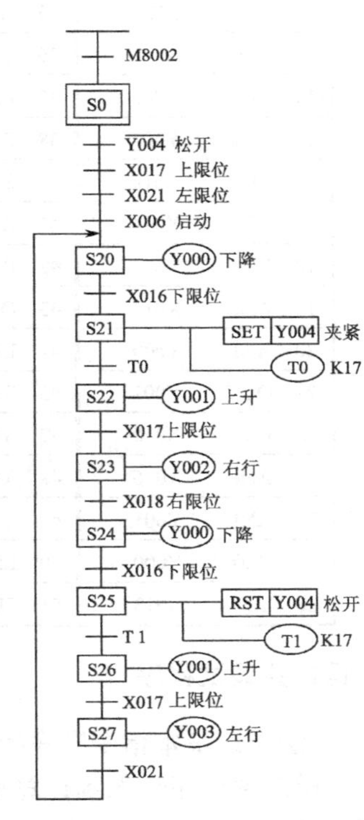

图 8-44　机械手自动连续运行的顺序功能图

运行。当机械手返回到原位时X021变为ON，状态由S27转换为S0，机械手自动进入新的一次运行过程。因此机械手能自动连续运行。从图8-44所示的顺序功能图中可以看出，每一状态继电器都对应机械手的一个工序，只要弄清工序之间的转换条件及转移方向就很容易、很直观地画出顺序功能图。其对应的步进指令梯形图也很容易画出。

（3）方法三：基本指令、初始状态指令和步进指令配合的编程方法

初始状态指令顺序控制的程序如图8-45所示。图8-45（a）为初始化程序，它保证了机械手必须在原位才能进入自动工作方式。图8-45（b）为手动方式程序，机械手的夹紧、放松及上下左右移行由相应的按钮完成。在图8-45（c）回原位方式程序中，只需按下回原位按钮即可。图中除初始状态继电器外，其他状态继电器应使用回零状态继电器S10～S19。图8-45（d）为自动方式程序，M8041和M8044都是在初始化程序中设定的，在程序运行中不再改变。

下面是图8-45机械手的控制程序对应的语句表程序见表8-9。

表8-9 机械手的控制程序对应的语句表程序

指令程序			指令程序			指令程序			指令程序		
0	LD	X021	27	AND	X017	53	STL	S12	83	LD	X18
1	AND	X017	28	ANI	X021	54	SET	M8O43	84	SET	S24
2	ANI	Y004	29	ANI	Y002	56	RST	S12	86	STL	S24
3	OUT	M8044	30	OUT	Y003	58	STL	S2	87	OUT	Y000
5	LD	M8000	31	LD	X012	59	LD	M8041	88	LD	X021
6	FNC	60	32	AND	X017	60	AND	M8044	89	SET	S25
		X0	33	ANI	X020	61	SET	S20	91	STL	S25
		S20	34	ANI	Y003	63	STL	S20	92	RST	Y004
		S27	35	OUT	Y002	64	OUT	Y000	93	OUT	T1
13	STL	S0	36	STL	S1	65	LD	X016			K17
14	LD	X015	37	LD	X005	66	SET	S21	96	LD	T1
15	RST	Y004	38	SET	S10	68	STL	S21	97	SET	S26
16	LD	X014	40	STL	S10	69	SET	Y004	99	STL	S26
17	SET	Y004	41	RST	Y004	70	OUT	T0	100	OUT	Y001
18	LD	X011	42	RST	Y000			K17	101	LD	X017
19	ANI	X017	43	OUT	Y001	73	LD	T0	102	SET	S27
20	ANI	Y000	44	LD	X017	74	SET	S22	104	STL	S27
21	OUT	Y001	45	SET	S11	76	STL	S22	105	OUT	Y003
22	LD	X010	47	STL	S11	77	OUT	Y001	106	LD	X021
23	ANI	X016	48	RST	Y001	78	LD	X017	107	OUT	S2
24	ANI	Y001	49	OUT	Y003	79	SET	S23	109	RET	
25	OUT	Y000	50	LD	X021	81	STL	S23	110	END	
26	LD	X013	51	SET	S12	82	OUT	Y002			

4．运行并调试程序

（1）方法一：基本指令顺序控制程序运行与调试

① 将梯形图程序输入到计算机。

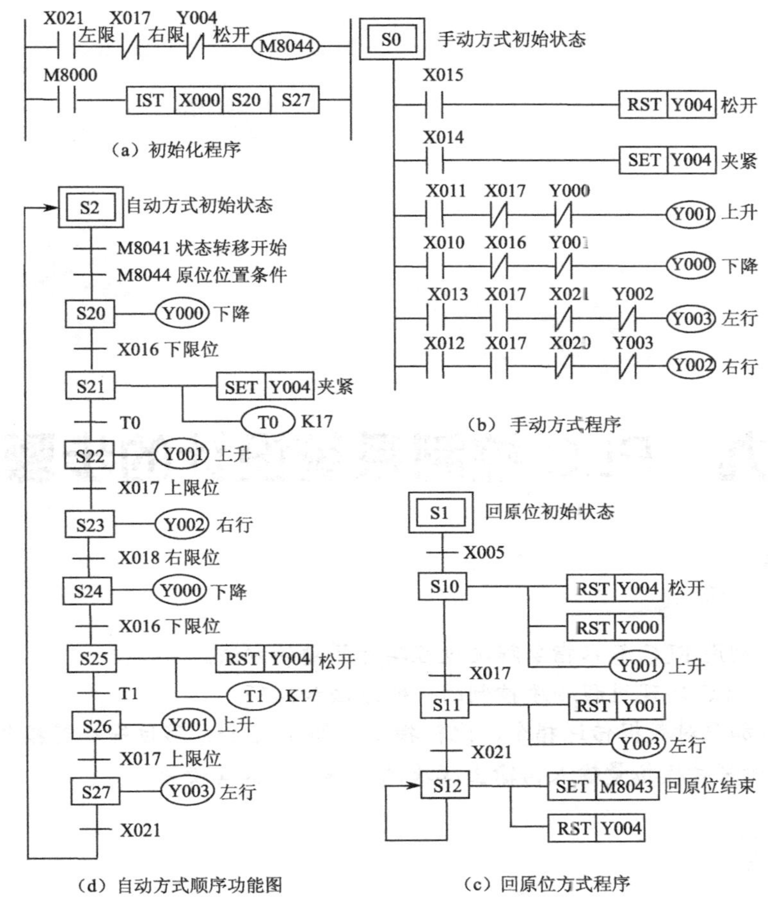

图 8-45　机械手的控制程序

② 对程序进行调试运行。

- 将转换开关 SA 旋至“手动”挡，按相应的动作按钮，观察机械手动作情况。
- 将转换开关 SA 旋至“回原位”挡，按回原位按钮，观察机械手是否回原位。
- 将 SA 旋至“单步”挡，每按一次启动按钮，观察是否向前执行下一动作。
- 将 SA 旋至“单周期”挡，每按一次启动按钮，观察是否运行一个周期就停下来。
- 将 SA 旋至“连续”挡，按下启动按钮，观察机械手是否连续运行。

③ 记录调试程序的结果。

（2）方法二：基本指令与步进指令控制程序运行与调试

① 将顺序功能图转换为梯形图输入到计算机。

② 对程序进行调试运行。将转换开关 SA 旋至“连续”挡，先按回原位按钮，再按启动按钮，观察机械手是否连续运行。

③ 记录调试程序的结果。

（3）方法三：基本指令、初始状态指令和步进指令顺序控制程序运行与调试

① 将控制程序输入到计算机。

② 对程序进行调试运行与基本指令顺序控制程序的相同。

③ 记录调试程序的结果。

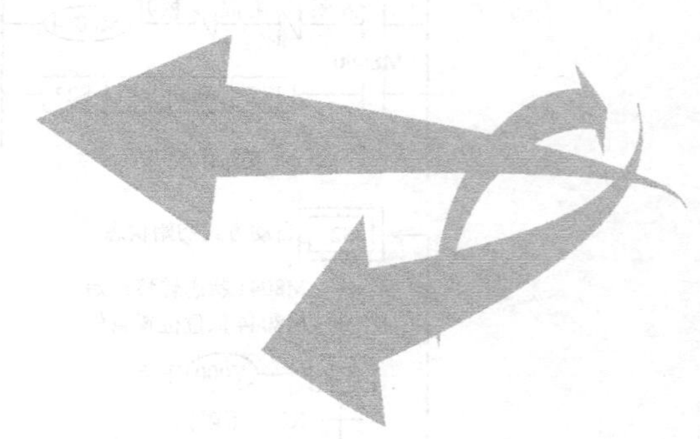

项目九　PLC 控制系统设计的步骤和内容

项目目标

① 学会综合利用 PLC 基本指令解决过程实际问题的方法。

② 掌握利用 PLC 实现过程顺序控制的一般方法和技巧。

③ 通过学习加深对数据传送指令、比较指令及加 1 指令、移位寄存器指令、区间复位指令理解和使用，加深对模拟量输入、输出模块的了解，掌握其使用。

项目要求

本任务主要研究是 PLC 综合利用解决工程实际问题，分别介绍电梯控制、化工生产过程的顺序控制、艺术彩灯或广告牌与自动控制系统等项目，其中介绍的相关指令不作为必要的条件，可根据条件和学员具体情况进行选择性介绍。

任务一　PLC 控制系统设计的步骤和内容

本任务研究的是四层电梯的控制训练。当呼叫电梯的楼层大于电梯所停的楼层时，电梯上升到呼叫层，电梯停止运行；当呼叫电梯的楼层小于电梯所停的楼层时，电梯下降到呼叫层，电梯停止运行；当同时有多层呼梯信号时，电梯先按照同方向依次暂停。

一、PLC 控制系统的总体设计

以 PLC 为主控制器的控制系统有以下四种控制类型。

1．单机控制系统

单机控制系统是由 1 台 PLC 控制 1 台设备或 1 条简易生产线，如图 9-1 所示。单机系统构成简单，所需的 I/O 点数较少，存储器容量小，可任意选择 PLC 型号。注意：无论目前是否有通信联网的要求，都应当选择有通信功能的 PLC，以适应将来系统功能扩充的需要。

2．集中控制系统

集中控制系统是由 1 台 PLC 控制多台设备或几条简易生产线，如图 9-2 所示。这种控制系统的特点是多个被控对象的位置比较接近，且相互之间动作有一定的联系。由于多个被控对象通过同一台 PLC 控制，因此各个被控对象之间的数据、状态的变化不需要另设专门的通信线路。

集中控制系统的最大缺点是如果某个被控对象的控制程序需要改变或 PLC 出现故障时，整个系统都要停止工作。对于大型的集中控制系统，可以采用冗余系统来克服这个缺点，此时要求 PLC 的 I/O 点数和存储器容量有较大的余量。

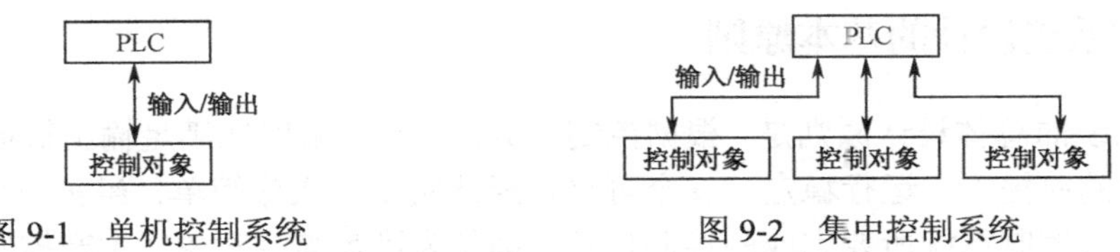

图 9-1　单机控制系统　　图 9-2　集中控制系统

3．远程 I/O 控制系统

这种控制系统是集中控制系统的特殊情况，也是由一台 PLC 控制多个被控对象，但是却有部分 I/O 系统远离 PLC 主机，如图 9-3 所示。

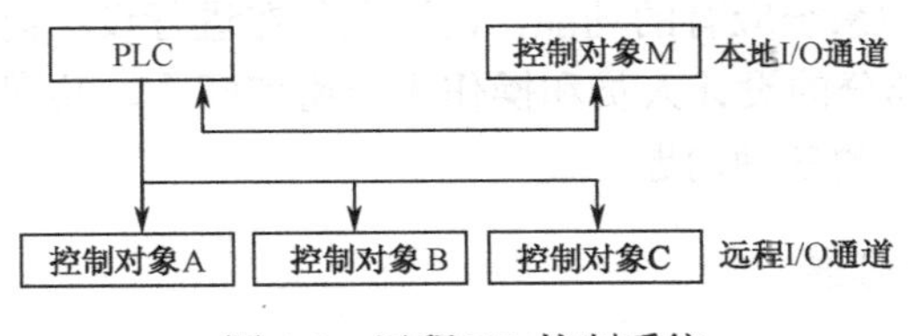

图 9-3　远程 I/O 控制系统

远程 I/O 控制系统适用于具有部分被控对象远离集中控制室的场合。PLC 主机与远程 I/O 通过同轴电缆传递信息，不同型号的 PLC 所能驱动的同轴电缆的长度不同，所能驱动的 I/O 通道数也不同，选择 PLC 型号时，要重点考察同轴电缆的长度和远程 I/O 通道的数量。

4．分布式控制系统

这种控制系统有多个控制对象，每个被控对象由 1 台具有通信功能的 PLC 控制，由上位机通过数据总线与多台 PLC 进行通信，各个 PLC 之间也有数据交换，如图 9-4 所示。

分布式控制系统的特点是多个被控对象分布的区域较大，相互之间的距离较远，每台 PLC 可以通过数据总线与上位机通信，也可以通过通信线与其他的 PLC 交换信息。分布式控制系统的最大好处是某个被控对象或 PLC 出现故障时，不会影响其他的 PLC 正常运行。

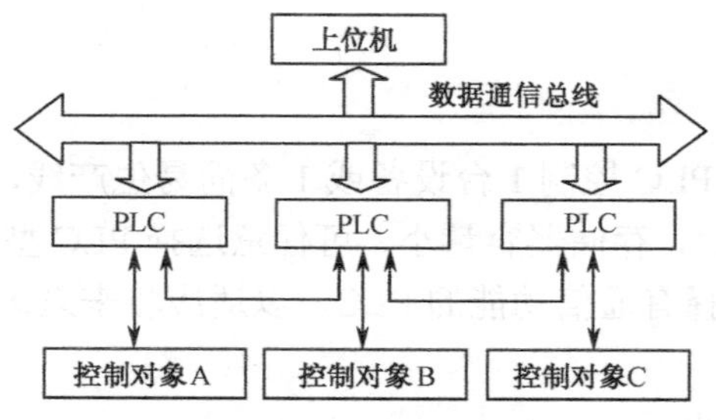

图 9-4　分布式控制系统

PLC 控制系统的发展是非常快的，从简单的单机控制系统，到集中控制系统，再到分布式控制系统，目前又提出了 PLC 的 EIC 综合化控制系统，即将电气控制（Electric）、仪表控制（Instrumentation）和计算机（Computer）控制集成于一体，形成先进的 EIC 控制系统。基于这种控制思想，在进行 PLC 控制系统总体设计时，要考虑到如何同这种先进性相适应，并有利于系统功能进一步扩展。

二、PLC 控制系统设计的基本原则

PLC 控制系统的总体设计原则是：根据控制任务，在最大限度地满足输出机械或生产工艺对电气控制要求的前提下，运行稳定，安全可靠，经济实用，操作简单，维护方便。

任何一个电气控制系统所要完成的控制任务，都是为满足被控对象（生产控制设备、自动化生产线、生产工艺过程等）提出的各项性能指标，提高劳动生产率，保证产品质量，减轻劳动强度和危害程度，提升自动化水平。因此，在设计 PLC 控制系统时，应遵循的基本原则如下。

1. 最大限度地满足被控对象提出的各项性能指标

为明确控制任务和控制系统应有的功能，设计人员在进行设计前，就应深入现场进行调查研究，搜集资料，与机械部分的设计人员和操作人员密切配合，共同拟定电气控制方案，以便协同解决在设计过程中出现的各种问题。

2. 确保控制系统安全可靠

电气控制系统的可靠性就是生命线，不能安全可靠工作的电气控制系统，是不可能长期投入生产运行的。尤其是在以提高产品数量和质量，保证生产安全为目标的应用场合，必须将可靠性放在首位。

3. 力求控制系统简单

在能够满足控制要求和保证可靠工作的前提下，不失先进性，应力求控制系统结构简单。只有结构简单的控制系统才具有经济性、实用性的特点，才能做到使用方便和维护容易。

4. 留有适当的余量

考虑到生产规模的扩大，生产工艺的改进，控制任务的增加，以及维护方便的需要，要充分利用 PLC 易于扩充的特点，在选择 PLC 的容量（包括存储器的容量、机架插槽数、I/O 点的数量等）时，应留有适当的余量。

三、PLC 控制系统的设计步骤

用 PLC 进行控制系统设计的一般步骤可参考图 9-5 所给出的流程。

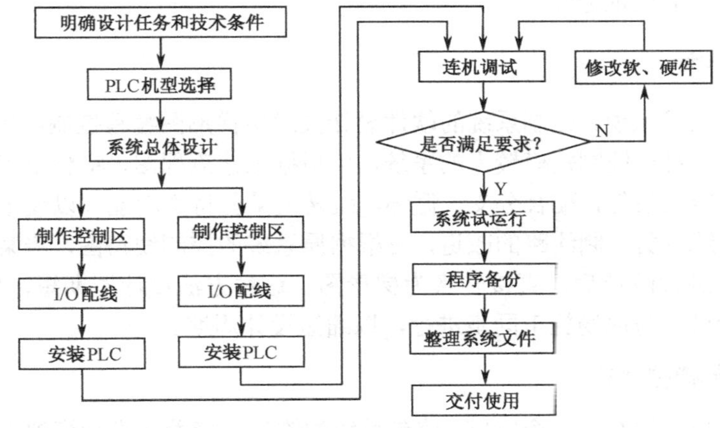

图 9-5　PLC 控制系统的设计步骤流程图

1. 明确设计任务和技术条件

在进行系统设计之前，设计人员首先应该对被控对象进行深入的调查和分析，并熟悉工艺流程及设备性能。根据生产中提出来的问题，确定系统所要完成的任务。与此同时，拟定出设计任务书，明确各项设计要求、约束条件及控制方式。设计任务书是整个系统设计的依据。

2. 选择 PLC 机型

目前，国内外 PLC 生产厂家生产的 PLC 品种已达数百个，其性能各有特点，价格也不尽相同。在设计 PLC 控制系统时，要选择最适宜的 PLC 机型，一般应考虑下列因素。

（1）系统的控制目标

设计时首要的控制目标就是：确保控制系统安全可靠地稳定运行，提高生产效率，保证产品质量等。如果要求以极高的可靠性为控制目标，则需要构成 PLC冗余控制系统，这时要从能够完成冗余控制的 PLC 型号中进行选择。

（2）PLC 的硬件配置

根据系统的控制目标和控制类型，从众多的生产厂在中选择有一定知名度的公司，如 SIEMENS、OMRON、A-B、三菱等；另外，也要征求听取生产厂家的意见，再根据被控对象的工艺要求及 I/O 系统考虑具体配置问题。硬件配置还应考虑 CPU 能力、I/O 系统、指令系统、响应速度。

其他还要考虑工程投资及性能价格比、备品配件的统一性，以及相关的技术支持。

3. 系统硬件设计

在硬件设计中，要进行输入设备的选择（如操作按钮、开关及计量保护装置的输入信号灯），执行元件的选择（如接触器的线圈、电磁阀的线圈、指示灯等），以及控制台、柜的设计和选择，操作面板的设计。

通过对用户输入、输出设备的分析、分类和整理，进行相应的 I/O 地址分配，在 I/O 设备表中，应包含I/O地址、设备代号、设备名称及控制功能，应尽量将系统类型的信号、相同电压等级的信号地址安排在一起，以便施工和布线，并依此绘制出I/O接线图。对于较大的控制系统，为便于软件设计，可根据工艺流程，将所相应的定时器、计数器及内部辅助继电器、变量接触器也进行相应的地址分配。

4．系统软件设计

对于电气技术人员来说，控制系统的软件设计技术用梯形图编写控制程序，可采用经验设计法或逻辑设计法。对于控制规模较大的系统，可根据工艺流程图，将整个工艺流程分解为若干步，确定每步的转换条件，配合分支、循环、跳转及某些特殊功能，以便很容易地为梯形图设计。对于传统的继电器控制线路的改造，可根据原系统的控制线路图，将某些桥式电路按照梯形图的编程规则进行改造后，直接转换为梯形图。这种方法设计周期短，修改/调试程序简单方便。软件设计可以与现场施工同步进行，以缩短设计周期。

5．系统的局部模拟运行

上述步骤完成后，便有了一个 PLC 控制系统的雏形，接着便进行模拟调试。在确保硬件工作正常的前提下，再进行软件调试。在调试控制程序时，应本着从上到下，先内后外先局部后整体的原则逐句逐段地反复调试。

6．控制系统的联机调试

这是最后的关键性一步，应对系统性能进行评价后再做出改进。反复修改、反复调试，直到满足要求为止。为了判断系统各部分工作的情况，可以编制一些短小而针对性强的临时调试程序（待调试结束后再删除）。在系统联调中要注意使用灵活的技巧，以便加快系统调试过程。

7．编制系统的技术文件

在设计任务完成后，要编制系统的技术文件。技术文件一般应包括总体说明，硬件文件、软件文件和使用说明等，随系统一起交付使用。

四、减少I/O点数的方法

在设计应用中，往往会遇到PLC I/O点数不够。为了解决这一问题，一是增加扩展单元或扩展模块，当然也会增加费用；二是在费用基本不增加的情况下，合理对输入信号和输出信号进行处理，即减少实际所需I/O点的数量。

1．减少输入点数的方法

（1）分组输入

一般系统中设有手动和自动两种工作方式，但两种方式不会同时执行。将两种方式分组输入，由PLC内部逻辑电路识别手动和自动，从而可减少实际输入点。

（2）输入点合并

将功能系统的常闭输入串联或常开输入并联，就只占用一个输入点。一些保护、报警信号可采用这种方式。

（3）输入信号外置

系统中某些功能单一、涉及面窄的输入信号，如手动操作按钮、热保护继电器就没有必要作为 PLC 的输入信号，可直接将其设置在输出驱动回路当中，以免占用输入点。

2．减少输出点数的方法

两个通断状态完全相同的负载并联后，可共用一个输出点，通过外部的或 PLC 控制的转换开关的切换，一个输出点可以控制两个或多个不同的工作负载。

将输出信号先用软件编码，经 PLC 输出后，再用硬件进行译码驱动负载。

五、梯形图的逻辑设计法及应用

逻辑设计方法的理论基础是逻辑代数。而继电器控制系统的本质是逻辑线路。看一个电气控制线路都会发现，线路的接通和断开，都是通过继电器等元件的触点来实现的，故控制线路的种种功能必定取决于这些触点的开、合两种状态。因此电气控制线路从本质上说是一种逻辑线路，它符合逻辑运算的基本规律。

PLC 是一种新型的工业控制计算机，在某种意义上可以说 PLC 是“与”、“或”“非”三种逻辑线路的组合体。而 PLC 梯形图程序的基本形式是与、或非的逻辑组合。它们的工作方式及其规律完全符合逻辑运算的基本规律。因此，用变量及其函数只有“0”、“1”两种取值的逻辑代数作为研究 PC 应用程序的工具就是顺理成章的事了。

例如，三相异步电动机的启/停继电控制电路（如图 9-6 所示）和梯形图（如图 9-7 所示）的逻辑代数分别为

$$f(KM)=(SB2+KM)\cdot\overline{SB1}\cdot\overline{FR}$$

$$f(Y000)=(X002+Y000)\cdot\overline{X001}\cdot\overline{X000}$$

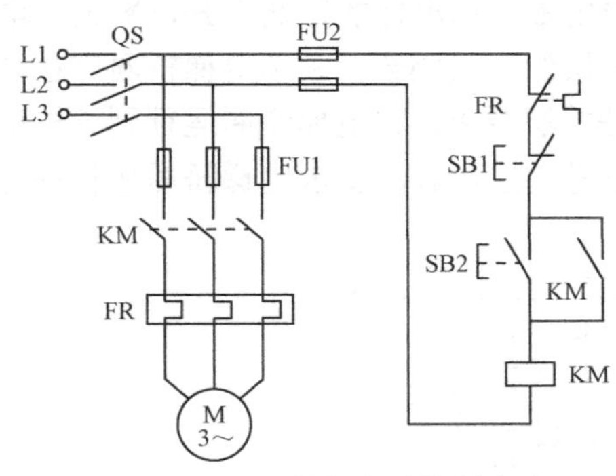

图 9-6　单相启动控制电路

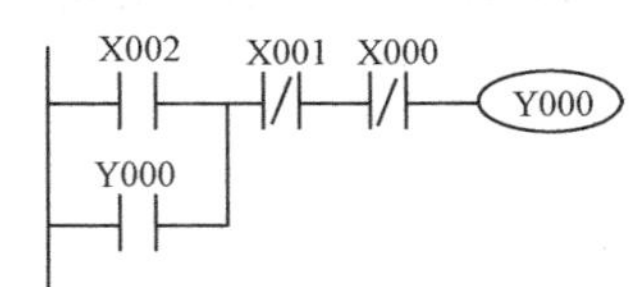

图 9-7　单相启动控制电路梯形图

用逻辑设计法对 PLC 组成的电控系统进行设计，一般可分为下面几步。

首先明确控制任务和控制要求。通过分析工艺过程，绘制工作循环和检测元件分布图，取得电气元件执行功能表。

其次是详细绘制电气控制系统的状态转换表。通常它由输出信号状态表、输入信号状态表、状态主令表和中间记忆装置状态表四个部分组成。状态转换表全面、完整地展示了电控系统各部分、各时刻的状态和状态之间的联系及转换，非常直观，对建立电控系统的整体联系、动态变化的概念有很大帮助，是进行电控系统分析和设计的有效工具。

有了状态转换表，便可以进行电控系统的逻辑设计，包括列写之间记忆元件的逻辑函数式和列写执行元件（输出端点）的逻辑函数式两个内容。这函数式组，既是生产机械或生产过程内部逻辑关系和变化规律的表达形式，又是构成电控系统实现控制目标的具体程序。

PLC 程序的编制就是将逻辑设计结果转化。PLC 作为工业控制机，逻辑设计的结果（逻辑函数式）能够很方便地过渡到 PLC 程序，特别是语句表达式。当然，如果设计者需要由梯形图程序作为一种过渡，或者选用的 PLC 的编辑器具有图形输入的功能，则也可以首先由逻辑函数式转化为梯形图程序。程序的完善和补充是逻辑设计法的最后一步，包括手动调整工作方式的设计，手动与自动工作方式的选择，自动工作循环，保护措施等。

任务实施

一、实操器材

任务实施所需实训设备和元器件明细见表 9-1。

表 9-1　任务实施所需实训设备和元器件明细

名称	型号或规格	数量	名称	型号或规格	数量
可编程序控制器	FX2N-48MR	1 台	指示灯	24V，DC/0.5W	6 个
按钮	LA10H-1H	10 个	连接导线		若干
电梯模型		1 台	电工工具		一套

二、实操过程

1. 四层电梯控制训练模型示意图

四层电梯控制模型示意图如图 9-8 所示，图中用▲表示电梯的轿厢上升，▼表示电梯的轿厢下降。电梯轿厢所停楼层由平层开关检测，对应层的开关闭合，表示电梯轿厢停在该层。在基本训练中，只要求电梯能够根据电梯轿厢外的呼楼层要求，将电梯轿厢运行到该楼层。在该项目描述中，只考虑电梯轿厢外的呼楼层号，且不考虑按钮表示要求电梯轿厢运行的方向。而在编程练习要求中，要求考虑轿厢内呼楼层信号。

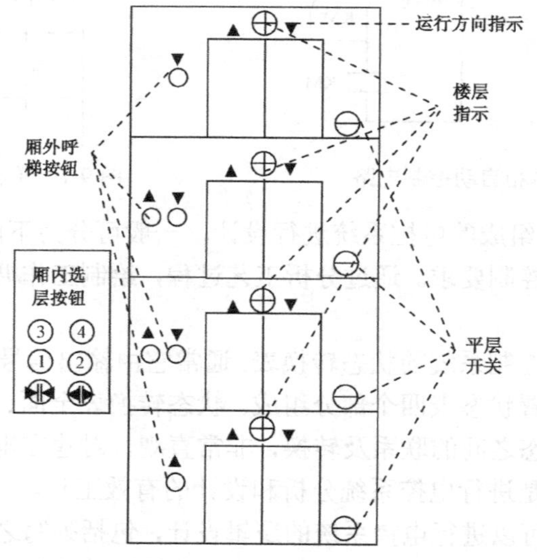

图 9-8　四层电梯控制模型示意图

2. 输入与输出点分配

输入与输出点（I/O）分配见表 9-2。

表 9-2　输入与输出点（I/O）分配

输入元件及代号	输入点编号	轿厢开门开关 SA5	X010
四层呼梯按钮 SB1	X000	轿厢关门开关 SA6	X011
三层呼梯按钮 SB2	X001	输出元件及代号	输出点编号
二层呼梯按钮 SB3	X002	电梯下降指示灯 HL0	Y000
一层呼梯按钮 SB4	X003	电梯上升指示灯 HL5	Y005
四层平层开关 SA1	X004	一层指示灯 HL1	Y001
三层平层开关 SA2	X005	二层指示灯 HL2	Y002
二层平层开关 SA3	X006	三层指示灯 HL3	Y003
一层平层开关 SA4	X007	四层指示灯 HL4	Y004

3. PLC 接线图

根据输入与输出点（I/O）分配表和控制要求，设计四层电梯 PLC 的接线如图 9-9 所示，同时选择 PLC 型号规格为 FX2N-48MR。

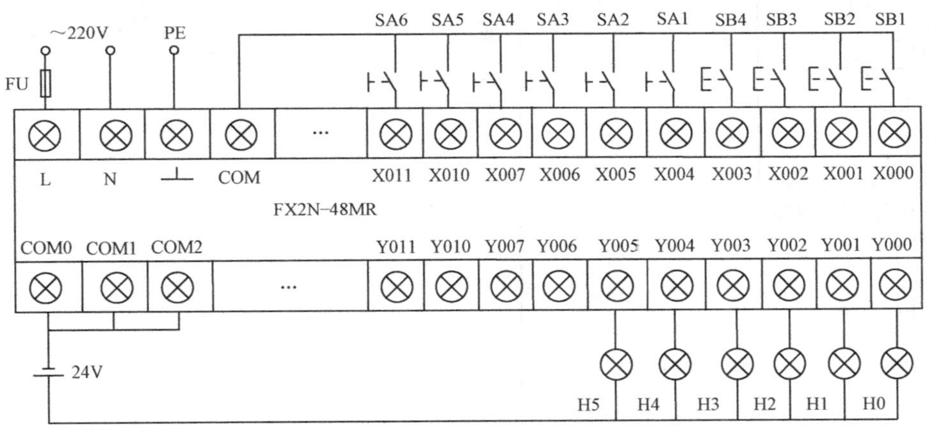

图 9-9　四层电梯 PLC 的接线

4. 程序设计

图 9-10 所示为电梯控制的参考程序。根据工艺分析设计控制程序，其控制要求如下：

① 当电梯的轿厢停于第一层或第二层或第三层时，按第四层上升按钮，则轿厢上升至第四层后停。

② 当电梯的轿厢停于第四层或第三层或第二层时，按第一层下降按钮，则轿厢下降至第一层后停。

③ 当轿厢停在第一层时，若按第二层呼梯按钮，则轿厢上升至第二层平层开关闭合后停，若再按第三层呼梯按钮则轿厢继续上升至第三层平层开关闭合后停。

④ 当轿厢停在第四层时，若按第三层呼梯按钮，则轿厢下降至第三层平层开关闭合后停，若再按第二层呼梯按钮则轿厢继续下降至第二层平层开关闭合后停。

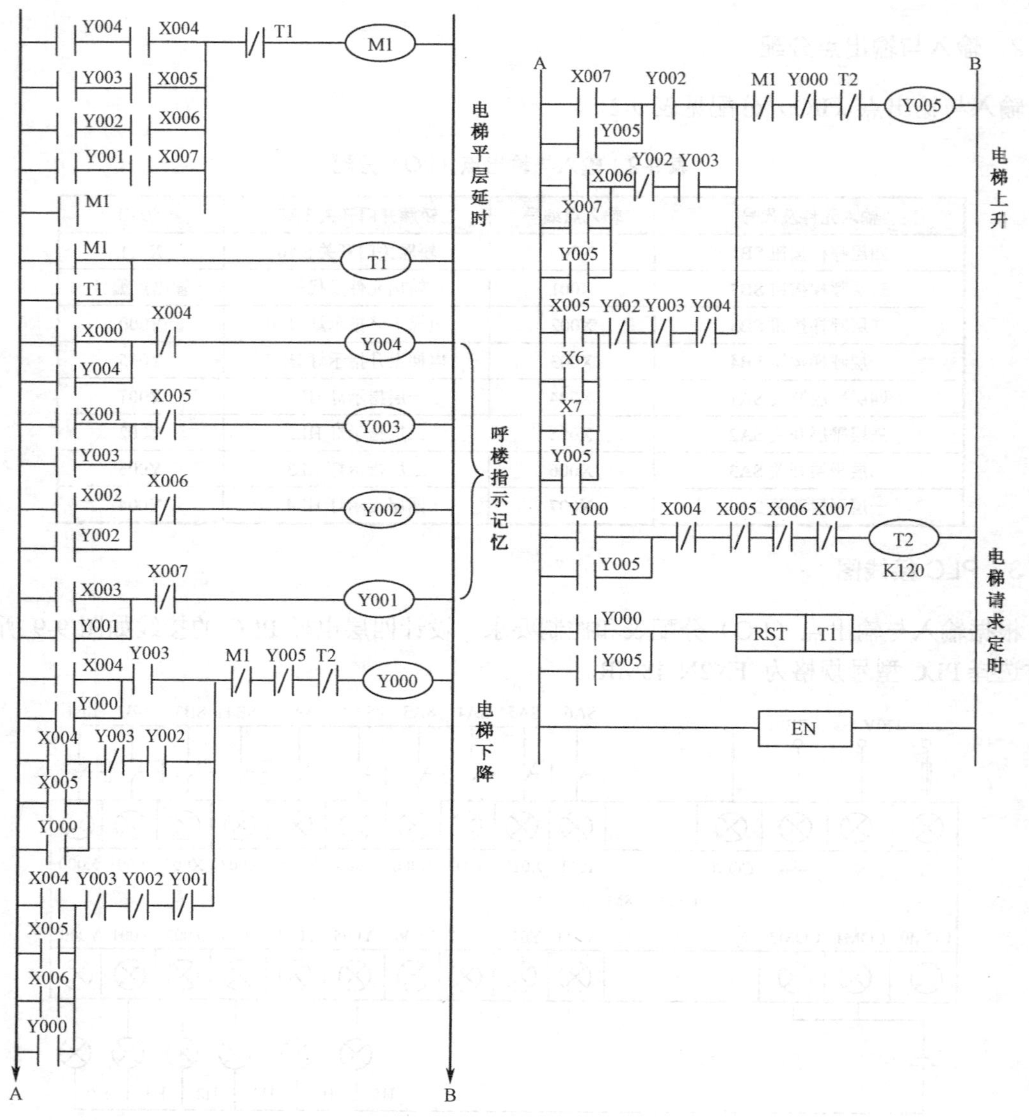

图 9-10　电梯控制程序

⑤ 当轿厢停在第一层，若第二层、第三层、第四层均有呼梯信号时，则轿厢上升至第二层暂停后，继续上升至第三层，在第三层暂停后，继续上升至第四层。

⑥ 当轿厢停在第四层，若第三层、第二层、第一层均有呼梯信号，则轿厢下降至第三层暂停后，继续下降至第二层，在第二层暂停后，继续下降至第一层。

⑦ 轿厢在楼梯间运行时间超过 12s，即电梯任一层楼的时间若超过 12s 电梯停止运行。

⑧ 当轿厢上升（或下降）途中，任何反方向下降（或上升）的按钮呼梯均无效，但记忆。

呼梯指示、记忆条件是有呼梯信号，且电梯没有在呼叫层。

电梯轿厢上升控制条件分别为第四层呼而电梯在第三层；或电梯在第二层，在第四层或第三层呼梯；或电梯在第一层，在第四层、第三层或第二层呼梯。同时必须电梯没有处于下降状态且时间定时器没有到时。

电梯下降控制与上升控制原理相同。

5. 运行并调试程序

① 将梯形图程序输入到计算机。

② 下载程序到 PLC，并对程序进行调试运行。观察电梯能否按照控制要求运行。注意平层开关当电梯运行到时闭合，一旦电梯离开，开关断开。

③ 调试运行并记录调试结果。

6. 编程练习

按照以下控制要求编制四层楼电梯控制程序，上机调试程序并运行。

① 电梯启动后，轿厢在一楼。若第一层有呼梯信号，则开门。

② 运行过程中可记忆并响应其他信号，内选优先。当呼梯信号大于当前楼层时上升，呼梯信号小于当前楼层时下降。

③ 到达呼叫楼层，平层后，门开（停 2s），消除记忆。当前楼层呼梯时可延时（2s）关门。

④ 开门期间，可进行多层呼梯选择，若呼叫信号来自当前楼层上下两侧，且距离相等，则记忆并保持原运动方向，到达呼叫楼层后再反向运行，响应呼梯。

⑤ 若呼叫信号来自当前楼层两侧，且距离不等，则记忆并选择距离短的楼层先响应。

⑥ 若无呼梯信号，则轿厢停在当前楼层。

⑦ 电梯不用时，回到第一层，开门后断电，再使用时重新启动。

任务二　某化学反应生产过程的 PLC 控制

本任务采用的并行序列的编程方法，将冷热两种一定量液体进行搅拌和化学反应成为另外成品液体，利用 PLC 控制泵与传感器控制液位，达到生产过程顺序控制化学反应工艺流程。

本项目可与化工生产车间结合起来，也可根据工艺图制作实验模板。表 9-4 中所列为采用实验模板所需的输入输出设备情况。利用拨动开关取代传感器，用指示灯代替各泵和搅拌器。

对于顺序控制，前面已介绍了以转换为中心的方法来编程，这里主要介绍采用启、保、停电路编制梯形图的方法。该方法可以按照一定的规律实现顺序控制，而且编制程序非常容易。启、保、停电路仅仅使用与触点和线圈有关的指令，任何一种 PLC 的指令系统都有这一类指令，因此它是适用于任意一种 PLC 的通用编程方法。对于单序列的编程方法较为简单，学员可自行分析。这里主要介绍本项目涉及的并行序列的编程方法。

首先根据生产工艺要求编制出顺序功能图，如图 9-11 所示；再根据顺序功能图编制梯形图，如图 9-12 所示。

使用启、保、停电路编制梯形图的关键是找出启动条件和停止条件。如 M0 启动条件是 PLC 运行时，M8002 瞬间接通，使 M0 成为活动步；或在运行中，当 M5 为活动步时，如果 X004 常开触点闭合，则可换到 M0。M0 的停止条件是 M1 成为活动步，因此用 M1 的常闭触点接到 M0 线圈回路中，用 M0 的常开触点实现自保持。如 M1 的启动条件是 M0 的活动步，且 X0 常开触点闭合，则可转换到 M1。M1 停止条件是 M2 成为活动步，因此用 M2 的常闭触点接到

M1 线圈回路中，用 M1 的常开触点自保持。其他各步的转换都是同样的道理。这里要注意并行序列的分支与合并的编程方法，如 M0 为活动步时，只要 X000 转换条件成立，则 M1、M3 要同时变为 ON。M5 步前面有一个并行序列的合并，该转换实现的条件是所有的前级步（M2、M4）都是活动步且 X003 转换条件满足，因此将它们串联作为启动条件。最后可集中编写执行动作控制程序，用每步号驱动执行装置；或将执行装置对应的输出线圈与对应步线圈并联。如果每个动作必须持续到几个动作以后，则需要自锁，如图 9-15 中的 Y007 动作要持续到 M7 步，则用 SET 指令自锁。

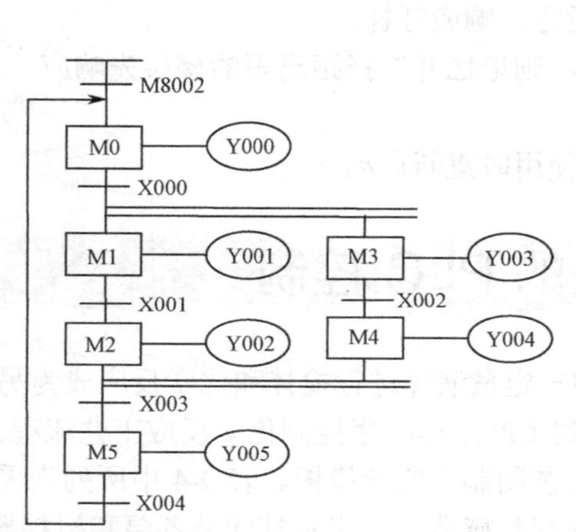

图 9-11　某化学反应生产过程控制顺序功能图

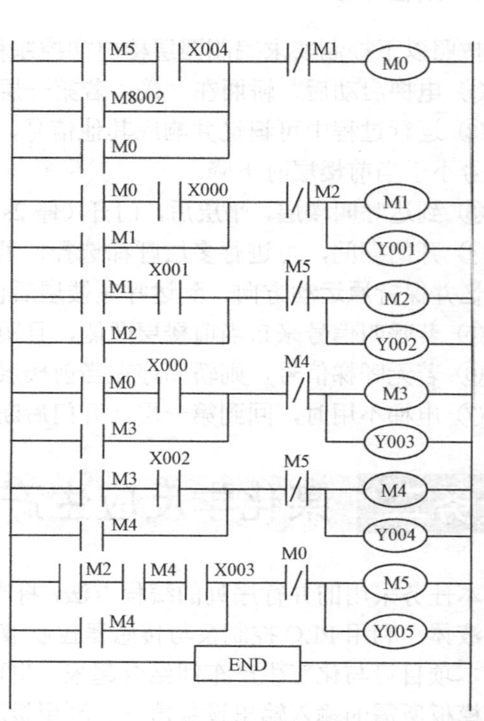

图 9-12　某生产过程顺序控制梯形图

任务实施

一、实操器材

任务实施所需实训设备和元器件明细见表 9-3。

表 9-3　任务实施所需实训设备和元器件明细

名称	型号或规格	数量	名称	型号或规格	数量
可编程序控制器	FX2N-48MR	1 台	指示灯	DC24V/0.5W	8 个
钮子开关	KNX	8 个	连接导线		若干
			电工工具		1 套

二、实操过程

1．控制要求

图 9-13 表示该任务工艺要求，图中罐 A、罐 B 的容量相等且为罐 C、罐 D 容量的 1/2。要求将溶液 A 和溶液 B 分别由泵 1 和泵 2 加到罐 A 和罐 B 中，罐 B 满后将溶液加热到 60℃，然后用泵 3 和泵 4 把罐 A 和罐 B 中溶液全部加入到罐 C 中以 1∶1 的比例混合，罐 C 装满后要继续搅拌 60s 进行充分化学反应，然后用泵 5 把罐 C 中的成品全部经由过滤器送到抽走成品罐 D 中，罐 D 装满后开启泵 6 把整罐成品全部抽走，接着开始新一周期的循环。

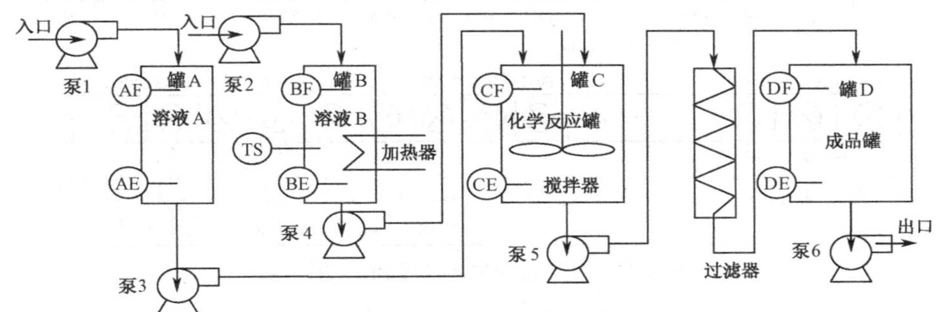

图 9-13　某化学反应过程工艺流程图

注意：当罐空时，传感器应处于断开状态。

2．输入与输出点分配

输入与输出点分配见表 9-4。

表 9-4　输入与输出点分配

输入信号			输出信号		
名称	代号	输入点编号	名称	代号	输出点编号
罐 A 已空	AE	X000	加热器	EE	Y000
罐 A 已满	AF	X001	泵 1	PU1	Y001
罐 B 已空	BE	X002	泵 2	PU2	Y002
罐 B 已满	BF	X003	泵 3	PU3	Y003
罐 C 已空	CE	X004	泵 4	PU4	Y004
罐 C 已满	CF	X005	泵 5	PU5	Y005
罐 B 内达 60℃	TS	X006	泵 6	PU6	Y006
罐 D 已空	DE	X007	搅拌器	M	Y007
罐 D 已满	DF	X010			

3．PLC 接线图

按照输入与输出点的分配和项目描述的控制要求，设计 PLC 的接线图，如图 9-14 所示。如果用指示灯代替泵，用 24V 直流电作电源。若用控制实际泵应接 220V 交流电，如图中虚线部分。图中“□”表示控制泵的接触器线圈或模拟中的指示灯。

4. 程序设计

根据工艺要求设计出顺序控制功能图，如图 9-15 所示。图中各步用辅助继电器表示，用 M8002 激活出始步 M0，在 A、B 两罐为空的转换条件下，程序分别进入 M1、M3，即 A、B 两罐的 A 液、B 液注入程序。由于 B 罐要进行加热，因此 A 罐要多一步。为了同时开始将 A、B 两罐液体注入反应罐 C 前，关掉 A 罐注入泵 1，人为增加一个时间定时步，以完成对 M1 步的复位。

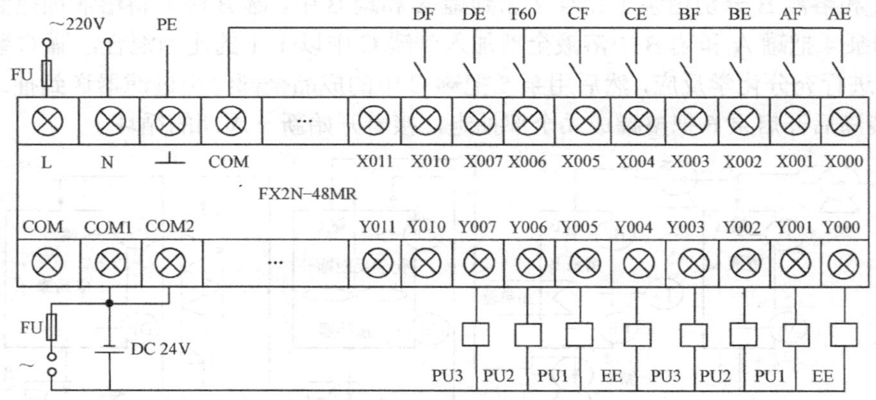

图 9-14 化学反应生产过程 PLC 的接线

当 B 罐加热到 60℃且 T0 延时到，开始进入将 A、B 两种液体注入 C 罐进行反应的 M5 步。在打开泵 3、4 输送 A、B 两种液体的同时，搅拌器就开始搅拌，为了延续该动作到反应结束，在 M5、M6 都用 Y007 输出。

当 A 罐与 B 罐空，而 C 罐满时，注入结束，进入反应计时步 M6。60s 后反应结束，C 罐反应液将通过泵 5 经过滤器输送到 D 罐。

当 D 罐满时，C 罐也应空。D 罐通过泵 6 排出，当 D 罐空时，循环以上过程。

学员自行根据顺序功能图 9-15 所示，采用启、保、停电路编制梯形图程序。注意 M0 步以后有并行序列的分支，M5 步之前有并行序列的合并。

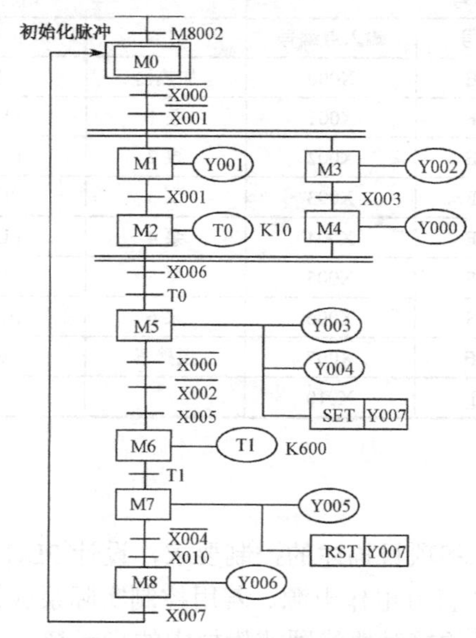

图 9-15 某化学反应生产过程控制顺序功能图

5．运行并调试程序

① 将梯形图程序输入到计算机。
② 下载程序到 PLC，并对程序进行调试运行。
③ 调试运行并记录调试结果。

※任务三　艺术彩灯的 PLC 控制

本任务研究的是 FX 系列用助记符表示应用指令，学会和掌握该任务内容，可进行节日的彩灯布置，实现数据块的传送，也可用于广告牌的设计，非常实用，助记符表示应用指令不要求掌握，只要会用就可以了。

一、FX 系列 PLC 应用指令概述

1．应用指令的表达形式

（1）指令助记符

FX 系列用助记符表示应用指令，如图 9-16 所示。每条应用指令都有一个助记符，如“BMOV”为指令助记符，表示“数据块传送”。每条应用指令都由功能编号指定，BMOV 的功能编号为 FNC15。

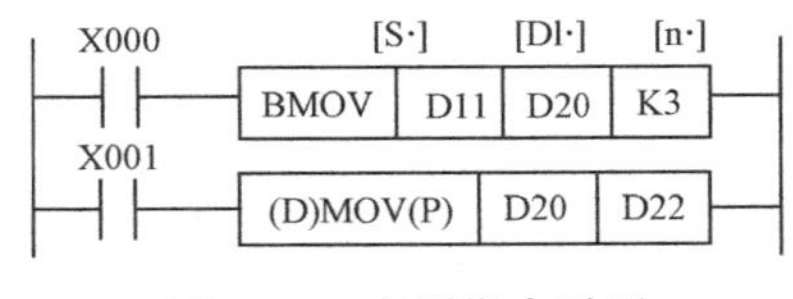

图 9-16　应用指令说明

第 1 条指令 BMOV 处理的是 16 位指令数据。第 2 条指令 MOV 前面的“D”表示处理 32 位数据，这时相邻的两个数据寄存器组成数据寄存器对，图中指令表示将 D2l、D20 中的数据传送给 D23、D22 中。

MOV 后面的“P”表示脉冲执行，即在 X001 由 OFF 变为 ON 时执行 1 次；若指令助记符后面没有“P”，则表示连续执行。

（2）源操作数[S]

在可利用变址修改软元件编号的情况时，用带“·”符号的[S·]表示，有的应用指令无操作数，但多数应用指令有 1～4 个操作数，在图 9-16 中就有 3 个操作数，其中 D11 为源操作数。若源操作数不止 1 个时，可用[S1·]、[S2·]表示。

（3）目标操作数[D]

在可利用变址修改软元件编号的情况时，用带“·”符号的[D·]表示，在图 9-16 中，D20 即为目标操作数。若目标操作数不止 1 个时，可用[Dl·]、[D2·]表示。

（4）其他操作数 m、n

常用来表示常数或源操作数和目标操作数的补充说明。需要注释的项目较多时，可用 ml、m2 等表示。

2. 位元件

（1）位元件和字元件

只处理 ON/OFF 状态的元件为位元件，如 X、Y、M、S。处理数据的元件为字元件，如 T、C、D 等。即使是位元件，通过组合也可以处理数值，由 Kn 加首元件号表示。

（2）位元件的组合

以 4 个位元件为一个单位。K1～K4 表示 16 位数据操作，K1～K8 表示 32 位数据操作，如“K2M0”表示 M0～M7 组成的 8 位数据。

3. 变址寄存器 V、Z

在传送、比较指令中用来修改操作对象的元件号，在应用指令的说明中用 S 或 D 的后面加“·”表示可变址修饰的数。使用时请参看有关说明，这里不详述。

二、FX 系列 PLC 应用指令举例

1. 条件跳转指令

条件跳转指令 CJ（Conditional Jump）用于跳过顺序程序中的某一部分，以缩短运算周期、控制程序的流程，如图 9-17 所示。其指令的助记符为 CJ，指令代码是 FNC00，操作元件为 P0～P127。其程序步情况是：CJ 为 3 步、标号 P 为 1 步。

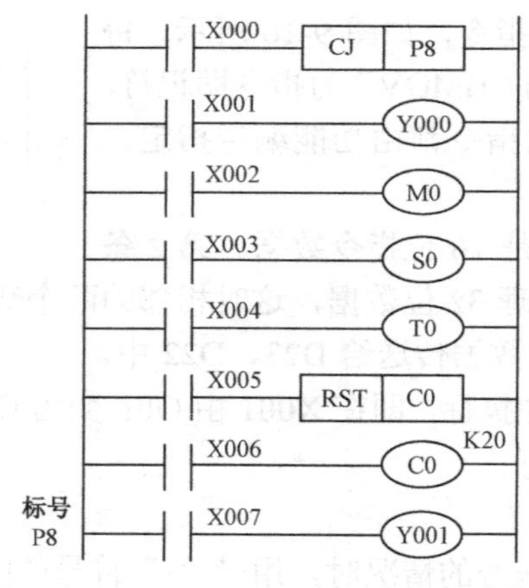

图 9-17　CJ 指令的使用

在图 9-17 中，当 X000 为 ON 时，则程序跳转到指针标号 P8 处，若 X000 为 OFF，则按顺序执行程序，不执行跳转。当 X000 为 ON 时，Y000、M0、S0 的状态不会随它们的驱动接点 X001、X002、X003 的状态变化而变化。定时器和计数器如果被 CJ 指令跳过，跳步期间它们的当前值被冻结。如果在跳步开始时定时器和计数器正在工作，在跳步期间，它们将停止计时和计数，在 CJ 指令的条件变为不满足时继续工作。高速计数器的处理独立于主程序，其工作不受跳步影响。如果用 M8000 的常开触点驱动 CJ 指令，则条件跳转变为无条件跳转。

2. 数据传送指令

数据传送指令包括 MOV（传送）、SMOV（BCD 码移位传送）、CML（取反传送）、BMOV

（数据块传送）、FMOV（多点传送）、XCH（数据交换）。这里主要介绍 MOV（传送）指令。

传送指令 MOV 将源操作数据传送到指定目标，其指令代码为 FNC12，源操作数[S·]可取所有的数据类型，即 K、H、KnX、KnY、KnM、KnS、T、C、D、V、Z，其目标操作数[D·]为 KnY、KnM、KnS、T、C、D、V、Z。

如图 9-18 所示，当 X000 为 ON 时，执行连续执行型指令，数据 100 被自动转换成二进制数且传送给 D10；当 X000 变为 OFF 时，不执行指令，但数据保持不变。当 X001 为 ON 时，T0 当前值被读出且传送给 D20：当 X002 为 ON 时，数据 100 传送给 D30，定时器 T20 的设定值被间接指定为 10s，当 M0 闭合时，T20 开始计时。MOV（P）为脉冲执行型指令。当 X005 由 OFF 变为 ON 时指令执行 1 次，D10 的数据传送给 D12，其他时刻不执行；当 X005 变为 OFF 时，指令不执行，但数据也不会发生变化。X003 为 ON 时，D1、D0 的数据传送给 D11、D10，当 X004 为 ON 时，将 C235 的当前值传送给 D21、D20。

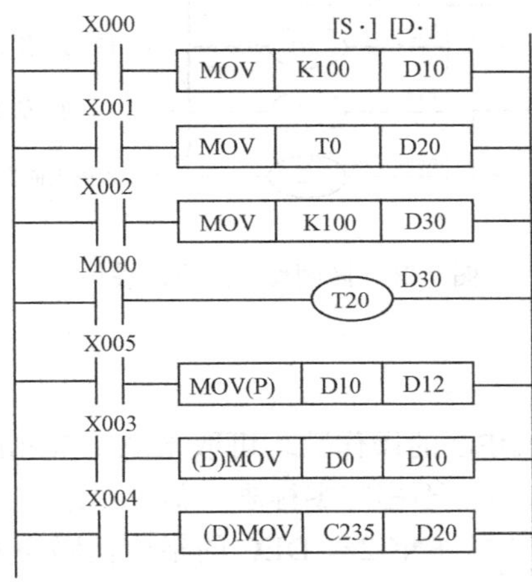

图 9-18 传送指令的使用

注意：运算结果以 32 位输出的应用指令、32 位二进制立即数及 32 位高速计数器当前值等数据的传送，必须使用（D）MOV 或（D）MOV（P）指令。

3. 比较指令

比较指令有比较（CMP）、区域比较（ZCP）两种。CMP 的指令代码为 FNC10，ZCP 的指令代码为 FNC11，两者待比较的源操作数[S·]均为 K、H、KnX、KnY、KnM、KnS、T、C、D、V、Z，其目标操作数[D·]均为 Y、M、S。

CMP 指令的功能是将源操作数[S1·]和[S2·]的数据进行比较，结果送到目标操作元件[D·]中。在图 9-19 中，当 X000 为 ON 时，将十进制数 100 与计数器 C2 的当前值比较，比较结果送到 M0～M2 中。若 100＞C2 的当前值时，M0 为 ON；若 100=C2 的当前值时，M1 为 ON；若 100＜C2 的当前值时，M2 为 ON。当 X000 为 OFF 时，不进行比较，M0～M2 的状态保持不变。

ZCP 指令的功能是将一个源操作数[S·]的数值与另两个源操作数[S1·]和[S2·]的数据进行比较，结果送到目标操作元件[D·]中，源数据[S1·]不能大于[S2·]。在图 9-20 中，当 X001 为 ON 时，执行 ZCP 指令，将 T2 的当前值与 10 和 15 比较，比较结果送到 M3～M5 中。若 10＞T2 的当前值时，M3 为 ON；若 10～<T2 的当前值≤15 时，M4 为 ON；若 15＜T2 的当前值时，

M5 为 ON。当 X001 为 OFF 时，ZCP 指令不执行，M3～M5 的状态保持不变。

X000
[S1·] [S2·] [D·]
CMP K100 C2 M0
M0
Y0
100＞C2 的当前值时，M0=ON
M1
Y1
100=C2 的当前值时，M1=ON
M2
Y2
100＜C2 的当前值时，M2=ON

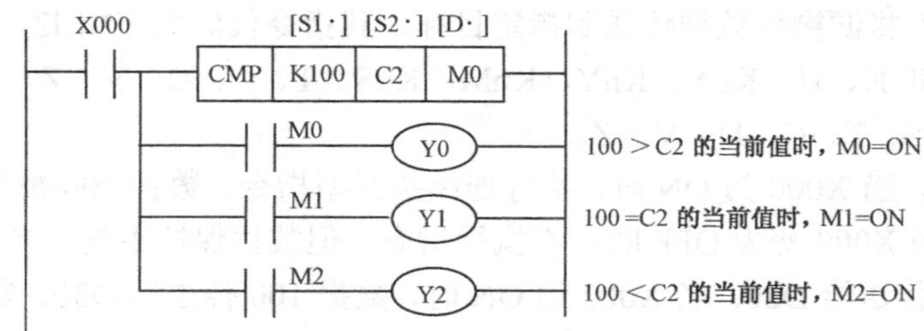

图 9-19　比较指令的使用

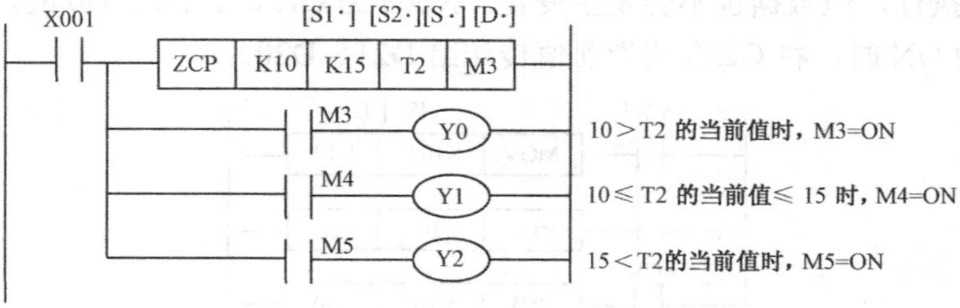

X001
[S1·] [S2·][S·] [D·]
ZCP K10 K15 T2 M3
M3
Y0
10＞T2 的当前值时，M3=ON
M4
Y1
10≤ T2 的当前值≤ 15 时，M4=ON
M5
Y2
15＜T2的当前值时，M5=ON

图 9-20　区间比较指令的使用

4．加 l 指令和减 1 指令

加 1 指令 INC 和减 1 指令 DEC 的操作数均可取 KnY、KnM、KnS、T、C、D、V，它们不影响零标志、借位标志和进位标志。INC 的指令代码为 FNC24，DEC 的指令代码为 FNC25。INC 指令的功能是将指定的目标操作元件[D·]中二进制数自动加 1，DEC 指令的功能是将指定的目标操作元件[D·]中二进制数自动减 1，如图 9-21 所示，当 X000 每次由 OFF 变为 ON 时，D20 中的数自动增加 1，当 X001 每次由 OFF 变为 ON 时，D21 中的数自动减 1。

X000
[D·]
INC(P)
D20
X001
DEC(P)
D21

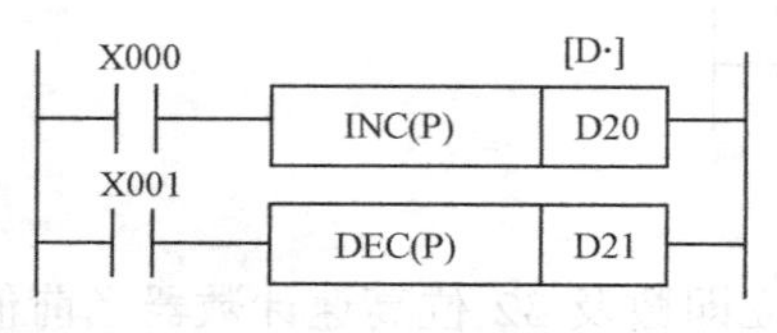

图 9-21　二进制加 1 减 1 运算

若用连续执行型加 1 指令 INC 或连续执行型减 l 指令 DEC，当条件成立时，在每个扫描周期内指定的目标操作元件[D·]中数据要自动加 1 或自动减 1。16 位数据运算时，+32767 再加 1 就变为−32768，−32768 再减 1 就变为+32767。32 位数据运算时，+2147483647 再加 1 就变为−2147483648，−247483648 再减 1 就变为+2147483647。

5．位元件左/右移位指令

移位寄存器指令包括 SFTR（位右移）、SFTL（位左移）、WSFR（字右移）、WSFL（字左移）、SFWR（移位写入）、SFRD（移位读出）。这里主要介绍 SFTR（位右移）、SFTL（位左移）指令。

SFTR（位右移）指令，其指令代码为 FNC34；SFTL（位左移）指令，其指令代码为 FNC35。它们的源操作数和目标操作数均为 X、Y、M、S，操作元件 n1 指定目标操作元件[D·]的长度，操作元件 112 指定移位位数和源操作元件[S·]的长度。112≤n1≤1024，其功能是对于 n1 位（移位寄存器的长度）的位元件进行 n2 位的右移或左移。指令执行的是 n2 位的移位。在图 9-22

中，当 X011 由 OFF 变为 ON 时，执行如图 9-23 所示的右移过程。在图 9-24 中，当 X012 由 OFF 变为 ON 时，执行如图 9-25 所示的左移过程。

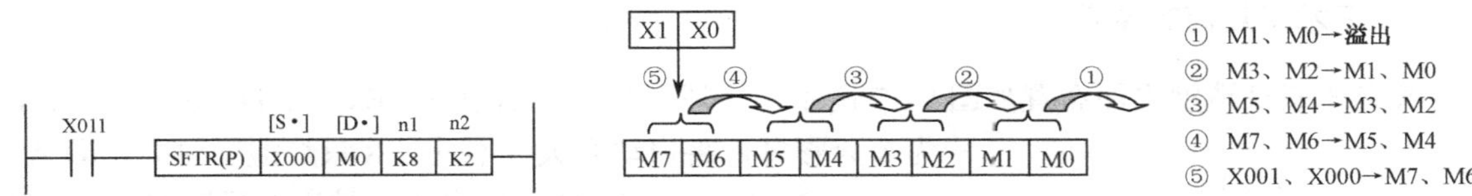

图 9-22　当 X11 由 OFF 变为 ON 时的梯形图　　　图 9-23　右移位过程示意图

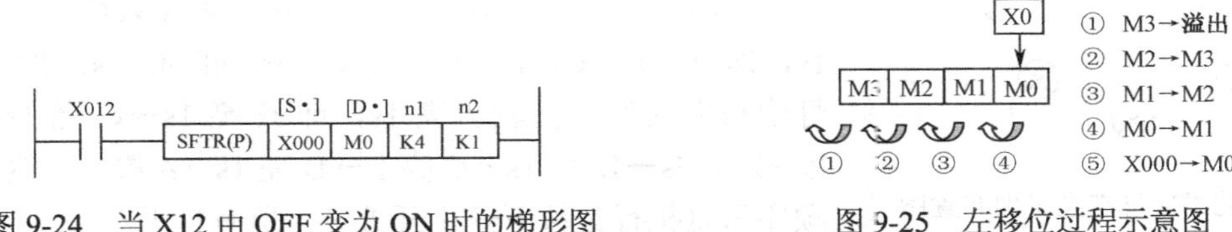

图 9-24　当 X12 由 OFF 变为 ON 时的梯形图　　　图 9-25　左移位过程示意图

6．区间复位指令

区间复位指令 ZRST，指令代码为 FNC40，其功能是将[D1·]、[D2·]指定的元件号范围内的同类元件成批复位，目标操作数可取 T、C、D 或 Y、M、S。[D1·]、[D2·]指定的元件应为同类元件，[D1·]的元件号应小于[D2·]的元件号。若[D1·]的元件号大于[D2·]的元件号，则只有[D1·]指定的元件被复位。如图 9-26 所示，M8002 在 PLC 运行开始瞬间为 ON，M500～M599、C235～C255、S0～S127 均被复位。

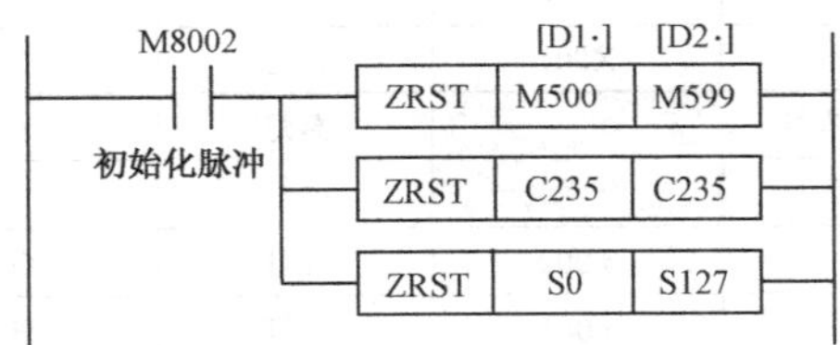

图 9-26　区间复位指令

任务实施

一、实操器材

任务实施所需实训设备和元器件明细见表 9-5。

表 9-5　任务实施所需实训设备和元器件明细

名称	型号或规格	数量	名称	型号或规格	数量
可编程序控制器	FX2N-48MR	1 台	停止开关	KN12	1 个
艺术彩灯造型演示板	自制	8 个	指示灯	DC24V/0.5W	8 个
启动开关	KN12	1 个	连接导线		若干

二、实操过程

1. 艺术彩灯控制要求

某艺术彩灯造型平面布置如图 9-27 所示，呈环形分布。图中 A、B、C、D、E、F、G、H 为 8 只彩灯，将启动开关 S_1 合上，8 只灯泡同时亮，即 A、B、C、D、E、F、G、H 同时亮 1s；接着 8 只灯泡按逆时针方向轮流各亮 1s，即 A 亮 1s→B 亮 ls→C 亮 1s→D 亮 1s→E 亮 ls→F 亮 1s→G 亮 1s→H 亮 1s；接下来 8 只灯泡又同时亮 1s，即 A、B、C、D、E、F、G、H 同时亮 1s；然后 8 只灯泡按顺时针方向轮流亮 1s，即 H 亮 1s→G 亮 1s→F 亮 ls→E 亮 ls→D 亮 1s→C 亮 ls→B 亮 1s→A 亮 1s。然后按此顺序重复执行。按下停止开关 S_1，所有灯灭。

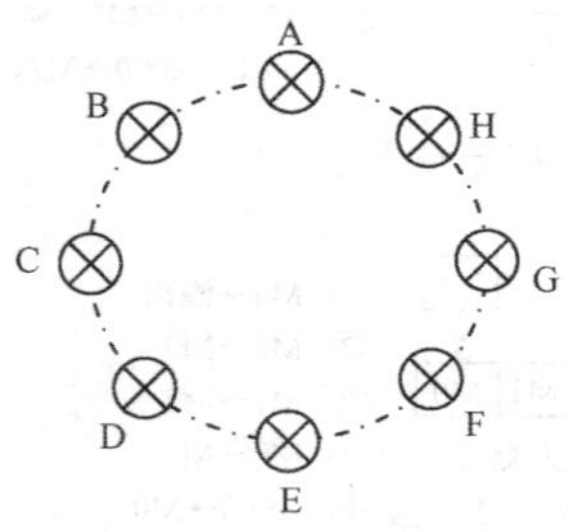

图 9-27 艺术彩灯造型平面布置图

2. 输入和输出点分配

艺术彩灯输入和输出点分配见表 9-6。

表 9-6 彩灯输入和输出点分配

输入信号			输出信号		
名称	代号	输入点编号	名称	代号	输出点编号
启动开关	S1	X000	红灯	C	Y002
停止开关	S2	X001	白灯	D	Y003
输出信号			黄灯	E	Y004
名称	绿灯	输出点编号	绿灯	F	Y005
黄灯	A	Y000	红灯	G	Y006
绿灯	B	Y001	白灯	H	Y007

3. PLC 接线图

按图 9-28 艺术彩灯输入和输出点将线接好。注意 COM1、COM2 相连接，因为采用相同的额定电压的指示灯；花式喷水可用信号灯模拟。输入接启动开关 S1 和停止开关 S2。

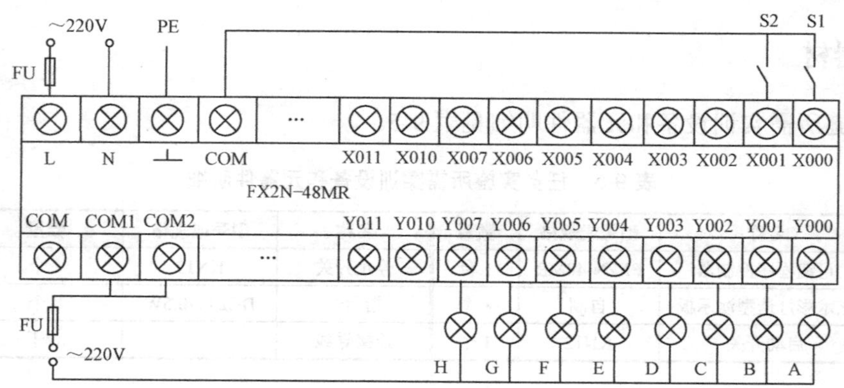

图 9-28 艺术彩灯 PLC 的接线

4．程序设计

艺术彩灯程序设计如图 9-29 所示。图中，PLC 运行时，程序 9～19 步中，M11 导通，由于程序 50～120 步中，M11 常开触点闭合，分别控制了 Y000～Y007 的导通，因而彩灯 A、B、C、D、E、F、G、H 同时点亮，因 T0 延时 1s，故 A、B、C、D、E、F、G、H 同时点亮 1s。ls 时间到，程序第 40 步，T0 常开触点闭合，移位指令执行，实现轮流点亮，即 A、B、C、D、E、F、G、H 轮流点亮，因为 ls T0 闭合 1 次，故 A、B、C、D、E、F、G、H 轮流点亮的时间间隔为 1s。程序 20～29 步中，当 M20 通时，将 M101 置位，由 M101 常开触点与 M12～M19 常开触点配合，分别轮流点亮 H～A，即 H、G、F、E、D、C、B、A 每隔 ls 轮流点亮。程序 30～39 步中，当 M20 通时，将 M101 复位，M101 常闭触点与 M12～M19 常开触点配合，分别串联点亮 A～H，即 A、B、C、D、E、F、G、H 每隔 1s 轮流点亮。任何时候将停止开关 S2 合上，程序 114～119 步，区间复位指令使 M12～M19 全部复位，所有灯均不亮。

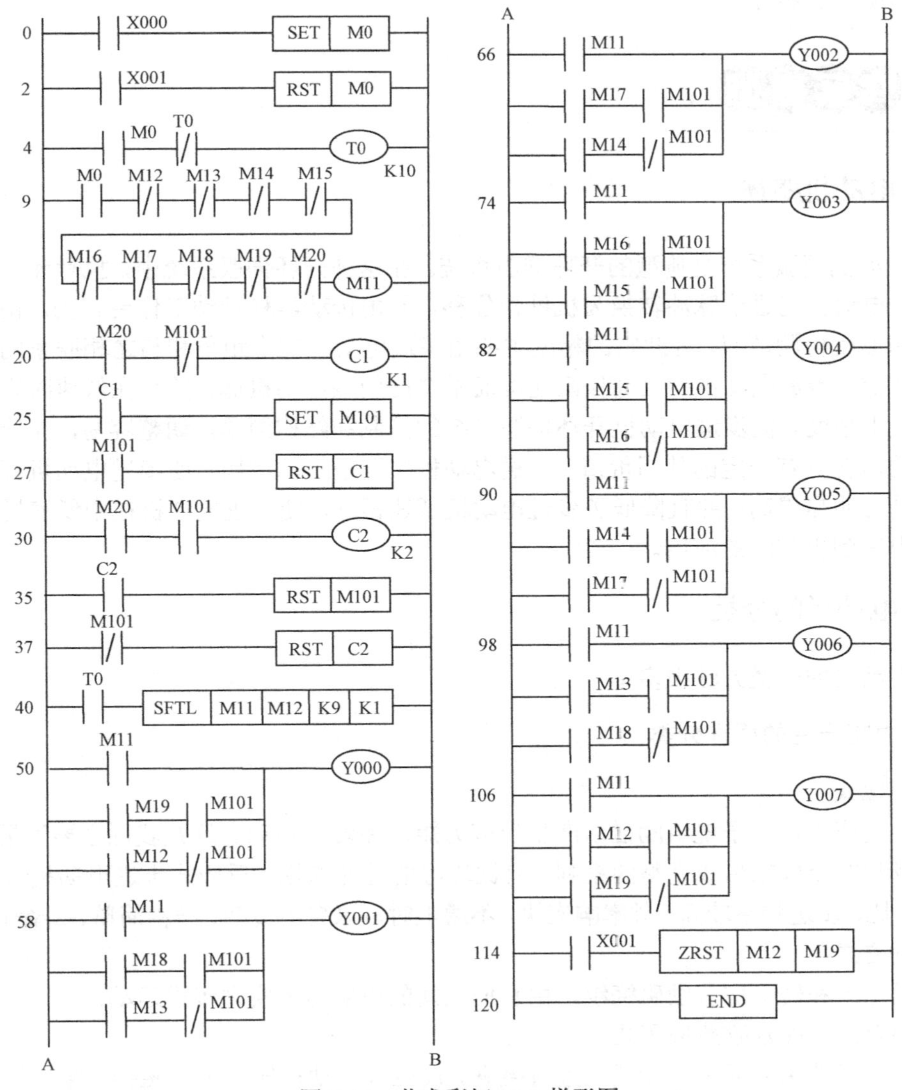

图 9-29　艺术彩灯 PLC 梯形图

5. 运行与调试程序

① 将梯形图程序输入到计算机，检查接线正确无误。

② 对程序进行调试运行。

- 接通 PLC 电源后，将 PLC 置 RUN 状态，将 S1 闭合，观察 A、B、C、D、E、F、G、H 的亮显情况。
- 将 S2 闭合，观察 A、B、C、D、E、F、G、H 的亮显情况。

任务四 三相步进电动机 PLC 速度控制

本任务在掌握 FX2N 系列 PLC 的相关指令和输入/输出的配置的基础上，熟悉三相步进电动机的控制与运行。应用 PLC 技术实现对步进电动机的转速控制、正反转控制以及能对步进电动机的步数进行控制。

一、步进电动机概述

步进电动机伺服系统是典型的开环伺服系统。在这种开环伺服系统中，执行元件是步进电动机。步进电动机把进给脉冲转换为机械角位移，并由传动丝杠带动工作台移动。由于该系统中为位置和速度检测环节，因此它的精度主要由步进电动机的步距角和与之相联系的丝杠等传动机构所决定。步进电动机的最高极限速度通常要比伺服电动机低，并且在低速时容易产生振动，影响加工精度。但步进电动机开环伺服系统的控制和结构简单，调整容易，在速度和精度要求不高的场合具有一定的使用价值。步进电动机细分技术的应用，使步进电动机开环伺服系统的定位精度明显提高；并且降低了步进电动机低速振动，使步进电动机在中低速场合的开环伺服系统中得到更广泛的应用。

二、步进电动机的分类

步进电动机的分类方法很多。

1. 按力矩产生的原理分类

（1）反应式

转子中无绕组，定子绕组励磁后产生反应力矩，使转子转动。这是我国主要发展的类型，已于 20 世纪 70 年代末形成完整的系列，有比较好的性能指标。反应式步进电动机有较高的力矩转动惯量比，步进频率较高，频率响应快，不通电时可以自由转动、结构简单、寿命长的特点。

（2）励磁式

电动机定子和转子均有励磁绕组，由它们之间的电磁力矩实现步进运动。

（3）混合式（即永磁感应子式）

它与反应式的主要区别是转子上置有磁钢。反应式电动机转子上无磁钢，输入能量全靠定子励磁电流供给，静态电流比永磁式大许多。永久感应子式具有步距角小，有较高的启动和运行频率，消耗功率小，效率高，不通电时有定位转矩、不能自由转动等特点，广泛应用于机床数控系统、打印机、软盘机、硬盘机和其他数控装置中。

2．按输出力矩大小可分类

（1）伺服式

伺服式步进电动机，输出扭矩一般为 0.07～4N・m。只能驱动较小的负载，一般与液压转矩放大器配合使用，才能驱动机床等较大负载；或者用于控制小型精密机床的工作台（例如线切割机床）。

（2）功率式

功率式步进电动机，输出扭矩一般为 5～40N・m，可以直接驱动较大负载。

按励磁相数可分为三相、四相、五相、六相等。相数越多步距角越小，但结构越复杂。

3．按各相绕组分布型式分为类

（1）径向式（单段式）

径向式步进电动机定子各相绕组按圆周依次排列。

（2）轴向式（多段式）

轴向式步进电动机定子各相绕组按轴向依次排列。

三、反应式步进电动机的工作原理

1．步进电动机的有关术语

① 相数：电动机定子上有磁极，磁极对数称为相数。如图 9-30（a）有 6 个磁极，则为三相，称该电动机为三相步进电动机。10 个磁极为五相，称该电动机为五相步进电动机。

② 拍数：电动机定子绕组每改变一次通电方式称为一拍。

③ 步距角：转子经过一拍转过的空间角度用符号α表示。

④ 齿距角：转子上齿距在空间的角度。如转子上有 N 个齿，齿距角$\theta=360^{\circ}/N$。

2．步进电动机的基本结构

从图 9-30（a）中可以看出，在定子上有 6 个大极，每个极上绕有绕组。每对对称的大极绕组形成一相控制绕组。这样形成 A、B、C 三相绕组，极间夹角为 60°。在每个大极上，面向转子的部分分布着多个小齿，这些小齿呈梳状排列，大小相同，间距相等。转子上均匀分布 40 个齿，大小和间距与大齿上相同。当某相（如 A 相）上的定子和转子上的小齿由于通电电磁力使之对齐时，另外两相（B 相、C 相）上的小齿分别向前或向后产生 1/3 齿的错齿，这种错齿是实现步进旋转的根本原因。这时如果在 A 相断电的同时，另外某一相通电，则电动机的这个相由于电磁吸力的作用使之对齐，产生旋转。步进电动机每走一步，旋转的角度是错齿的角度。错齿的角度越小，所产生的步距角越小，精度越高。现在步进电动机的步距角通常为 3°、1.8°、1.5°、0.9°、0.5° 到 0.09° 等。步距角越小，步进电动机结构越复杂。

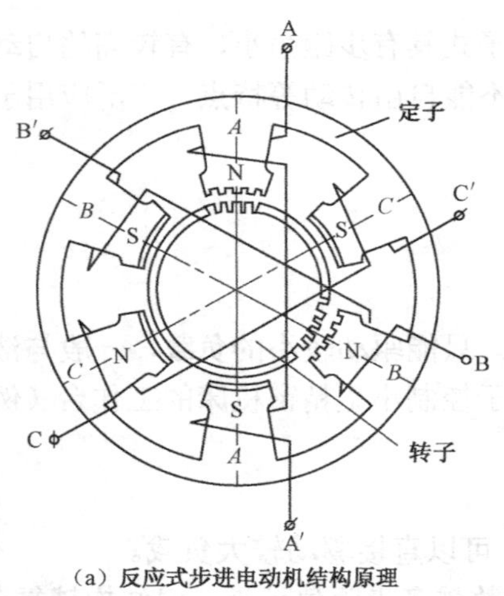

（a）反应式步进电动机结构原理

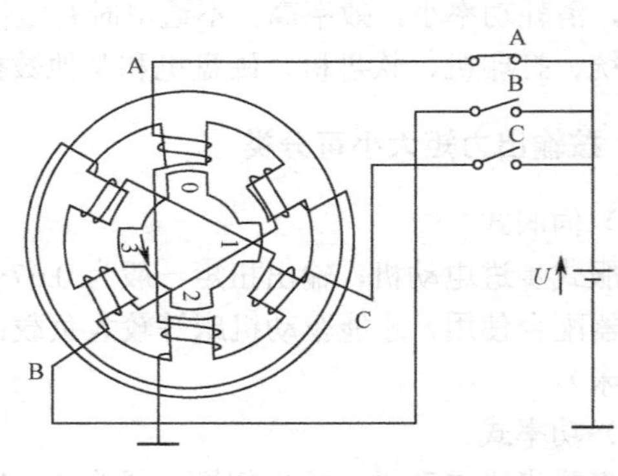

（b）步进电动机步进过程原理

图 9-30　反应式步进电动机结构与步进过程原理

3. 步进电动机的通电方式及步距角

由步进电动机的结构我们了解到，要使步进电动机能连续转动，必须按某种规律分别向各相通电。步进电动机的步进过程如图 9-30（b）所示。假设图中是一个三相反应式步进电动机，每个大极只有 1 个齿，转子有 4 个齿，分别称 0、1、2、3 齿。直流电源开关分别对 A、B、C 三相通电。步进电动机步进循环过程见表 9-7。

表 9-7　步进电动机步进循环过程

通电相	对齐相	错齿相	转子转向
A 相（初始状态）	A 和 0、2	B、C 和 1、3	
B 相	B 和 1、3	A、C 和 0、2	逆转 1/2 齿
C 相	C 和 0、2	A、B 和 1、3	逆转 1 齿

（1）步进电动机的通电方式

步进电动机有单相轮流通电、双相轮流通电、单双相轮流通电几种通电方式。

① 三相单三拍。我们把对一相绕组一次通电的操作称为一拍，则对三相绕组 A、B、C 轮流通电三拍，才使转子转过一个齿，转一齿所需的拍数为工作拍数。对 A、B、C 三相轮流通电一次称为一个通电周期，步进电动机转动一个齿距。对于三相步进电动机，如果三拍转过一个齿，称为三相三拍工作方式。

由于按 A→B→C→A 相序顺序轮流通电，则磁场逆时针旋转，则转子也逆时针旋转，反之则顺时针转动。

这种通电方式只有一相通电，容易使转子在平衡位置上发生振荡，稳定性不好。而且在转换时，由于一相断电时，另一相刚开始通电，易失步（指不能严格地对应一个脉冲转一步），因而不常采用这种通电方式。步距角系数 c=1。

② 双相双三拍。这种通电方式由于两相同时通电，其通电顺序为 AB→BC→CA→AB，控制电流切换 3 次，磁场旋转一周。双相双三拍转子受到的感应力矩大，静态误差小，定位精度高，而且转换时始终有一相通电，可以使工作稳定，不易失步。其步距角和单三拍相同，步距角系数 c=1。

③ 三相六拍。如果我们把单三拍和双三拍的工作方式结合起来，就形成六拍工作方式，这时通电次序为：A→AB→B→BC→C→CA→A。在六拍工作方式中，控制电流切换 6 次，磁场旋转 1 周，转子转动 1 个齿距角，所以齿距角是单拍工作时的 1/2。每一相是连续 3 拍通电，这时电流最大，且电磁转矩也最大由于通电状态数增加 1 倍，而使步距角减少 1 倍。步距角系数 c=2。

（2）步距角 θ_S 的计算

设步进电动机的转子齿数为 N，则它的齿距角为

$$\theta_Z = 2\pi / N \tag{9-1}$$

由于步进电动机运行 K 拍可使转子转动一个齿距角，所以每一拍的步距角 θ_S 可以表示为

$$\theta_S = \theta_Z \times K = 2\pi/(N \times K) = 360^\circ/(N \times K) \tag{9-2}$$

式中　K——步进电动机的工作拍数；

N——转子齿数。

$$或\quad \theta_S = \frac{360^\circ}{mzc} \tag{9-3}$$

式中　m—相数；

z—步进电动机转子齿数；

c—步距角系数。

如果按单相对于转子有 40 齿并且采用三拍工作的步进电动机，其步距角为 θ_S=360°/(N×K)=360°/(40×3)=3° 或 $\theta_S = \frac{360^\circ}{mzc} = \frac{360^\circ}{40 \times 3 \times 1} = 3^\circ$

如果按单、双相通电方式运行则三相步进电动机的转子齿数 z=40，步距角系数 c=2，其步距角为 $\theta_S = \frac{360^\circ}{mzc} = \frac{360^\circ}{40 \times 3 \times 2} = 1.5^\circ$

任务实施

一、实操器材

任务实施所需实训设备和元器件明细见表 9-8。

表 9-8　任务实施所需实训设备和元器件明细

名称	型号或规格	数量	名称	型号或规格	数量
可编程序控制器	FX_{2N}-48RM	1 台	启动开关	KN12	1 个
三相反应式步进电机	36BF02	1 台	停止开关	KN12	1 个
按钮（启动、停止）	LA19	2 个	钮子开关	KNX	6 个

二、实操过程

本任务研究 PLC 技术对步进电动机的转速控制、正反转控制以及能对步进电动机的步数进行控制。转速控制：由脉冲发生器产生不同周期 T 的控制脉冲，通过脉冲控制器的选择，以获得不同控制频率的脉冲实现对步进电动机的调速；正反转控制：通过正反转驱动环节（即调

换相序)，改变 Y000、Y001 和 Y002 接通的顺序，实现对步进电动机的正反转控制；步数控制：通过脉冲计数器，控制六拍时序脉冲数，实现对步进电动机步数的控制。

1．输入和输出点分配

对步进电动机进行正反转、调速、步数控制的输入和输出点分配见表 9-9。

表 9-9 步进电动机进行正反转、调速、步数控制输入和输出点分配

输入信号			100 步开关	S7	X007
名称	代号	输入点编号	暂停开关	S8	X010
启动开关	S0	X000	停止按钮	SB2	X011
慢速开关	S1	X001	输出信号		
中速开关	S2	X002			
快速开关	S3	X003	名称	代号	输出点编号
正/反转	S4	X004	U 相功放电路	U	Y000
单步按钮	SB1	X005	V 相功放电路	V	Y001
10 步开关	S6	X006	W 相功放电路	W	Y002

2．PLC 接线图

步进电动机 PLC 的 I/O 配置及接线如图 9-31 所示。

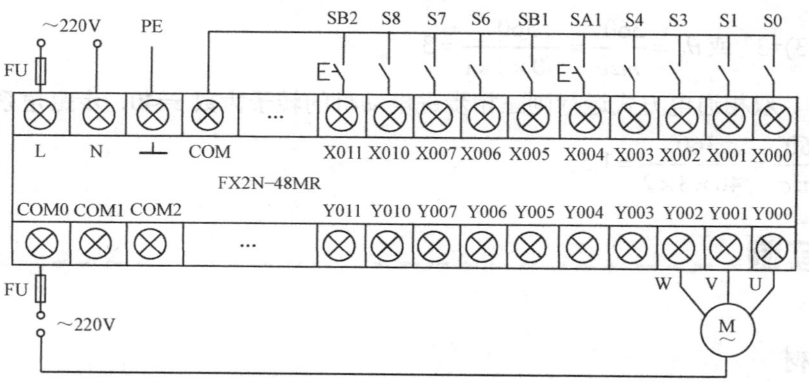

图 9-31 步进电动机 PLC 的 I/O 配置及接线

三相步进电动机的转速控制，分慢速、中速和快速 3 挡，分别通过开关 S1、S2 和 S3 选择；正反转控制由开关 S4 选择（X004 为 ON，正转；X004 为 OFF，反转）；步数控制分单步、10 步和 100 步 3 挡，分别通过按钮 SB1、开关 S6 和 S7 开关选择；停止用按钮 SB2 控制。

3．程序设计

三相步进电动机控制的梯形图如图 9-32 所示。

（1）转速控制

由脉冲发生器产生不同周期 T 的控制脉冲，通过脉冲控制器的选择，再通过三相六拍环形分配器使 3 个输出继电器 Y000、Y001 和 Y002 按照单双六拍的通电方式接通，其接通顺序为

Y000 $\xrightarrow{T}$ Y000、Y001 $\xrightarrow{T}$ Y001 $\xrightarrow{T}$ Y001、Y002 $\xrightarrow{T}$ Y002 $\xrightarrow{T}$ Y001、Y002

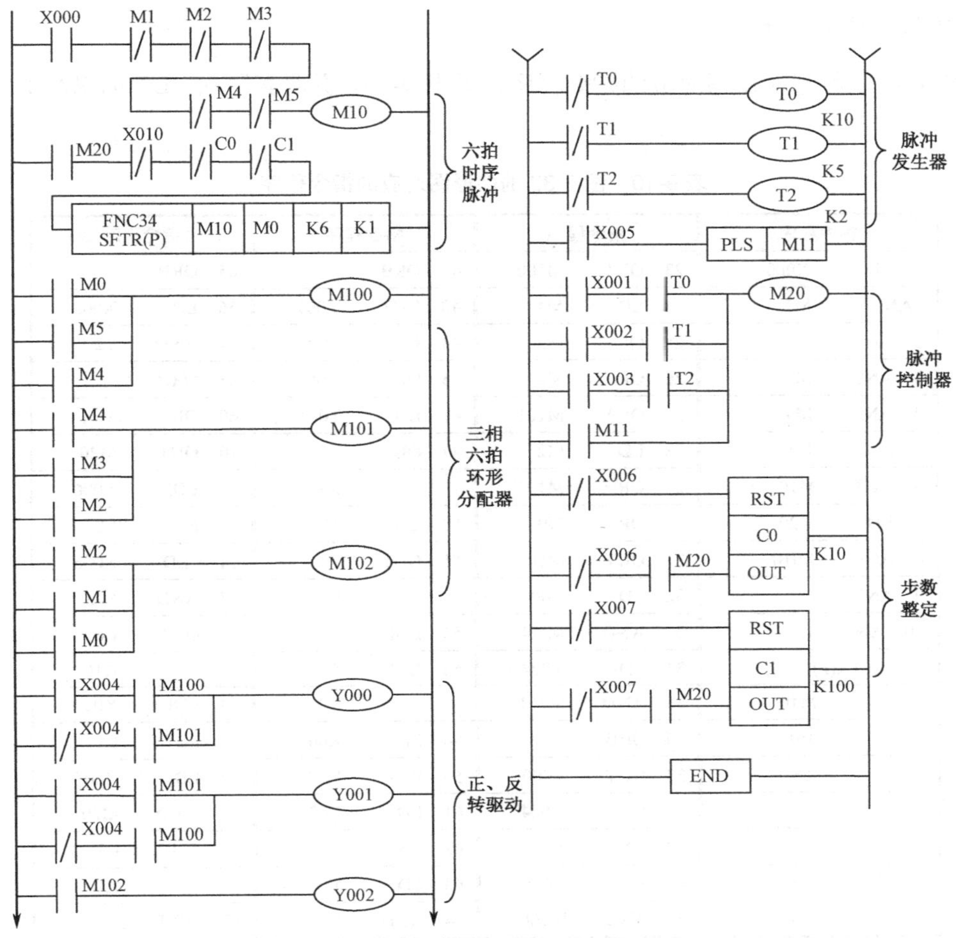

图 9-32　三相步进电动机控制的梯形图

该过程对应于三相步进电动机的通电顺序是

$$U \xrightarrow{T} U、V \xrightarrow{T} V \xrightarrow{T} V、W \xrightarrow{T} W \xrightarrow{T} W、U$$

（W、U 返回 U）

选择不同的脉冲周期 T，以获得不同频率的控制脉冲，从而实现对步进电动机的调速。

（2）正反转控制

通过正、反转驱动环节（调换相序），改变 **Y000**、**Y001** 和 **Y002** 接通的顺序，以实现步进电动机的正、反转控制。即

正转：Y000 → Y000、Y001 → Y001 → Y001、Y002 → Y002 → Y001、Y002（返回 Y000）

反转：Y001 → Y001、Y000 → Y000 → Y000、Y002 → Y002 → Y002、Y001（返回 Y001）

（3）步数控制

通过脉冲计数器，控制六拍时序脉冲数，以实现对步进电动机步数的控制。

4．运行与调试程序

将图 9-32 的梯形图编写对应的指令程序，见表 9-10。并将其写入 PLC 的 RAM，运行调试程序。

表 9-10　图 9-32 的梯形图对应的指令程序

指令程序	指令程序	指令程序	指令程序
0 LD X000	23 OUT M100	42 ORB	65 ORB
1ANI M1	24 LD M4	43 OUT Y001	66 LD X003
2 ANI M2	25 OR M3	44 LD M102	67 AND T2
3 ANI M3	26 OR M2	45 OUT Y002	68 ORB
4 ANI M4	27 OUT M101	46 LDI T0	69 OR M11
5 ANI M5	28 LD M2	47 OUT T0	70 OUT M20
6 OUT M10	29 OR M1	K10	71 LDI X006
7 LD M20	30 OR M0	50 LDI T2	72 RST C0
8 ANI X010	31 OUT M102	51 OUT T1	74 LD X006
9 ANI C0	32 LD X004	K5	75 AND M20
10 ANI C1	33 AND M100	54 LDI T2	76 OUT C0
11 SFTR(P)	34 LDI X004	55 OUT T2	K10
M10	35 AND M101	K2	79 LDI X007
M0	36 ORB	58 LD X005	80 RST C1
K6	37 OUT Y000	59 PLS M11	82 LD X007
K1	38 LD X004	61 LD X001	83 AND M20
20 LD M0	39 AND M101	62 AND T0	84 OUT C1
21 OR M5	40 LDI X004	63 LD X002	K100
22 OR M4	41 AND M100	64 AND T1	87 END

（1）转速控制

选择慢速（接通 S1），接通启动开关 S0。脉冲控制器产生周期为 1s 的控制脉冲，使 M0~M5 的状态随脉冲向右移位，产生六拍时序脉冲，并通过三相六拍环形分配器使 Y000、Y001 和 Y002 按照单双六拍的通电方式接通，步进电动机开始慢速步进运行。断开 S1、S0；接通 S2、S0 或 S3、S0，观察步进电动机的转速控制运行情况。

（2）正反转控制

先接通正、反转开关 S4，再重复上述转速控制操作，观察步进电动机的运行情况。

（3）步数控制

选择慢速（接通 S1）；选择 10 步（接通 S6）；接通启动开关 S0。六拍时序脉冲及三相六拍环形分配器开始工作；计数器开始计数。当走完预定步数时，计数器动作，其常闭触点断开移位驱步进电动机动电路，六拍时序脉冲、三相六拍环形分配器及正反转驱动环节停止工作。步进电动机停转。在选择慢速的前提下，再选择单步或 100 步重复上述操作，观察步进电动机的运行情况。

主要参考文献

[1] 方承远. 电气控制技术[M]. 北京：机械工业出版社，1992.

[2] 丁炜，等. 可编程控制器在工业控制中的应用[M]. 北京：化学工业出版社，2004.

[3] 李俊秀，赵黎明. 可编程控制器应用技术实训指导[M]. 2版. 北京：化学工业出版社，2005.

[4] 杨土元，李美莺，等. 可编程控制器（PC）编程应用和维修[M]. 清华大学出版，1995.

[5] 赵俊生. 可编程序控制技术与应用[M]. 成都：电子科技大学出版社，2003.

[6] 朱善启，翁樟，等. 可编程序控制系统原理、应用、维护[M]. 北京：清华大学出版社，1992.

[7] 陈春雨，李景学. 可编程序控制器应用软件设施设计方法与技巧[M]. 北京：电子工业出版社，1992.

[8] 崔亚军. 可编程控制器原理及程序设计[M]. 北京：电子工业出版社，1993.

[9] 吴明亮，蔡夕忠. 可编程控制器实训教程[M]. 北京：化学工业出版社，2005.

[10] 王也仿. 可编程控制器应用技术[M]. 北京：机械工业出版社. 2001.

[11] 廖常初. PLC编程与应用[M]. 北京：机械工业出版社. 2001.

[12] 黄云龙. 可编程控制器教程[M]. 北京：科学出版社. 2001.

[13] 汪晓平，等. PLC可编程控制器系统开发实例导航[M]. 北京：人民邮电出版社. 2001.

[14] 王侃夫. 机床数控技术基础[M]. 北京：机械工业出版社. 2001.

[15] 赵俊生. 电气控制与PLC技术项目化理论与实训[M]. 北京：电子工业出版社，2009.

[16] 赵俊生. 数控机床控制技术项目化基础与实训[M]. 北京：电子工业出版社，2010.

反侵权盗版声明

举报电话：（010）88254396；（010）88258888

传　　真：（010）88254397

E-mail：　dbqq@phei.com.cn

通信地址：北京市万寿路173信箱

电子工业出版社总编办公室

邮　　编：100036